中国城乡建设统计年鉴

China Urban-Rural Construction Statistical Yearbook

2011 年

中华人民共和国住房和城乡建设部 编

Ministry of Housing and Urban-Rural Development, P. R. CHINA

中国计划出版社

CHINA PLANNING PRESS

图书在版编目（CIP）数据

中国城乡建设统计年鉴. 2011 年/中华人民共和国
住房和城乡建设部编. —北京：中国计划出版社，
2012.11
ISBN 978-7-80242-807-2

Ⅰ.①中…　Ⅱ.①中…　Ⅲ.①城乡建设－统计资料－
中国－2011－年鉴　Ⅳ.①TU984.2－54

中国版本图书馆 CIP 数据核字（2012）第 229402 号

中国城乡建设统计年鉴（2011 年）

中华人民共和国住房和城乡建设部　编

中国计划出版社出版
网址：www.jhpress.com
地址：北京市西城区木樨地北里甲 11 号国宏大厦 C 座 4 层
邮政编码：100038　电话：（010）63906433（发行部）
新华书店北京发行所发行
三河富华印刷包装有限公司印刷

880mm×1230mm　1/16　14.25 印张　416 千字
2012 年 11 月第 1 版　2012 年 11 月第 1 次印刷

ISBN 978-7-80242-807-2
定价：62.00 元

编 者 语

一、为贯彻落实科学发展观和城乡统筹精神，全面反映我国城乡市政公用设施建设与发展状况，为方便国内外各界了解中国城乡建设全貌，我们编辑了《中国城乡建设统计年鉴》和《中国城市建设统计年鉴》中英文对照本，每年公开出版一次，供社会广大读者作为资料性书籍使用。

二、《中国城乡建设统计年鉴 2011》根据各省、自治区和直辖市建设行政主管部门上报的 2011 年城乡建设统计数据编辑。全书共分城市、县城和村镇三个部分。

三、本年鉴数据不包括香港特别行政区、澳门特别行政区以及台湾省。

四、为促进中国建设行业统计信息工作的发展，欢迎广大读者提出改进意见。

Editor's Note

Under the guideline of the Scientific Outlook on Development and in line with the efforts to promote the coordinated urban and rural development, *China Urban-Rural Construction Statistical Yearbook* and *China Urban Construction Statistical Yearbook* are published annually in both Chinese and English languages to provide comprehensive information on urban and rural service facilities development in China. Being the source of facts, the yearbooks help to facilitate the understanding of people from all walks of life at home and abroad on China's urban and rural development.

2011 China Urban-Rural Construction Statistical Yearbook is complied based on statistical data on urban construction in year 2011 that were reported by construction authorities of provinces, autonomous regions and municipalities directly under the central government. The yearbook is composed of statistics for three parts, namely statistics for cities, county seats, and villages and small towns.

This Yearbook does not include data of Hong Kong Special Administrative Region, Macao Special Administrative Region and Taiwan Province.

Anycomments to improve the quality of the yearbook are welcomed to promote the advancement in statistics in China's construction industry.

《中国城乡建设统计年鉴—2011年》
编委会和编辑工作人员

一、编委会

主　任：齐　骥

副主任：何兴华　江小群

编　委：（以地区排名为序）

刘福志	郑玉昕	李锡庆	苏蕴山	闫晨曦	李锦生	李振东	张殿纯
邵　武	赵四海	杨春青	黄　融	顾小平	应柏平	陈爱民	王知瑞
欧阳泉华		杨焕彩	宋守军	陈海勤	王国清	张学峰	杨世元
杜　挺	严世明	李建飞	张其悦	杨洪波	张　鹏	杨跃光	罗应光
陈　锦	李子青	李　慧	匡　湧	刘慧芳	姚玉珍	刘　平

二、编辑工作人员

总　编　辑：江小群（兼）

副总编辑：赵惠珍　郭巧洪　倪　稞

编辑人员：（以地区排名为序）

张　文	张国花	郭子华	苑海燕	王红梅	全　雷	赵晓阳	刘丽晨
张晓萌	孙燕北	闫　萍	白　雪	王志强	赵胜格	李延英	李成喜
于丽萍	陈辅强	邵丽峰	刘建华	温峻骅	边晓红	司　慧	郑　波
郭惠杰	孙　野	林　岩	于钟深	张艳春	刘海臣	康凤莉	王首良
刘继忠	王　芳	林伟斌	越德和	路文龙	宋　伟	韩建忠	王佳剑
曲秀丽	曾　洁	何爱娟	沈　杰	陈小满	陈立新	叶宋铃	刘　斌
虞文军	潘泽洪	欧阳洪琴		蔡正杰	卢晓栋	徐启峰	汤　群
王艳玲	李一平	张　冰	吴学英	杨　雁	金　涛	赵　俊	熊美玲
蒋红翠	任　伟	李鼎宇	李　亚	刘婷赋禹		冯育文	陈丽霞
吴伟权	蒋成雄	胡沛琪	赵文川	彭志辉	刘建民	邓正丕	袁晓玲
李昌耀	文技军	杨　科	刘明阳	兰　华	许劲青	董小星	罗　伟
朱红星	吴学军	汪　巡	张建军	陈天红	盛日杰	张高荣	张亚非
刘文娟	柳舒甫	慕　剑	张　琰	康海霞	朱燕敏	冯宁军	徐海波
黎向群	康志荣	徐　特	马长伟	刘　振

英文编辑：林晓南

说　明

一、2011 年底全国大陆 31 个省、自治区、直辖市，共有设市城市 657 个，县（含自治县、旗、自治旗、林区、特区）1627 个，建制镇 19683 个，乡 13587 个，村委会 59 万个。

二、本年鉴共分三个部分：城市部分、县城部分和村镇部分。其中城市部分按 657 个城市汇总；县城部分按 1539 个县汇总，另外统计了 10 个特殊区域以及 148 个新疆生产建设兵团师团部驻地；村镇部分按 17072 个建制镇，12924 个乡，678 个镇乡级特殊区域，266.95 万个自然村（其中村民委员会所在地 55.37 万个）汇总。

三、本年鉴的统计范围

设市的城市的城区：市本级（1）街道办事处所辖地域；（2）城市公共设施、居住设施和市政公用设施等连接到的其他镇（乡）地域；（3）常住人口在 3000 人以上独立的工矿区、开发区、科研单位、大专院校等特殊区域。

县城：（1）县政府驻地的镇、乡或街道办事处地域（城关镇）；（2）县城公共设施、居住设施和市政公用设施等连接到的其他镇（乡）地域；（3）常住人口在 3000 人以上独立的工矿区、开发区、科研单位、大专院校等特殊区域。

村镇：政府驻地的公共设施和居住设施没有和城区（县城）连接的建制镇、乡和镇乡级特殊区域。

四、北京市的延庆县、密云县县城和镇区部分，上海市的崇明县县城部分的数字含在城市报表中，同时村镇部分也单独列出，因此两部分有重复，不能简单加总计算。河北省邯郸县、邢台县、宣化县、沧县，山西省泽州县，辽宁省抚顺县、盘山县、铁岭县、朝阳县，河南省许昌县、安阳县，新疆乌鲁木齐县、和田县共 13 个县，因为和所在城市市县同城，因此县城部分数据含在所在城市报表中。江西省共青城市，因刚设市，数据暂仍列在县城部分中，城市部分未包含。西藏自治区各县、福建省金门县暂无数据资料暂无数据资料。

五、自 2009 年起，公共交通相关内容不再统计，增加城市轨道交通建设情况内容。

六、本年鉴中除人均住宅建筑面积、人均日生活用水外，所有人均指标、普及率指标均以户籍人口与暂住人口合计为分母计算。

七、本年鉴中"—"表示本数据不足本表最小单位数。

八、本年鉴中部分数据合计数或相对数由于单位取舍不同而产生的计算误差，均没有进行机械调整。

Explanatory Notes

1. There were a total of 657 cities, 1627 counties (including autonomous counties, banners, autonomous banners, forest districts, and special districts), 19683 towns, 13587 townships, and 590 thousand villagers committees in all the 31 provinces, autonomous regions and municipalities across China by 2011.

2. The yearbook is composed of the following 3 parts: Cities, County Seats, and Small Villages and Towns. The census in the part of Cities is based on data collected from the 657 cities, while in the part of County Seats, data is from 1539 counties, 10 special regions and 148 stations of Xinjiang Production and Construction Corps, and in the Villages and Small Towns part, statistics is based on data from 17072 towns, 12924 townships, 678 farms, and 2.6695 million natural villages among which 553.7 thousand villages accommodate villagers' committees.

3. Coverage of the statistics

Urban Areas: (1) areas under the jurisdiction of neighborhood administration; (2) other towns (townships) connected to urban public facilities, residential facilities and municipal utilities; (3) special areas like independent industrial and mining districts, development zones, research institutes, and universities and colleges with permanent residents of 3000 and above.

County Seat Areas: (1) towns and townships where county governments are situated and areas under the jurisdiction of neighborhood administration; (2) other towns (townships) connected to county seat public facilities, residential facilities and municipal utilities; (3) special areas like independent industrial and mining districts, development zones, research institutes, and universities and colleges with permanent residents of 3000 and above.

Villages and Small Towns Areas: towns, townships and special district at township level of which public facilities and residential facilities are not connected to those of cities (county seats).

4. Data from the county seats and towns of Yanqing and Miyun County in Beijing are included in the census for Beijing, and data from the county seat of Chongming County in Shanghai are included in the census for Shanghai, while data for towns and villages in these threee counties are listed separately, therefore, due to the overlapping coverage, the sum of these two parts of figures cannot be produced by simple addition. Data from the county seats of Handan, Xingtai, Xuanhua, and Cangxian County in Hebei Province, Zezhou County in Shanxi Province, Fushun, Panshan, Tieling, and Chaoyang County in Liaoning Province, Xuchang and Anyang County in Henan Province, and Urumqi and Hetian County in Xinjiang Autonomous Region are included in the census for the respective cities administering the above 13 counties due to the identity of the location between the county seats and the cities. No data are available for Jinmen County in Fujian Province, all Counties in Tibet.

5. Starting from 2009, statistics on public transport have been removed, and relevant information on the construction of urban rail transport system has been added.

6. All theper capita and coverage rate data in this Yearbook, except the per capita residential floor area and per capita daily consumption of domestic water, are calculated using the sum of resident and non-resident population as a denominator.

7. In this yearbook, "—" indicates that the figure is not large enough to be measured with the smallest unit in the table.

8. The calculation errors of the total or relative value of some data in this Yearbook arising from the use of different measurement units have not been mechanically aligned.

目 录

CONTENTS

一、城市部分
Statistics for Cities

2011 年城市部分概述

概况 2011 年末，全国设市城市 657 个，城市城区人口 3.54 亿人，暂住人口 0.55 亿人，建成区面积 4.4 万平方公里。

城市市政公用设施固定资产投资 2011 年城市市政公用设施固定资产完成投资 13934.2 亿元，城市市政公用设施固定资产完成投资总额占同期全社会固定资产投资总额的 4.48%，占同期城镇固定资产投资总额的 4.61%。道路桥梁、轨道交通、园林绿化分别占城市市政公用设施固定资产投资的 50.8%、13.9% 和 11.1%。

全国城市市政公用设施投资新增固定资产 9092.3 亿元，固定资产投资交付使用率 65.3%。主要新增生产能力（或效益）是：供水日综合生产能力 615 万立方米，天然气储气能力 1259 万立方米，集中供热蒸汽能力 3650 吨/小时，热水能力 1.9 万兆瓦，道路长度 1.1 万公里，排水管道长度 1.8 万公里，城市污水处理厂日处理能力 464 万立方米，城市生活垃圾无害化日处理能力 2.1 万吨。

城市供水和节水 2011 年，城市供水总量 513.4 亿立方米，其中，生产运营用水 159.7 亿立方米，公共服务用水 68.3 亿立方米，居民家庭用水 177.9 亿立方米，用水人口 3.97 亿人，用水普及率 97%，人均日生活用水量 170.94 升。2011 年，城市节约用水 40.7 亿立方米，节水措施总投资 18.1 亿元。

城市燃气和集中供热 2011 年，人工煤气供应总量 84.7 亿立方米，天然气供气总量 678.8 亿立方米，液化石油气供气总量 1168.8 万吨。用气人口 3.78 亿人，燃气普及率 92.4%。2011 年末，蒸汽供热能力 8.5 万吨/小时，热水供热能力 33.9 万兆瓦，集中供热面积 47.4 亿平方米。

城市轨道交通 2011 年末，全国有 12 个城市已建成轨道交通线路长度 1672 公里，车站数 1120 个，其中换乘站 171 个，配置车辆数 9448 辆。全国在建轨道交通线路长度 1930 公里，车站数 1257 个，其中换乘站 298 个。

城市道路桥梁 2011 年末，城市道路长度 30.9 万公里，道路面积 56.3 亿平方米，其中人行道面积 12.4 亿平方米，人均城市道路面积 13.75 平方米。

城市排水与污水处理 2011 年末，全国城市共有污水处理厂 1588 座，污水厂日处理能力 11303 万立方米，排水管道长度 41.4 万公里。城市年污水处理总量 337.6 亿立方米，城市污水处理率 83.6%，其中污水处理厂集中处理率 78.1%。

城市园林绿化 2011 年末，城市建成区绿化覆盖面积 171.9 万公顷，建成区绿化覆盖率 39.2%；建成区园林绿地面积 154.6 万公顷，建成区绿地率 35.3%；公园绿地面积 48.3 万公顷，人均公园绿地面积 11.8 平方米。

国家级风景名胜区 2011 年末，全国共有 208 处国家级风景名胜区，统计了其中 202 处，风景名胜区面积 8.3 万平方公里，可游览面积 3.9 万平方公里，全年接待游人 6 亿人次。国家投入 38.3 亿元用于风景名胜区的维护和建设。

城市市容环境卫生 2011 年末，全国城市道路清扫保洁面积 63.1 亿平方米，其中机械清扫面积 20.2 亿平方米，机械清扫率 32%。全年清运生活垃圾、粪便 1.84 亿吨。

Overview

General situation

There were 657 cities across the country at the end of 2011 with a total population of 354 million, among which 55 million were temporary population. The urban built areas amounted to 44 thousand square kilometers.

The fixed assets investment in municipal service facilities

In 2011, the total fixed assets investment in the urban municipal service facilities reached1393.42 billion yuan, accounting for 4.48% of the country's total fixed assets investment and 4.61% of total urban fixed assets investment in the same period. The fixed assets investment in roads and bridges, transit system, and landscaping and greening accounted for 50.8%, 13.9%, and 11.1% of the total fixed assets investment in municipal service facilities respectively.

This year saw the newly added fixed assets in the municipal service facilities amounting to 909.23 billion yuan. The fixed assets delivery rate reached 65.3%. The newly added production capacity or efficacy of major facilities were as follows: daily overall water production capacity was 6.15 million cubic meters, natural gas storage capacity was 12.59 million cubic meters, supply capacity of central heating from steam and hot water was 3650 tons per hour and 19 thousand megawatts respectively, length of urban roads totaled 11 thousand kilometers, drainage pipelines reached 18 thousand kilometers, daily urban wastewater treatment capacity was 4.64 million cubic meters, and daily urban domestic garbage treatment capacity was 21 thousand tons.

Urban water supply and water conservation

In 2011, the urban water supply totaled 51.34 billion cubic meters. 15.97 billion cubic meters of water was consumed in production and operation, 6.83 billion cubic meters in public service, and 17.79 billion cubic meters was for domestic use. The water supply served a population of 397 million with coverage rate of 97% and daily per capita consumption of domestic water being 170.94 liter. 4.07 billion cubic meters of urban water was saved in the year with total investment in water saving measures reaching 1.81 billion yuan.

Urban gas and central heating supply

In 2011, the man-made coal gas, natural gas, and LPG supply totaled 8.47 billion cubic meters, 67.88 billion cubic meters, and 11.688 million tons respectively, serving a population of 378 million and with coverage rate of 92.4%. By the end of 2011, the supply capacity of heating from steam and hot water reached 85 thousand tons per hour and 339 thousand megawatts respectively. The centrally heated area extended to reach 4.74 billion square meters.

Urban rail transit system

By the end of 2011, 1672 kilometers rail transit lines have been built in 12 cities across the country. The number of stations totaled 1120, among which 171 were transfer stations, and the number of vehicles in service amounted to 9448. There were 1930 kilometers rail transit lines under construction. These projects involved the construction of 1257 stations, among which 298 were transitions.

Urban roads and Bridge

At the end of 2011, the country claimed a total length of urban road of 309 thousand kilometers covering an area of 5. 63 billion square meters with sidewalks 1. 24 billion square meters, and per capita road surface area is 13. 75 square meters.

Urban drainage and wastewater treatment

At the end of 2011, there were a total of 1588 wastewater treatment plants in cities with daily treatment capacity of 113. 03 million cubic meters. The length of drainage pipelines reached 414 thousand kilometers. The total quantity of urban wastewater treated within the year was 33. 76 billion cubic meters with treatment rate of 83. 6% and central treatment rate of 78. 1%.

Urban landscaping

By the end of 2011, the area in urban built district covered by greenery totaled 1. 719 million hectares with coverage rate of 39. 2%. The total green space in built areas amounted to 1. 546 million hectares with coverage rate of 35. 3%. The total public green space in cities was 483 thousand hectares with per capita public green space 11. 8 square meters.

State-level Scenic Spots and Historic Sites

By the end of 2011, there were 208 state-level scenic spots and historic sites in China, and data of 202 places have been collected. They covered an area of 83 thousand square kilometers with 39 thousand square kilometers open to visitation which added up to 600 million people times for the whole year. The Central Government invested 3. 83 billion yuan in the development and maintenance of national parks.

The urban environmental sanitation

By the end of 2011, the total surface area of road cleaned and maintained was 6. 31 billion square meters, of which mechanically cleaned area was 2. 02 billion square meters with a mechanical cleaning rate of 32%. The yearly amount of domestic garbage and night soil cleared and transported totaled 184 million tons.

1-1-1　全国历年城市市政公用设施水平

1-1-1　Level of National Urban Service Facilities in Past Years

指标 Item 年份 Year	用水 普及率 （%） Water Coverage Rate （%）	燃气 普及率 （%） Gas Coverage Rate （%）	每万人拥有 公共交通 车辆 （标台） Motor Vehicle for Public Fransport Per 10,000 Persons （standard unit）	人均道路 面积 （平方米） Road Surface Area Per Capita （m²）	污水 处理率 （%） Wastewater Treatment Rate （%）	园林绿化 人均公园 绿地面积 （平方米） Public Recreational Green Space Per Capita （m²）	建成区 绿地率 （%） Green Space Rate of Built District （%）	建成区绿化 覆盖率 （%） Green Coverage Rate of Built District （%）	每万人 拥有公厕 （座） Number of Public Lavatories per 10,000 Persons （unit）
1978									
1979									
1980									
1981	53.7	11.6		1.81		1.50			3.77
1982	56.7	12.6		1.96		1.65			3.99
1983	52.5	12.3		1.88		1.71			3.95
1984	49.5	13.0		1.84		1.62			3.57
1985	45.1	13.0		1.72		1.57			3.28
1986	51.3	15.2	2.5	3.05		1.84		16.9	3.61
1987	50.4	16.7	2.4	3.10		1.90		17.1	3.54
1988	47.6	16.5	2.2	3.10		1.76		17.0	3.14
1989	47.4	17.8	2.1	3.22		1.69		17.8	3.09
1990	48.0	19.1	2.2	3.13		1.78		19.2	2.97
1991	54.8	23.7	2.7	3.35	14.86	2.07		20.1	3.38
1992	56.2	26.3	3.0	3.59	17.29	2.13		21.0	3.09
1993	55.2	27.9	3.0	3.70	20.02	2.16		21.3	2.89
1994	56.0	30.4	3.0	3.84	17.10	2.29		22.1	2.69
1995	58.7	34.3	3.6	4.36	19.69	2.49		23.9	3.00
1996	60.7	38.2	3.8	4.96	23.62	2.76	19.05	24.43	3.02
1997	61.2	40.0	4.5	5.22	25.84	2.93	20.57	25.53	2.95
1998	61.9	41.8	4.6	5.51	29.56	3.22	21.81	26.56	2.89
1999	63.5	43.8	5.0	5.91	31.93	3.51	23.03	27.58	2.85
2000	63.9	45.4	5.3	6.13	34.25	3.69	23.67	28.15	2.74
2001	72.26	60.42	6.10	6.98	36.43	4.56	24.26	28.38	3.01
2002	77.85	67.17	6.73	7.87	39.97	5.36	25.80	29.75	3.15
2003	86.15	76.74	7.66	9.34	42.39	6.49	27.26	31.15	3.18
2004	88.85	81.53	8.41	10.34	45.67	7.39	27.72	31.66	3.21
2005	91.09	82.08	8.62	10.92	51.95	7.89	28.51	32.54	3.20
2006	86.07 (97.04)	79.11 (88.58)	9.05 (10.13)	11.04 (12.36)	55.67	8.3 (9.3)	30.92	35.11	2.88 (3.22)
2007	93.83	87.40	10.23	11.43	62.87	8.98	31.30	35.29	3.04
2008	94.73	89.55	11.13	12.21	70.16	9.71	33.29	37.37	3.12
2009	96.12	91.41		12.79	75.25	10.66	34.17	38.22	3.15
2010	96.68	92.04		13.21	82.31	11.18	34.47	38.62	3.02
2011	97.04	92.41		13.75	83.63	11.80	35.27	39.22	2.95

注：1. 自 2006 年起，人均和普及率指标按城区人口和城区暂住人口合计为分母计算，以公安部门的户籍统计和暂住人口统计为准。括号中的数据为与往年同口径数据。

2. "人均公园绿地面积"指标 2005 年及以前年份为"人均公共绿地面积"。

3. 从 2009 年起，城市公共交通内容不再统计，增加城市轨道交通建设情况内容。

Note：1. Since 2006, figure in terms of per capita and coverage rate have been calculated based on denominater which combines both permanent and temporary residents in urban areas. And the population should come from statistics of police. The data in brackets are same index calculated by the method of past years.

2. Since 2006, Public Green Space Per Capita is changed to be Public Recreational Green Space Per Capita.

3. Since 2009, statistics on urban public transport have been removed, and relevant information on the construction of rail transit system has been added.

1-1-2 全国历年城市数量及人口、面积变化情况

1-1-2 National Changes in Number of Cities, Urban Population and Urban Area in Past Years

面积计量单位：平方公里　Area Measurement Unit：Square Meter

人口计量单位：万人　Population Measurement Unit：10,000 persons

指标 Item 年份 Year	城市 个数 Number of Cities	地级 City at Prefecture Level	县级 City at County Level	县及其他 个 数 Number of Counties	城区人口 Urban Population	非农业 人 口 Non- Agricultural Population	城区暂住 人 口 Urban Temporary Population	城区面积 Urban Area	建成区 面 积 Area of Built District	城市建设 用地面积 Area of Urban Construction Land
1978	193	98	92	2153	7682.0					
1979	216	104	109	2153	8451.0					
1980	223	107	113	2151	8940.5					
1981	226	110	113	2144	14400.5	9243.6		206684.0	7438.0	6720.0
1982	245	109	133	2140	14281.6	9590.0		335382.3	7862.1	7150.5
1983	281	137	141	2091	15940.5	10047.2		366315.9	8156.3	7365.6
1984	300	148	149	2069	17969.1	10956.9		480733.3	9249.0	8480.4
1985	324	162	159	2046	20893.4	11751.3		458066.2	9386.2	8578.6
1986	353	166	184	2017	22906.2	12233.8		805834.0	10127.3	9201.6
1987	381	170	208	1986	25155.7	12893.1		898208.0	10816.5	9787.9
1988	434	183	248	1936	29545.2	13969.5		1052374.2	12094.6	10821.6
1989	450	185	262	1919	31205.4	14377.7		1137643.5	12462.2	11170.7
1990	467	185	279	1903	32530.2	14752.1		1165970.0	12855.7	11608.3
1991	479	187	289	1894	29589.3	14921.0		980685.0	14011.1	12907.9
1992	517	191	323	1848	30748.2	15459.4		969728.0	14958.7	13918.1
1993	570	196	371	1795	33780.9	16550.1		1038910.0	16588.3	15429.8
1994	622	206	413	1735	35833.9	17665.5		1104712.0	17939.5	20796.2
1995	640	210	427	1716	37789.9	18490.0		1171698.0	19264.2	22064.0
1996	666	218	445	1696	36234.5	18882.9		987077.9	20214.2	19001.6
1997	668	222	442	1693	36836.9	19469.9		835771.8	20791.3	19504.6
1998	668	227	437	1689	37411.8	19861.8		813585.7	21379.6	20507.6
1999	667	236	427	1682	37590.0	20161.6		812817.6	21524.5	20877.0
2000	663	259	400	1674	38823.7	20952.5		878015.0	22439.3	22113.7
2001	662	265	393	1660	35747.3	21545.5		607644.3	24026.6	24192.7
2002	660	275	381	1649	35219.6	22021.2		467369.3	25972.6	26832.6
2003	660	282	374	1642	33805.0	22986.8		399173.2	28308.0	28971.9
2004	661	283	374	1636	34147.4	23635.9		394672.5	30406.2	30781.3
2005	661	283	374	1636	35923.7	23652.0		412819.1	32520.7	29636.8
2006	656	283	369	1635	33288.7		3984.1	166533.5	33659.8	34166.7
2007	655	283	368	1635	33577.0		3474.3	176065.5	35469.7	36351.7
2008	655	283	368	1635	33471.1		3517.2	178110.3	36295.3	39140.5
2009	654	283	367	1636	34068.9		3605.4	175463.6	38107.3	38726.9
2010	657	283	370	1633	35373.5		4095.3	178691.7	40058.0	39758.4
2011	657	284	369	1627	35425.6		5476.8	183618.0	43603.2	41805.3

注：1. 2005 年及以前年份"城区人口"为"城市人口"，"城区面积"为"城市面积"。

　　2. 2005 年、2009 年城市建设用地面积不含上海市。

Note：1. In 2005 and before, Urban Population is the population of the city proper, and Urban Area is the area of the city proper.

　　2. Urban usable land for construction purpose throughout the country does not include that in Shanghai in 2005 and 2009.

1-1-3　全国历年城市维护建设资金收入

1-1-3　National Revenue of Urban Maintenance and Construction Fund in Past Years

计量单位：万元　Measurement Unit：10,000 RMB

指标 Item / 年份 Year	合计 Total	城市维护建设税 Urban Maintenance and Construction Tax	城市公用事业附加 Extra-Charges for Municipal Utilities	中央财政拨款 Financial Allocation From Central Government Budget	地方财政拨款 Financial Allocation From Local Government Budget	水资源费 Water Resource Fee	国内贷款 Domestic Loan	利用外资 Foreign Investment	企事业单位自筹资金 Self-Raised Funds by Enterprises and Institutions	其他收入 Other Revenues
1980	276174		92966	66212						116996
1981	345600		92186	65657						187757
1982	425957		97416	69381						259160
1983	408524		103142	81571						223811
1984	468835		118445	96120						254270
1985	1168293	331296	129744	143313	123963	14142			49362	376473
1986	1448311	406817	157889	138944	351961	16812	31716	744		343428
1987	1638197	442275	176337	152094	225498	22420	61601	748		557224
1988	1845193	525452	192643	104666	181053	24396	75829	6386		734768
1989	1835625	603583	198409	91529	170347	24873	44494	10078		692312
1990	2104896	650908	226186	109126	198421	27876	88429	24713		779237
1991	2661198	695681	270109	99919	277595	35324	229274	107127		946169
1992	3934788	779701	310916	134237	576569	42506	322596	73484		1694779
1993	5811904	980234	329620	269593	594615	48498	445658	138159		3005527
1994	6748008	1161193	413851	213565	599378	47060	413327	183295		3716339
1995	7743732	1409097	447388	213543	725758	51964	476654	254876		4164452
1996	8476420	1578088	555873	103699	862641	60509	956850	558688	1194722	2605348
1997	11103424	1906696	561217	139392	1154245	61203	1657405	1407194	1077986	3138088
1998	14333158	2153203	603965	649420	1581006	63724	3069622	738402	1769411	3704405
1999	16271209	2191985	631558	1052000	1714628	77828	3741979	494463	2374802	3991966
2000	19889324	2372908	541475	1150668	2081330	100590	4146988	847124	3332242	5315999
2001	25262680	2709430	488144	895818	3237790	111087	7416589	563167	4095561	5745094
2002	31561758	3160358	498761	759545	3927309	123825	8739016	610535	6007620	7734789
2003	42761892	3717417	556909	771320	5329302	159757	13318273	681057	7696801	10531056
2004	52575966	4462912	590251	526414	6657678	206883	14455465	741815	9002038	15932510
2005	54225147	5512933	554799	621597	7958871	249990	16698914	927141	9460261	12240641
2006	35406259	5667745	762171	566632	10748459	244522				17416730
2007	47617452	6170604	824251	348134	12137926	279545				27856992
2008	56164219	7442775	896248	756011	14247316	254199				32567671
2009	67276878	7719472	980433	1066464	22311926	247971				34950612
2010	78534082	9970340	1090649	1747961	16855095	295347				48574690
2011	117817189	13395522	1571916	1383183	19817577	750347				80898644

注：自 2006 年起，城市维护建设资金收入仅包含财政性资金，不含社会融资。地方财政拨款中包括省、市财政专项拨款和市级以下财政资金；其他收入中包括市政公用设施配套费、市政公用设施有偿使用费、土地出让转让金、资产置换收入及其他财政性资金。

Note：Since 2006, national revenue of urban maintenance and construction fund includes the fund fiscal budget, not including social funds. Local Financail Allocation include province and city special finacial allocation, and Other Revenues include fee for expansion of municipal utilites capacity, fee for use of municaipal utilities, land drainage facilities, water resource fee, property displace fee and so on.

1-1-4　全国历年城市维护建设资金支出

指标 Item / 年份 Year	支出合计 Total	按用途分　By Purpose			供水 Water Supply	燃气 Gas Supply	集中供热 Central Heating
		固定资产投资支出 Expenditure From Investment in Fixed Assets	维护支出 Maintenance Expenditure	其他支出 Other Expenditures			
1978	163589	163589			38439		
1979	256895	114302	142593		49317		
1980	266451	112370	152991	1090	45258		
1981	325615	144837	180778		32932		
1982	369382	183897	172902	12583	50238		
1983	426986	185511	214709	26766	51642		
1984	462705	243479	219226		61886		
1985	1122714	721943	375563	25208	102424	86598	12157
1986	1343025	816154	431595	95276	139303	110697	17993
1987	1480706	895695	479768	105243	50997	99993	20339
1988	644695	246835	303420	94440	78875		
1989	737038	249516	361213	126309	99822		
1990	814901	269992	406025	138884	108132		
1991	2442190	1800536	446562	195092	265064	224584	
1992	3841602	2529896	1086759	224947	453996	261810	
1993	5573279	3757865	1550715	264699	613695	394564	
1994	6583051	4514337	1721457	347257	753151	376545	
1995	7578470	6056988	1092891	428591	839579	332546	
1996	8827009	6272955	2029361	524693	991630	405386	149145
1997	11229697	7832004	2149827	1247866	915220	477144	255485
1998	14374965	10927777	2354278	1092910	1250356	552624	406733
1999	16172386	12281137	2600945	1290304	1175347	485483	425240
2000	18960338	15400602	2699820	859916	1232155	620982	638120
2001	25372970	19207735	2367551	3797684	1530995	775355	789525
2002	31780253	24475402	3184473	4120378	1578903	844230	1137775
2003	42479605	32807384	3840924	5831298	1769459	1120184	1438295
2004	46617124	36924771	4662527	5029826	2013230	1237042	1538473
2005	52757240	40946915	5474379	6335946	2140834	1210925	1838492
2006	33494964	20005661	6950298	6888341	791690	344728	583932
2007	42473049	24649406	8689485	9134158	981690	409311	617348
2008	50083394	30612349	10432730	9279334	1074319	565441	1047382
2009	59270667	38125424	10982852	10187001	1175896	512700	1206084
2010	75080799	47144531	13443275	14389306	1751365	823824	1450987
2011	87390666	53139075	16790270	17461321			

注：1. 1978 年至 1984 年，1988 年至 1990 年供水支出为公用事业支出；1978 年至 2000 年道路桥梁支出为市政工程支

2. 自 2006 年起，城市维护建设资金支出仅包含财政性资金，不含社会融资。

3. "公共交通"中，2009 年至 2011 年数据仅包括城市轨道交通建设投资支出。

Note：1. Data in the water supply column from 1978 to 1984 and from 1988 to 1990 reder to expenditure of public utilities; Data in

2. From 2006, expenditure of Urban maintenance and construction fund includes the fund from fiscal buget, not including

3. In the scetion of "Public Transit", data from 2009 to 2011 only includecl investment in the construltion of urban rail

1-1-4 National Expenditure of Urban Maintenance and Construction Fund in Past Years

计量单位：万元　Measurement Unit：10,000 RMB

按行业分　By Indurstry						
公共交通 Public Transportation	道路桥梁 Road and Bridge	排水 Sewerage	防洪 Flood Control	园林绿化 Landscaping	市容环境卫生 Environmental Sanitation	其他 Other
	48882			13904		
	67940			19337	26541	
	77891			24708	26093	1089
	65032			23311	31751	
	114715			30304	41112	12585
	121204			35445	44873	26766
	150554			44421	52459	-6799
56073	331930			85831	76250	25208
43281	408526	86533		93234	107719	95276
50997	481682	92141		98347	109356	105242
	214471			61143	89510	94440
	229082			66320	94189	126309
	256539			73356	114880	138884
69668	757003			186574	206776	195092
106503	1198511			245334	283664	224947
199547	2336633			311418	363825	264699
139599	2929744			402105	440382	347257
154127	3222256			523299	575786	428591
201337	3590192	393753		532873	616247	524693
285625	4664378	539945		675787	736913	1247866
509899	6263259	881923		1035178	990036	1092909
504331	7359954	985336		1315396	953377	1290304
1434521	8188958	1291761		1779059	1526633	859916
1901819	8640772	2181103	568835	1776331	932631	6275604
2714424	11081731	2670957	1394590	918210	2628912	6810521
2540364	17463295	3580353	1089181	3348090	1665167	8465217
2405912	19862495	3361557	1494379	953154	3619398	10131484
3467801	23719550	3555419	1786861	908127	4224763	9904468
1511917	13154564	2215124	448841	2967691	1746169	9730308
3394326	16951020	2972994	729391	3611468	2100669	10704832
4012497	19769532	3709526	977739	4086639	2579521	12260798
2259540	23061301	4923007	820261	4979200	2716274	17616404
2530155	30396564	5808060	1604103	6908970	3666153	20140618

出，包含道路、桥梁、排水等。

the bridge and road column reder to expenditure of municipal engineering construction projects, including roads, bridges and sewers.

society fund.

infrastructure.

1-1-5 按行业分全国历年城市市政公用设施建设固定资产投资

1-1-5 National Fixed Assets Investment in Urban Sevice Facilities by Industry in Past Years

计量单位：亿元 Measurement Unit：100 million RMB

指标 Item / 年份 Year	本年固定资产投资总额 Completed Investment of This Year	供水 Water Supply	燃气 Gas Supply	集中供热 Central Heating	公共交通 Public Transportation	道路桥梁 Road and Bridge	排水 Sewerage	污水处理及其再生利用 Wastewater Treatment and Reuse	防洪 Flood Control	园林绿化 Landscaping	市容环境卫生 Environmental Sanitation	垃圾处理 Garbage Treatment	其他 Other
1978	12.0	4.7				2.9							4.4
1979	14.2	3.4	0.6		1.8	3.1	1.2		0.1	0.4	0.1		3.4
1980	14.4	6.7				7.0							0.7
1981	19.5	4.2	1.8		2.6	4.0	2.0		0.2	0.9	0.7		3.2
1982	27.2	5.6	2.0		3.1	5.4	2.8		0.3	1.1	0.9		5.9
1983	28.2	5.2	3.2		2.8	6.5	3.3		0.4	1.2	0.9		4.7
1984	41.7	6.3	4.8		4.7	12.2	4.3		0.5	2.0	0.9		5.9
1985	64.0	8.1	8.2		6.0	18.6	5.6		0.9	3.3	2.0		11.3
1986	80.1	14.3	12.5	1.6	5.6	20.5	6.0		1.6	3.4	2.8		11.9
1987	90.3	17.2	10.9	2.1	5.5	27.1	8.8		1.4	3.4	2.1		11.9
1988	113.2	23.1	11.2	2.8	6.0	35.6	10.0		1.6	3.4	2.6		16.9
1989	107.0	22.2	12.3	3.3	7.7	30.1	9.7		1.2	2.8	2.8		14.8
1990	121.2	24.8	19.4	4.5	9.1	31.3	9.6		1.3	2.9	2.9		15.4
1991	170.9	30.2	24.8	6.4	9.8	51.8	16.1		2.1	4.9	3.6		21.3
1992	283.2	47.7	25.9	11.0	14.9	90.6	20.9		2.9	7.2	6.5		55.6
1993	521.8	69.9	34.8	10.7	22.1	191.8	37.0		5.9	13.2	10.6		125.8
1994	666.0	90.3	32.5	13.4	25.1	279.8	38.3		8.0	18.2	10.9		149.7
1995	807.6	112.4	32.9	13.8	30.9	291.6	48.0		9.5	22.5	13.6		232.5
1996	948.6	126.1	48.3	15.7	38.8	354.2	66.8		9.1	27.5	12.5		249.7
1997	1142.7	128.3	76.0	25.1	43.2	432.4	90.1		15.5	45.1	20.9		266.1
1998	1477.6	161.0	82.0	37.3	86.1	616.2	154.5		35.8	78.4	36.7		189.6
1999	1590.8	146.7	72.1	53.6	103.1	660.1	142.0		43.0	107.1	37.1		226.0
2000	1890.7	142.4	70.9	67.8	155.7	737.7	149.3		41.9	143.2	84.3		297.5
2001	2351.9	169.4	75.5	82.0	194.9	856.4	224.5	116.4	70.5	163.2	50.6	23.5	466.6
2002	3123.2	170.9	88.4	121.4	293.8	1182.2	275.0	144.1	135.1	239.5	64.8	29.7	551.0
2003	4462.4	181.8	133.5	145.8	281.9	2041.4	375.2	198.8	124.5	321.9	96.0	35.3	760.4
2004	4762.2	225.1	148.3	173.4	328.5	2128.7	352.3	174.5	100.3	359.5	107.8	53.0	838.4
2005	5602.2	225.6	142.4	220.2	476.7	2543.2	368.0	191.4	120.0	411.3	147.8	56.7	947.0
2006	5765.1	205.1	155.0	223.6	604.0	2999.9	331.5	151.7	87.1	429.0	175.8	51.8	554.3
2007	6418.9	233.0	160.1	230.0	852.4	2989.0	410.0	212.2	141.4	525.6	141.8	53.0	735.6
2008	7368.2	295.4	163.5	269.7	1037.2	3584.1	496.0	264.7	119.6	649.8	222.0	50.6	530.8
2009	10641.5	368.8	182.2	368.7	1737.6	4950.6	729.8	418.6	148.6	914.9	316.5	84.6	923.9
2010	13363.9	426.8	290.8	433.2	1812.6	6695.7	901.8	521.4	194.4	1355.1	301.6	127.4	952.2
2011	13934.2	431.8	331.4	437.6	1937.1	7079.1	770.1	420.5	243.8	1546.2	384.1	199.2	773.1

注："公共交通"中，2009 年至 2011 年数据仅包括城市轨道交通建设投资。

Note：In the section of "Public Transit", data from 2009 to 2011 only included investment in the construction of urban rail infrastructure.

1-1-6 按资金来源分全国历年城市市政公用设施建设固定资产投资

1-1-6 National Fixed Assets Investment in Urban Service Facilities by Capital Source in Past Years

计量单位：亿元 Measurement Unit：100 million RMB

指标 Item / 年份 Year	本年资金来源合计 Completed Investment of This Year	上年末结余资金 The Balance of The Previous Year	本年资金来源 Sources of Fund							
			小计 Subtotal	中央财政拨款 Financial Allocation From Central Government Budget	地方财政拨款 Financial Allocation From Local Government Budget	国内贷款 Domestic Loan	债券 Securities	利用外资 Foreign Investment	自筹资金 Self-Raised Funds	其他资金 Other Funds
1978	12.0		6.4	6.4						
1979	14.0									
1980	14.4		14.4	6.1		0.1			8.2	
1981	20.0		20.0	5.3		0.4	—		13.8	0.5
1982	27.2		27.2	8.6		1.0	—		16.5	1.1
1983	28.2		28.2	8.2		0.6			17.2	2.2
1984	41.7		41.7	11.8		2.1	—		25.5	2.3
1985	63.8		63.8	13.9		3.1		0.1	40.9	5.8
1986	79.8		79.8	13.2		3.1		0.1	57.4	6.0
1987	90.0		90.0	13.4		6.2		1.3	61.4	7.7
1988	112.6		112.6	10.2		7.1		1.6	78.0	15.7
1989	106.8		106.8	9.7		6.0		1.5	72.9	16.7
1990	121.2		121.2	7.4		11.0		2.2	82.2	18.4
1991	169.9		169.9	8.6		25.3		6.0	108.1	21.9
1992	265.4		265.4	9.9		42.9		10.3	180.4	38.9
1993	521.6		521.6	15.9		72.8		20.8	304.5	107.6
1994	665.5		665.5	27.9		58.3		64.2	397.1	118.0
1995	837.0		807.5	24.2		65.1		84.9	493.3	140.0
1996	939.1	68.0	871.1	34.8		122.2	4.9	105.6	486.1	117.5
1997	1105.6	49.0	1056.6	43.0		165.3	3.1	129.5	554.3	161.4
1998	1404.4	58.0	1346.4	100.2		284.8	40.3	110.1	600.4	210.6
1999	1534.2	81.0	1453.2	173.8		357.8	55.9	68.6	595.2	201.9
2000	1849.5	109.0	1740.5	222.0		428.6	29.0	76.7	682.7	301.5
2001	2351.9	109.0	2112.8	104.9	379.1	603.4	16.8	97.8	636.4	274.5
2002	3123.2	111.0	2705.9	96.3	516.9	743.8	7.3	109.6	866.3	365.7
2003	4264.1	120.7	4143.4	118.9	733.4	1435.4	17.4	90.0	1350.2	398.0
2004	4650.9	267.9	4383.0	63.0	938.4	1468.0	8.5	87.2	1372.9	445.0
2005	5505.5	229.0	5276.6	63.9	1050.6	1805.9	5.2	170.0	1728.0	453.0
2006	5800.6	365.4	5435.2	89.2	1339.0	1880.5	16.4	92.9	1638.1	379.2
2007	6283.5	369.5	5914.0	77.3	1925.7	1763.7	29.5	73.1	1635.7	409.0
2008	7277.4	386.9	6890.4	72.7	2143.9	2037.0	27.8	91.2	1980.1	537.6
2009	10938.1	460.4	10477.6	112.9	2705.1	4034.8	120.8	66.1	2487.1	950.7
2010	13351.7	659.3	12692.4	206.0	3523.6	4615.6	49.1	113.8	3058.9	1125.3
2011	14158.1	648.9	13509.1	166.3	4555.6	3992.8	111.6	100.3	3478.6	1103.9

1-1-7 全国历年城市供水情况
1-1-7 National Urban Water Supply in Past Years

指标 Item 年份 Year	综合 生产能力 （万立方米/日） Integrated Production Capacity （10,000m³/day）	供水管道 长度 （公里） Length of Water Supply Pipelines （km）	供水总量 （万立方米） Total Quantity of Water Supply （10,000m³）	生活用量 Residential Use	用水人口 （万人） Population with Access to Water Supply （10,000 persons）	人均日 生活用水量 （升） Daily Water Consumption Per Capita （liter）	用水 普及率 （%） Water Coverage Rate （%）
1978	2530.4	35984	787507	275854	6267.1	120.6	81.6
1979	2714.0	39406	832201	309206	6951.0	121.8	82.3
1980	2979.0	42859	883427	339130	7278.0	127.6	81.4
1981	3258.0	46966	969943	367823	7729.3	130.4	53.7
1982	3424.9	51513	1011319	391422	8102.2	132.4	56.7
1983	3539.0	56852	1065956	421968	8370.9	138.1	52.5
1984	3960.9	62892	1176474	465651	8900.7	143.3	49.5
1985	4019.7	67350	1280238	519493	9424.3	151.0	45.1
1986	10407.9	72557	2773921	706971	11757.9	161.9	51.3
1987	11363.6	77864	2984697	759702	12684.6	164.1	50.4
1988	12715.8	86231	3385847	873800	14049.9	170.4	47.6
1989	12821.1	92281	3936648	930619	14786.3	172.4	47.4
1990	14220.3	97183	3823425	1001021	15611.1	175.7	48.0
1991	14584.0	102299	4085073	1159929	16213.2	196.0	54.8
1992	16036.4	111780	4298437	1172919	17280.8	186.0	56.2
1993	16927.9	123007	4502341	1282543	18636.4	188.6	55.2
1994	18215.1	131052	4894620	1422453	20083.0	194.0	56.0
1995	19250.4	138701	4815653	1581451	22165.7	195.4	58.7
1996	19990.0	202613	4660652	1670673	21997.0	208.1	60.7
1997	20565.8	215587	4767788	1757157	22550.1	213.5	61.2
1998	20991.8	225361	4704732	1810355	23169.1	214.1	61.9
1999	21551.9	238001	4675076	1896225	23885.7	217.5	63.5
2000	21842.0	254561	4689838	1999960	24809.2	220.2	63.9
2001	22900.0	289338	4661194	2036492	25832.8	216.0	72.26
2002	23546.0	312605	4664574	2131919	27419.9	213.0	77.85
2003	23967.1	333289	4752548	2246665	29124.5	210.9	86.15
2004	24753.0	358410	4902755	2334625	30339.7	210.8	88.85
2005	24719.8	379332	5020601	2437374	32723.4	204.1	91.09
2006	26965.6	430426	5405246	2220459	32304.1	188.3	86.67 (97.04)
2007	25708.4	447229	5019488	2263676	34766.5	178.4	93.83
2008	26604.1	480084	5000762	2274266	35086.7	178.2	94.73
2009	27046.8	510399	4967467	2334082	36214.2	176.6	96.12
2010	27601.5	539778	5078745	2371488	38156.7	171.4	96.68
2011	26668.7	573774	5134222	2476520	39691.3	170.9	97.04

注：1. 1978 年至 1985 年综合供水生产能力为系统内数；1978 年至 1995 年供水管道长度为系统内数。

2. 自 2006 年起，用水普及率指标按城区人口和城区暂住人口合计为分母计算，括号中的数据为往年同口径数据。

Note：1. Integrated production capacity from 1978 to 1985 is limited to the statistical figure in building secter；Length of water supply pipelines from 1978 to 1995 is limited to the statistical figure in building secter.

2. Since 2006，water coverage rate has been calculated based on denominator which combines both permanent and temporary residents in urban areas，and the datas of brackets are the same index but calculated by the method of past years.

1-1-8 全国历年城市节约用水情况

1-1-8 National Urban Water Conservation in Past Years

指标 Item 年份 Year	计划用水量 （万立方米） Planned Quantity of Water Use （10,000m³）	新水取用量 （万立方米） Fresh Water Used （10,000m³）	工业用水重复利用量 （万立方米） Quantity of Industrial Water Recycled （10,000m³）	节约用水量 （万立方米） Water Saved （10,000m³）
1991	1977024	1921307	1985326	211259
1992	2077092	1939390	2843918	205087
1993	2076928	2004922	3000109	218317
1994	2299596	2497236	3375652	276241
1995	2123215	1930610	3626086	235113
1996	6285246	2166806	3345351	235194
1997	2004412	1875974	4429175	260885
1998	2490390	2343370	3978967	278835
1999	2409254	2223035	3966355	287284
2000	2153979	2071731	3811945	353569
2001	2504134	2126401	3881683	377733
2002	2463717	2091365	4849164	372352
2003	2353286	2014528	4572711	338758
2004	2441914	2048488	4183937	393426
2005	2676425	2300332	5670096	376093
2006		2356268	5535492	415755
2007		2295192	6026048	454794
2008		2121034	6547258	659114
2009		2064014	6130645	628692
2010		2161262	6872928	407152
2011		1694727	6334101	406578

注：2006 年至 2011 年，不统计计划用水量指标。

Note：From 2006 to 2011, "Planned Quantity of Water Use" has not been counted.

1-1-9 全国历年城市燃气情况
1-1-9 National Urban Gas in Past Years

指标 Item / 年份 Year	人工煤气 Man-Made Coal Gas				天然气 Natural Gas				液化石油气 LPG				燃气普及率（%）
	供气总量（万立方米） Total Gas Supplied (10,000 m³)	家庭用量 Domestic Consumption	用气人口（万人） Population with Access to Gas (10,000 persons)	管道长度（公里） Length of Gas Supply Pipeline (km)	供气总量（万立方米） Total Gas Supplied (10,000 m³)	家庭用量 Domestic Consumption	用气人口（万人） Population with Access to Gas (10,000 persons)	管道长度（公里） Length of Gas Supply Pipeline (km)	供气总量（吨） Total Gas Supplied (ton)	家庭用量 Domestic Consumption	用气人口（万人） Population with Access to Gas (10,000 persons)	管道长度（公里） Length of Gas Supply Pipeline (km)	Gas Coverage Rate (%)
1978	172541	66593	450	4157	69078	4103	24	560	194533	175744	635		14.40
1979	182748	73557	500	4446	68489	9833	76	751	243576	218797	788		16.10
1980	195491	83281	561	4698	58937	4893	80	921	290460	269502	924		17.30
1981	199466	90326	594	4830	93970	8575	83	1059	330987	308028	995		11.60
1982	208819	94896	630	5258	90421	8938	93	1098	388596	342828	1076		12.60
1983	214009	89012	703	5967	49071	9443	91	1149	456192	414635	1159		12.30
1984	231351	96228	768	7353	168568	38258	135	1965	535289	424318	1435		13.00
1985	244754	107060	911	8255	162099	43268	281	2312	601803	540761	1534		13.00
1986	337745	139374	951	7990	435887	65262	492	2409	1011308	763590	2041		15.20
1987	686518	170887	1177	11650	501093	77719	634	5465	1049116	954534	2399		16.70
1988	667927	171376	1357	13028	573983	73305	748	6186	1730261	1136883	2764		16.50
1989	841297	204709	1498	14448	591169	91770	896	6849	1898003	1259349	3156		17.80
1990	1747065	274127	1674	16312	642289	115662	972	7316	2190334	1428058	3579		19.10
1991	1258088	311430	1867	18181	754616	154302	1072	8054	2423988	1694399	4084		23.70
1992	1495531	305325	2181	20931	628914	152013	1119	8487	2996699	2019620	4796		26.30
1993	1304130	345180	2490	23952	637207	139297	1180	8889	3150296	2316129	5770		27.90
1994	1262712	416453	2889	27716	752436	146938	1273	9566	3664948	2817702	6745		30.40
1995	1266894	456585	3253	33890	673354	163788	1349	10110	4886528	3701504	8355		34.30
1996	1348076	472904	3490	38486	637832	138018	1470	18752	5758374	3943604	8864	2762	38.20
1997	1268944	535412	3735	41475	663001	177121	1656	22203	5786023	4370979	9350	4086	40.00
1998	1675571	480734	3746	42725	688255	195778	1908	25429	7972947	5478535	9995	4458	41.80
1999	1320925	494001	3918	45856	800556	215006	2225	29510	7612684	4990363	10336	6116	43.80
2000	1523615	630937	3944	48384	821476	247580	2581	33655	10537147	5322828	11107	7419	45.40
2001	1369144	494191	4349	50114	995197	247543	3127	39556	9818313	5583497	13875	10809	60.42
2002	1989196	490258	4541	53383	1259334	350479	3686	47652	11363884	6561738	15431	12788	67.17
2003	2020883	583884	4792	57017	1416415	374986	4320	57845	11263475	7817094	16834	15349	76.74
2004	2137225	512026	4654	56419	1693364	454248	5628	71411	11267120	7041351	17559	20119	81.53
2005	2558343	458538	4369	51404	2104951	521389	7104	92043	12220141	7065214	18013	18662	82.08
2006	2964500	381518	4067	50524	2447742	573441	8319	121498	12636613	6936513	17100	17469	79.11 (88.58)
2007	3223512	373522	4022	48630	3086365	662198	10190	155271	14667692	7280415	18172	17202	87.40
2008	3558287	353162	3370	45172	3680393	779917	12167	184084	13291072	6292713	17632	28590	89.55
2009	3615507	307134	2971	40447	4050996	913386	14544	218778	13400303	6887600	16924	14236	91.41
2010	2799380	268763	2802	38877	4875808	1171596	17021	256429	12680054	6338523	16503	13374	92.04
2011	847256	238876	2676	37100	6787997	1301190	19028	298972	11658326	6329164	16094	12893	92.41

注：自 2006 年起，燃气普及率指标按城区人口和城区暂住人口合计为分母计算，括号中的数据为与往年同口径数据。

Note: Since 2006, gas coverage rate has been calculated based on denominator which combines both permanent and temporary residents in urban areas, and the datas in brackets are the same index but calculated by the method of past years.

1-1-10 全国历年城市集中供热情况
1-1-10 National Urban Centralized Heating in Past Years

指标 Item 年份 Year	供热能力 Heating Capacity		供热总量 Total Heat Supplied		管道长度（公里） Length of Pipelines（km）		集中供热面积 （万平方米） Heated Area （10,000m²）
	蒸汽 （吨/小时） Steam （ton/hour）	热水 （兆瓦） Hot Water （mega watts）	蒸汽 （万吉焦） Steam （10,000 gigajoules）	热水 （万吉焦） Hot Water （10,000 gigajoules）	蒸汽 Steam	热水 Hot Water	
1981	754	440	641	183	79	280	1167
1982	883	718	627	241	37	491	1451
1983	965	987	650	332	67	586	1841
1984	1421	1222	996	454	71	761	2445
1985	1406	1360	896	521	76	954	2742
1986	9630	36103	3467	2704	183	1335	9907
1987	16258	27601	6669	3650	163	1576	15282
1988	18550	32746	5978	4848	209	2193	13883
1989	20177	25987	6782	4334	401	2678	19386
1990	20341	20128	7117	21658	157	3100	21263
1991	21495	29663	8195	21065	656	3952	27651
1992	25491	45386	9267	26670	362	4230	32832
1993	31079	48437	10633	29036	532	5161	44164
1994	34848	52466	10335	32056	670	6399	50992
1995	67601	117286	16414	75161	909	8456	64645
1996	62316	103960	17615	56307	9577	24012	73433
1997	65207	69539	20604	62661	7054	25446	80755
1998	66427	71720	17463	64684	6933	27375	86540
1999	70146	80591	22169	69771	7733	30506	96775
2000	74148	97417	23828	83321	7963	35819	110766
2001	72242	126249	37655	100192	9183	43926	146329
2002	83346	148579	57438	122728	10139	48601	155567
2003	92590	171472	59136	128950	11939	58028	188956
2004	98262	174442	69447	125194	12775	64263	216266
2005	106723	197976	71493	139542	14772	71338	252056
2006	95204	217699	67794	148011	14012	79943	265853
2007	94009	224660	66374	158641	14116	88870	300591
2008	94454	305695	69082	187467	16045	104551	348948
2009	93193	286106	63137	200051	14317	110490	379574
2010	105084	315717	66397	224716	15122	124051	435668
2011	85273	338742	51777	229245	13381	133957	473784

注：1981 年至 1995 年热水供热能力计量单位为兆瓦/小时；1981 年至 2000 年蒸汽供热总量计量单位为万吨。

Note：Heating capacity through hot water from 1981 to 1995 is measured with the unit of maga watts/hour；Heating capacity through steam from 1981 to 2000 is measured with the unit of 10,000 tons.

1-1-11 全国历年城市道路和桥梁情况
1-1-11 National Urban Roads and Bridges in Past Years

指标 Item 年份 Year	道路长度 （公里） Length of Roads （km）	道路面积 （万平方米） Surface Area of Roads （10,000m²）	防洪堤长度 （公里） Length of Flood Control Dikes （km）	人均城市道路面积 （平方米） Urban Road Surface Area Per Capita （m²）
1978	26966	22539	3443	2.93
1979	28391	24069	3670	2.85
1980	29485	25255	4342	2.82
1981	30277	26022	4446	1.81
1982	31934	27976	5201	1.96
1983	33934	29962	5577	1.88
1984	36410	33019	6170	1.84
1985	38282	35872	5998	1.72
1986	71886	69856	9952	3.05
1987	78453	77885	10732	3.10
1988	88634	91355	12894	3.10
1989	96078	100591	14506	3.22
1990	94820	101721	15500	3.13
1991	88791	99135	13892	3.35
1992	96689	110526	16015	3.59
1993	104897	124866	16729	3.70
1994	111058	137602	16575	3.84
1995	130308	164886	18885	4.36
1996	132583	179871	18475	4.96
1997	138610	192165	18880	5.22
1998	145163	206136	19550	5.51
1999	152385	222158	19842	5.91
2000	159617	237849	20981	6.13
2001	176016	249431	23798	6.98
2002	191399	277179	25503	7.87
2003	208052	315645	29426	9.34
2004	222964	352955	29515	10.34
2005	247015	392166	41269	10.92
2006	241351	411449	38820	11.04 (12.36)
2007	246172	423662	32274	11.43
2008	259740	452433	33147	12.21
2009	269141	481947	34698	12.79
2010	294443	521322	36153	13.21
2011	308897	562523	35051	13.75

注：自 2006 年起，人均城市道路面积按城区人口和城区暂住人口合计为分母计算，括号内为与往年同口径数据。

Note：Since 2006, urban road surface per capita has been calculated based on denominator which combines both permanent and temporary residents in urban areas, and the data in brackets are the same index calculated by the method of past years.

1-1-12 全国历年城市排水和污水处理情况

1-1-12 National Urban Drainage and Wastewater Treatment in Past Years

指标 Item 年份 Year	排水管道 长 度 （公里） Length of Drainage Pipelines （km）	污水年 排放量 （万立方米） Annual Quantity of Wastewater Discharged （10,000m³）	污水处理厂		污水年 处理量 （万立方米） Annual Treatment Capacity （10,000m³）	污水处理率 （％） Wastewater Treatment Rate （％）
			座数 （座） Number of Wastewater Treatment Plant （unit）	处理能力 （万立方米/日） Treatment Capacity （10,000m³/day）		
1978	19556	1494493	37	64		
1979	20432	1633266	36	66		
1980	21860	1950925	35	70		
1981	23183	1826460	39	85		
1982	24638	1852740	39	76		
1983	26448	2097290	39	90		
1984	28775	2253145	43	146		
1985	31556	2318480	51	154		
1986	42549	963965	64	177		
1987	47107	2490249	73	198		
1988	50678	2614897	69	197		
1989	54510	2611283	72	230		
1990	57787	2938980	80	277		
1991	61601	2997034	87	317	445355	14.86
1992	67672	3017731	100	366	521623	17.29
1993	75207	3113420	108	449	623163	20.02
1994	83647	3030082	139	540	518013	17.10
1995	110293	3502553	141	714	689686	19.69
1996	112812	3528472	309	1153	833446	23.62
1997	119739	3514011	307	1292	907928	25.84
1998	125943	3562912	398	1583	1053342	29.56
1999	134486	3556821	402	1767	1135532	31.93
2000	141758	3317957	427	2158	1135608	34.25
2001	158128	3285850	452	3106	1196960	36.43
2002	173042	3375959	537	3578	1349377	39.97
2003	198645	3491616	612	4254	1479932	42.39
2004	218881	3564601	708	4912	1627966	45.67
2005	241056	3595162	792	5725	1867615	51.95
2006	261379	3625281	815	6366	2026224	55.67
2007	291933	3610118	883	7146	2269847	62.87
2008	315220	3648782	1018	8106	2560041	70.16
2009	343892	3712129	1214	9052	2793457	75.25
2010	369553	3786983	1444	10436	3117032	82.31
2011	414074	4037022	1588	11303	3376104	83.63

注：1978 年至 1995 年污水处理厂座数及处理能力均为系统内数。

Note：Number of wastewater treatment plants and treatment capacity from 1978 to 1995 are limited to the statistical figure in the building sector.

1-1-13 全国历年城市园林绿化情况
1-1-13 National Urban Landscaping in Past Years

计量单位：公顷　Measurement Unit：Hectare

指标 Item / 年份 Year	建成区绿化覆盖面积 Built District Green Coverage Area	建成区绿地面积 Built District Area of Green Space	公园绿地面积 Area of Public Recreational Green Space	公园面积 Park Area	人均公园绿地面积（平方米） Public Recreational Green Space Per Capita (m²)	建成区绿地率（%） Green Space Rate of Built District (%)	建成区绿化覆盖率（%） Green Coverage Rate of Built District (%)
1981		110037	21637	14739	1.50		
1982		121433	23619	15769	1.65		
1983		135304	27188	18373	1.71		
1984		146625	29037	20455	1.62		
1985		159291	32766	21896	1.57		
1986		153235	42255	30740	1.84		16.90
1987		161444	47752	32001	1.90		17.10
1988		180144	52047	36260	1.76		17.00
1989		196256	52604	38313	1.69		17.80
1990	246829		57863	39084	1.78		19.20
1991	282280		61233	41532	2.07		20.10
1992	313284		65512	45741	2.13		21.00
1993	354127		73052	48621	2.16		21.30
1994	396595		82060	55468	2.29		22.10
1995	461319		93985	72857	2.49		23.90
1996	493915	385056	99945	68055	2.76	19.05	24.43
1997	530877	427766	107800	68933	2.93	20.57	25.53
1998	567837	466197	120326	73198	3.22	21.81	26.56
1999	593698	495696	131930	77137	3.51	23.03	27.58
2000	631767	531088	143146	82090	3.69	23.67	28.15
2001	681914	582952	163023	90621	4.56	24.26	28.38
2002	772749	670131	188826	100037	5.36	25.80	29.75
2003	881675	771730	219514	113462	6.49	27.26	31.15
2004	962517	842865	252286	133846	7.39	27.72	31.66
2005	1058381	927064	283263	157713	7.89	28.51	32.54
2006	1181762	1040823	309544	208056	8.3 (9.3)	30.92	35.11
2007	1251573	1110330	332654	202244	8.98	31.30	35.29
2008	1356467	1208448	359468	218260	9.71	33.29	37.37
2009	1494486	1338133	401584	235825	10.66	35.11	39.22
2010	1612458	1443663	441276	258177	11.18	34.47	38.62
2011	1718924	1545985	482620	285751	11.80	35.27	39.22

注：1. 自2006年起，"公共绿地"统计为"公园绿地"。

2. 自2006年起，"人均公共绿地面积"统计为以城区人口和城区暂住人口合计为分母计算的"人均公园绿地面积"，括号内数据约为与往年同口径数据。

Note：1. Since 2006, Public Green Space is changed to Public Recreatinal Green Space.

2. Since 2006, Public recreational green space per capita has been calculated based on denominator which combines both permanent and temporary resiclents in urban areas, and the datas in brackets are the same index but calculated by the method of past years.

1-1-14 全国历年城市市容环境卫生情况
1-1-14 National Urban Environmental Sanitation in Past Years

指标 Item 年份 Year	生活垃圾 清运量 （万吨） Quantity of Domestic Garbage Collected and Transported （10,000ton）	垃圾无害化 处理场(厂) 座 数 （座） Number of Harmless Treatment Plants/Grounds （unit）	无害化处理 能 力 （吨/日） Harmless Treatment Capacity （ton/day）	垃圾无害化 处 理 量 （万吨） Quantity of Harmlessly Treated Garbage （10,000ton）	粪便清运量 （万吨） Volume of Soil Collected and Transported （10,000ton）	公厕数量 （座） Number of Latrine （unit）	市容环卫专用 车辆设备总数 （台） Number of Vehicles and Equipment Designated for Municipal Environmental Sanitation （unit）	每 万 人 拥有公厕 （座） Number of Latrine per 10,000 Population （unit）
1979	2508	12	1937		2156	54180	5316	
1980	3132	17	2107	215	1643	61927	6792	
1981	2606	30	3260	162	1547	54280	7917	3.77
1982	3125	27	2847	190	1689	56929	9570	3.99
1983	3452	28	3247	243	1641	62904	10836	3.95
1984	3757	24	1578	188	1538	64178	11633	3.57
1985	4477	14	2071	232	1748	68631	13103	3.28
1986	5009	23	2396	70	2710	82746	19832	3.61
1987	5398	23	2426	54	2422	88949	21418	3.54
1988	5751	29	3254	75	2353	92823	22793	3.14
1989	6292	37	4378	111	2603	96536	25076	3.09
1990	6767	66	7010	212	2385	96677	25658	2.97
1991	7636	169	29731	1239	2764	99972	27854	3.38
1992	8262	371	71502	2829	3002	95136	30026	3.09
1993	8791	499	124508	3945	3168	97653	32835	2.89
1994	9952	609	130832	4782	3395	96234	34398	2.69
1995	10671	932	183732	6014	3066	113461	39218	3.00
1996	10825	574	155826	5568	2931	109570	40256	3.02
1997	10982	635	180081	6292	2845	108812	41538	2.95
1998	11302	655	201281	6783	2915	107947	42975	2.89
1999	11415	696	237393	7232	2844	107064	44238	2.85
2000	11819	660	210175	7255	2829	106471	44846	2.74
2001	13470	741	224736	7840	2990	107656	50467	3.01
2002	13650	651	215511	7404	3160	110836	52752	3.15
2003	14857	575	219607	7545	3475	107949	56068	3.18
2004	15509	559	238519	8089	3576	109629	60238	3.21
2005	15577	471	256312	8051	3805	114917	64205	3.20
2006	14841	419	258048	7873	2131	107331	66020	2.88（3.22）
2007	15215	458	279309	9438	2506	112604	71609	3.04
2008	15438	509	315153	10307	2331	115306	76400	3.12
2009	15734	567	356130	11220	2141	118525	83756	3.15
2010	15805	628	387607	12318	1951	119327	90414	3.02
2011	16395	677	409119	13090	1963	120459	100340	2.95

注：1. 1980 年至 1995 年垃圾无害化处理厂，垃圾无害化处理量为垃圾加粪便。

2. 自 2006 年起，生活垃圾填埋场的统计采用新的认定标准，生活垃圾无害化处理数据与往年不可比。

Note：1. Quantity of garbage disposed harmlessly from 1980 to 1995 consists of quantity of garbage and soil.

2. Since 2006, treatment of domestic garbage through sanitary landfill has adopted new certification standard, so the datas of harmless treatmented garbage are not compared with the past years.

1-2-1 全国城市市政公用设施水平（2011 年）

地区名称 Name of Regions		人口密度 （人/平方公里） Population Density （person/squ- are kilometer）	人均日生活 用 水 量 （升） Daily Water Consumption Per Capita （liter）	用水普及率 （%） Water Coverage Rate （%）	燃气普及率 （%） Gas Coverage Rate （%）	建成区供水 管道密度 （公里/ 平方公里） Density of Water Supply Pipelines in Built District （kilometer/squ- are kilometer）	人 均 道路面积 （平方米） Road Surface Area Per Capita （m²）
全 国	National Total	2228	170.94	97.04	92.41	13.16	13.75
北 京	Beijing	1428	172.62	100.00	100.00	21.48	5.26
天 津	Tianjin	2636	128.80	100.00	100.00	16.75	17.05
河 北	Hebei	2362	124.45	100.00	99.86	8.91	17.84
山 西	Shanxi	2977	111.42	97.48	94.63	7.89	11.21
内 蒙 古	Inner Mongolia	764	94.48	91.39	82.23	8.42	15.77
辽 宁	Liaoning	1712	126.16	98.36	95.46	13.83	11.27
吉 林	Jilin	2371	113.33	92.71	88.28	7.34	11.90
黑 龙 江	Heilongjiang	5146	128.02	90.78	81.41	7.24	11.20
上 海	Shanghai	3702	183.57	100.00	99.87	32.26	4.04
江 苏	Jiangsu	2013	212.26	99.58	99.03	18.77	21.86
浙 江	Zhejiang	1741	196.30	99.84	99.34	18.75	17.53
安 徽	Anhui	2265	168.99	96.55	93.35	10.66	18.00
福 建	Fujian	2306	188.18	99.11	98.67	13.80	13.46
江 西	Jiangxi	4527	174.79	97.94	94.31	10.63	14.40
山 东	Shandong	1389	129.79	99.74	99.48	10.55	23.62
河 南	Henan	5124	108.59	92.64	76.19	8.71	10.83
湖 北	Hubei	1969	213.18	98.25	93.89	13.38	14.78
湖 南	Hunan	2908	203.16	95.68	88.45	11.33	13.62
广 东	Guangdong	2637	241.38	98.39	91.30	17.81	12.51
广 西	Guangxi	1569	241.94	93.91	91.08	13.59	14.34
海 南	Hainan	2639	249.20	96.09	93.59	13.22	18.42
重 庆	Chongqing	1830	145.43	93.41	93.03	8.61	10.43
四 川	Sichuan	2782	191.71	91.83	87.09	12.11	12.14
贵 州	Guizhou	3502	142.79	91.55	71.56	14.02	6.63
云 南	Yunnan	3811	124.89	95.09	74.21	9.34	11.97
西 藏	Tibet	515	228.10	91.93	83.44	9.22	13.48
陕 西	Shaanxi	5821	163.25	95.72	92.09	6.60	13.72
甘 肃	Gansu	3824	146.46	92.50	75.62	7.15	12.58
青 海	Qinghai	2487	196.98	99.86	92.10	12.30	11.22
宁 夏	Ningxia	1147	163.14	95.45	88.38	6.65	17.90
新 疆	Xinjiang	4563	160.06	99.17	96.19	7.47	13.74

注：本表中北京市的建成区绿化覆盖率和建成区绿地率均为该市调查面积内数据，全国城市建成区绿化覆盖率和建成区

Note：All of the green coverage rate and green space rate for the built-up areas of Beijing Municipality in the Table refer to the data for the

1-2-1　National Level of National Urban Service Facilities （2011）

建成区排水管道密度（公里/平方公里） Density of Sewers in Built District （kilometer/square kilometer）	污水处理率（％） Wastewater Treatment Rate （％）	污水处理厂集中处理率 Centralized Treatment Rate of Wastewater Treatment Plants	人均公园绿地面积（平方米） Public Recreational Green Space Per Capita （m²）	建成区绿化覆盖率（％） Green Coverage Rate of Built District （％）	建成区绿地率（％） Green Space Rate of Built District （％）	生活垃圾处理率（％） Domestic Garbage Treatment Rate （％）	生活垃圾无害化处理率 Domestic Garbage Harmless Treatment Rate	地区名称 Name of Regions
9. 50	83. 63	78. 08	11. 80	39. 22	35. 27	91. 89	79. 84	全　国
9. 00	81. 68	80. 64	11. 33	45. 60	43. 53	98. 24	98. 24	北　京
23. 29	86. 75	85. 91	10. 30	34. 53	30. 58	100. 00	100. 00	天　津
9. 16	93. 93	92. 42	14. 26	42. 07	37. 32	96. 82	72. 56	河　北
6. 36	86. 54	82. 21	10. 17	38. 29	33. 59	80. 72	77. 50	山　西
8. 65	83. 85	83. 85	14. 47	34. 09	31. 59	93. 21	83. 47	内　蒙　古
6. 55	84. 14	79. 31	10. 56	39. 78	36. 81	94. 04	80. 45	辽　宁
6. 45	82. 86	81. 66	10. 53	34. 17	29. 86	95. 24	49. 21	吉　林
4. 83	57. 28	49. 82	11. 47	36. 32	33. 22	43. 69	43. 69	黑　龙　江
17. 62	84. 42	84. 42	7. 01	38. 22	33. 68	82. 72	61. 04	上　海
14. 81	89. 92	70. 84	13. 34	42. 12	38. 64	98. 22	93. 77	江　苏
12. 65	85. 09	81. 13	11. 77	38. 39	34. 73	98. 19	96. 43	浙　江
10. 25	91. 09	79. 04	11. 88	39. 47	34. 55	97. 06	86. 99	安　徽
9. 53	85. 29	80. 99	11. 72	41. 39	37. 37	99. 25	94. 55	福　建
8. 41	85. 08	83. 69	13. 49	46. 81	43. 35	100. 00	88. 27	江　西
10. 69	93. 17	91. 19	16. 00	41. 51	37. 14	97. 51	92. 54	山　东
7. 55	89. 04	87. 62	8. 90	36. 64	31. 64	88. 87	84. 42	河　南
9. 58	86. 49	80. 64	10. 11	38. 35	32. 86	92. 57	61. 02	湖　北
7. 74	82. 82	65. 04	8. 81	36. 84	33. 72	93. 77	86. 35	湖　南
9. 98	79. 11	77. 06	14. 35	41. 10	37. 07	94. 15	73. 23	广　东
7. 16	64. 05	52. 99	11. 02	37. 35	32. 58	95. 49	95. 49	广　西
11. 72	73. 14	73. 14	12. 51	41. 81	37. 05	95. 49	91. 35	海　南
7. 89	94. 62	93. 15	17. 87	40. 18	37. 44	99. 55	99. 55	重　庆
8. 80	78. 32	72. 16	10. 73	38. 21	34. 19	92. 66	88. 43	四　川
7. 27	90. 69	90. 69	7. 26	32. 31	26. 96	91. 68	88. 56	贵　州
5. 92	94. 62	88. 01	10. 26	38. 73	34. 42	97. 95	74. 13	云　南
3. 27			10. 73	24. 06	23. 17	82. 44		西　藏
7. 18	83. 96	82. 31	11. 41	38. 68	32. 59	94. 48	90. 27	陕　西
4. 80	68. 82	58. 23	8. 32	27. 85	24. 02	98. 75	41. 70	甘　肃
9. 13	60. 99	60. 99	9. 65	31. 06	31. 37	92. 81	89. 46	青　海
4. 01	80. 19	68. 57	16. 03	37. 45	35. 48	73. 51	66. 95	宁　夏
4. 98	77. 04	75. 04	9. 48	36. 64	33. 27	92. 20	79. 48	新　疆

绿地率作适当修正。

areas surveyed in the city. The green coverage rate and green space rate for the nationwide urban built-up areas have been revised appropriately.

1-2-2 全国城市人口和建设用地（2011 年）

地区名称 Name of Regions	市区面积 Urban District Area	市区人口 Urban District Population	市区暂住人口 Urban District Temporary Population	城区面积 Urban Area	城区人口 Urban Population	城区暂住人口 Urban Temporary Population	建成区面积 Area of Built District	小计 Subtotal
全　国　National Total	1910939.15	66123.01	7682.58	183618.02	35425.55	5476.78	43603.23	41805.25
北　京　Beijing	16410.00	2018.60		12187.00	1740.70		1231.30	1425.87
天　津　Tianjin	7398.86	813.72	38.80	2334.47	597.81	17.62	710.60	710.60
河　北　Hebei	32147.59	2729.09	135.60	6627.02	1478.56	87.03	1684.60	1625.16
山　西　Shanxi	28738.61	1565.12	95.29	3400.77	933.37	78.95	956.92	878.41
内　蒙　古　Inner Mongolia	147096.24	871.39	151.97	10996.70	702.31	138.27	1077.04	1179.53
辽　宁　Liaoning	65166.20	3033.83	162.80	12821.71	2055.01	139.45	2276.51	2249.09
吉　林　Jilin	101763.35	1926.24	40.36	4718.24	1035.77	82.69	1270.99	1197.97
黑　龙　江　Heilongjiang	163765.12	2198.71	79.53	2653.18	1295.41	70.00	1678.64	1722.14
上　海　Shanghai	6340.50	2347.46		6340.50	2347.46		998.75	
江　苏　Jiangsu	60553.51	5105.50	697.57	13272.27	2467.77	203.97	3493.78	3552.61
浙　江　Zhejiang	52800.16	3214.93	937.38	10484.32	1418.44	407.09	2221.10	2263.41
安　徽　Anhui	36705.73	2320.15	222.99	5572.94	1121.52	141.01	1597.69	1565.01
福　建　Fujian	44147.83	1932.16	444.12	4481.44	811.47	221.95	1129.96	1076.98
江　西　Jiangxi	32122.01	1600.39	81.76	1890.72	789.48	66.51	1019.87	986.44
山　东　Shandong	83999.42	5457.93	256.62	20157.61	2628.12	171.23	3751.20	3680.66
河　南　Henan	41792.26	3726.98	375.30	4213.74	1834.06	324.97	2098.07	2019.26
湖　北　Hubei	91924.44	3986.08	168.97	9049.15	1646.66	135.50	1811.57	2042.57
湖　南　Hunan	47722.03	2492.24	139.55	4602.42	1227.60	110.73	1408.00	1474.90
广　东　Guangdong	83306.13	5517.37	2440.30	17957.23	2663.14	2071.91	4829.26	4125.59
广　西　Guangxi	56336.60	1942.85	167.17	5789.07	743.85	164.62	1014.38	931.56
海　南　Hainan	17223.59	501.54	24.14	850.12	193.27	31.07	237.99	267.91
重　庆　Chongqing	26041.15	1578.71	254.54	5696.60	840.07	202.45	1034.92	945.48
四　川　Sichuan	57001.45	3425.01	149.22	5998.96	1562.06	106.71	1788.13	1745.51
贵　州　Guizhou	24432.27	1006.52	151.08	1673.75	496.48	89.71	508.28	524.22
云　南　Yunnan	55143.37	1230.61	177.51	2084.64	615.43	178.95	804.14	884.74
西　藏　Tibet	5134.18	32.70	22.80	948.00	27.50	21.34	89.68	40.20
陕　西　Shaanxi	29045.00	1389.89	48.19	1373.40	763.68	35.72	809.01	706.48
甘　肃　Gansu	87357.54	882.46	65.91	1436.55	503.62	45.71	655.63	615.37
青　海　Qinghai	146980.00	135.96	14.30	512.28	116.96	10.46	122.11	121.68
宁　夏　Ningxia	22724.08	318.14	31.76	2063.49	207.65	29.10	371.29	312.95
新　疆　Xinjiang	239619.93	820.73	107.05	1429.73	560.32	92.06	921.82	932.95

1-2-2 National Urban Population and Construction Land (2011)

面积计量单位：平方公里 Area Measurement Unit：Square Kilometer

人口计量单位：万人 Population Measurement Unit：10,000 persons

城市建设用地面积 Area of Urban Construction Land									本年征用土地面积	耕地	地区名称
居住用地 Residential Land	公共设施用地 Land for Public Facilities	工业用地 Industrial Land	仓储用地 Land for Storage	对外交通用地 Land for Transportation System	道路广场用地 Land for Roads and Plazas	市政公用设施用地 Land for Municipal Utilities	绿地 Greenland	特殊用地 Land for Special Purposes	Area of Land Requisition This Year	Arable Land	Name of Regions
13181.70	**5086.55**	**8721.20**	**1581.42**	**1861.26**	**4734.86**	**1483.23**	**4455.47**	**699.56**	**1841.72**	**775.30**	全　国
405.40	248.93	313.47	38.39	51.20	167.33	39.64	146.50	15.01	50.42	15.90	北　京
190.71	86.50	159.54	49.53	29.43	78.62	19.44	86.17	10.66	44.04	20.81	天　津
515.29	181.55	295.97	67.24	72.12	240.79	48.95	164.39	38.86	42.71	10.55	河　北
281.99	106.50	178.27	30.85	45.52	70.95	63.76	85.96	14.61	25.82	7.94	山　西
362.07	148.66	213.01	44.39	48.51	162.86	34.88	150.49	14.66	27.92	2.65	内蒙古
759.96	225.30	522.00	77.81	93.15	228.32	60.38	224.48	57.69	185.73	95.41	辽　宁
421.84	80.18	252.18	41.69	124.62	71.77	91.51	96.00	18.18	75.27	54.98	吉　林
614.56	177.05	336.12	82.64	68.62	180.66	42.66	184.24	35.59	47.73	17.64	黑龙江
											上　海
1085.77	406.52	900.78	90.79	140.40	401.60	101.39	376.96	48.40	182.85	74.32	江　苏
626.01	246.43	573.14	48.25	106.75	307.42	82.67	235.37	37.37	88.87	50.10	浙　江
518.22	159.85	352.03	44.27	65.88	169.81	55.37	194.45	5.13	117.53	53.00	安　徽
332.96	133.17	235.10	23.74	44.70	128.15	37.98	113.63	27.55	51.70	13.66	福　建
302.49	136.99	208.64	27.27	41.54	115.03	34.15	113.63	6.70	57.51	16.55	江　西
1089.10	509.69	801.09	120.19	168.83	388.73	135.75	418.68	48.60	141.64	49.27	山　东
594.03	294.60	319.73	72.82	84.00	263.91	82.09	276.76	31.32	40.99	14.46	河　南
599.27	270.10	459.53	72.22	121.96	229.11	77.45	175.81	37.12	74.39	29.88	湖　北
484.08	229.38	261.26	58.68	66.00	162.91	59.86	131.73	21.00	84.63	30.89	湖　南
1317.05	408.15	922.60	311.45	159.27	435.39	102.88	411.34	57.46	73.36	21.15	广　东
298.66	131.19	171.50	29.83	38.49	113.87	29.53	99.62	18.87	121.83	54.25	广　西
86.19	46.70	19.10	6.39	22.00	32.88	6.67	42.37	5.61	14.73	0.53	海　南
302.37	98.48	221.01	17.69	39.60	141.94	27.80	82.39	14.20	54.49	25.77	重　庆
564.89	230.94	356.65	48.26	72.24	223.92	54.85	166.55	27.21	72.36	32.56	四　川
144.60	70.49	92.31	26.75	28.40	47.28	15.22	89.12	10.05	6.58	0.60	贵　州
366.61	105.45	126.39	26.50	36.87	63.27	58.91	72.41	28.33	61.16	25.85	云　南
23.95		9.07	3.15				3.22	0.81	3.10	0.71	西　藏
223.78	120.75	137.34	23.15	26.29	78.23	21.80	62.53	12.61	33.83	20.92	陕　西
184.56	68.90	106.84	41.03	15.64	59.73	23.71	111.41	3.55	33.62	18.54	甘　肃
51.32	8.03	7.02	13.79	6.44	6.00	14.22	7.43	7.43	0.76	0.69	青　海
112.10	46.46	28.69	11.04	16.30	39.03	15.38	38.79	5.16	10.47	9.70	宁　夏
321.87	109.61	140.82	31.62	26.49	125.35	44.33	93.04	39.82	15.68	6.02	新　疆

1-2-3　全国城市维护建设资金（财政性资金）收支（2011 年）

地区名称 Name of Regions	城市维护建设资金收入　Revenue of Urban Maintenance									
	合计 Total	中央财政拨款 Financial Allocation from Central Government Budget	省级财政拨款 Financial Allocation from Provincial Government Budget	市财政资金					市政公用设	
				小计 Subtotal	市财政专项拨款 Special Financial Allocation from City Government Budget	城市维护建设税 Urban Maintenance and Construction Tax	城市公用事业附加 Extra-Charges for Municipal Utilities	市政公用设施配套费 Fee for Expansion of Municipal Utilities Capacity	设施 Fee for Use of Municipal Utilities	过桥过路费 Tolls on Roads and Bridges
全　国 National Total	117817189	1383183	1414191	112464780	18403386	13395522	1571916	5804971	3775045	808332
北　京 Beijing	19558588			19558588	5458427	1456499	141000		93573	
天　津 Tianjin	1197632	10000	119480	819176	308017	47128		377352		
河　北 Hebei	4430893	31831	11936	4373755	437202	795418	71411	82825	67419	6273
山　西 Shanxi	2483606	22149	49679	2329957	420156	287162	15044	100654	32808	4586
内 蒙 古 Inner Mongolia	2350346	18214	18092	2274809	350383	265765	26770	25534	8017	632
辽　宁 Liaoning	4944885	120836	53946	4719913	155400	755378	58803	347056	67045	547
吉　林 Jilin	1323688	36759	30344	1237863	298045	343239	37067	132491	20284	
黑 龙 江 Heilongjiang	1787879	68197	49998	1652956	227426	450573	24892	205617	26147	10782
上　海 Shanghai	2200745	19024		2181721	1160388		147103	88696	157861	157861
江　苏 Jiangsu	9174850	20697	181012	8787701	1491235	1390622	139909	560595	368965	9629
浙　江 Zhejiang	6878872	37207	14874	6731354	1190643	629276	47444	52623	1034282	107196
安　徽 Anhui	6431006	65323	33239	6248932	331043	455572	43179	211714	86109	
福　建 Fujian	6148392	78885	11730	5809794	305444	500216	95085	68367	152262	52540
江　西 Jiangxi	2777679	4695	16398	2602635	705473	151845	16088	56228	38940	7144
山　东 Shandong	11121239	20349	21891	10969589	1168385	968626	106035	1014159	195190	209
河　南 Henan	2259935	41591	7800	1646677	183102	381182	55328	251606	80778	
湖　北 Hubei	2136609	52731	9404	2067368	152292	374380	17800	102067	101173	4679
湖　南 Hunan	2273434	77340	66778	2071469	185554	493365	50203	172590	96939	11381
广　东 Guangdong	8860239	5120	257665	8468244	885512	1652439	240264	460549	594270	246253
广　西 Guangxi	3208078	38984	30761	3078442	221550	258485	51838	47378	83939	22211
海　南 Hainan	732844	9718	300	718236	104314	43980	21313	97880	16525	
重　庆 Chongqing	2949661	51670	215435	2652656	600121	334372	27836	573168	49113	9000
四　川 Sichuan	2548967	168151	42673	2314990	743332	407414	50478	265003	159845	69200
贵　州 Guizhou	890410	23945	24462	841993	412631	61375	5653	14064	26079	
云　南 Yunnan	4380133	144170	31279	4184738	176855	190944	4012	124560	34318	260
西　藏 Tibet	7947	3069		4878	4385	2	5		486	
陕　西 Shaanxi	2352543	54781	6301	2016493	346315	266376	21249	235546	54641	21005
甘　肃 Gansu	460691	74719	21908	344261	101852	78247	13813	28648	28312	
青　海 Qinghai	224485	36000	68977	119508	6980	38586	5205	19787	10100	2687
宁　夏 Ningxia	441881	5960	9590	425282	78857	71239	20461	12119	5845	1534
新　疆 Xinjiang	1279032	41068	8239	1210802	192067	245817	16628	76095	83780	62723

注：本表中北京市无法细分用于城市市政公用设施维护建设的土地出让转让收入资金，因此数据较大。

Note：As Beijing Municipality is unable to subdivide data on land transfer revenue used for maintenance and development of urban

1-2-3　National Revenue and Expenditure of Urban Maintenance and Construction Fund（Fiscal Budget）（2011）

计量单位：万元　Measurement Unit：10,000 RMB

and Construction Fund						城市维护建设资金支出 Expenditure of Urban Maintenance and Construction Fund					地区名称
City Fiscal Fund					其他财政资金	合计	维护支出	固定资产投资支出	其他支出		
施有偿使用费		土地出让转让收入	水资源费	其他收入						偿还贷款	
污水处理费	垃圾处理费										
Wastewater Treatment Fee	Garbage Treatment Fee	Land Transfer Revenue	Water Resource Fee	Other Revenues	Others	Total	Maintenance Expenditure	Expenditure from Investment in Fixed Assets	Other Expenditures	Payment for Loans	Name of Regions
1741379	442442	65865142	750347	2898451	2555035	87390666	16790270	53139075	17461321	11154086	全国
93573		12336869	72220			7000475	3392685	3607790			北京
		69800		16879	248976	1255605	211437	723392	320776	319400	天津
61546	11473	2721840	19575	178065	13371	3495576	741608	2044768	709200	550319	河北
16531	10217	1387558	13184	73391	81821	2645544	253243	1790353	601948	56819	山西
4186	1199	1569670	4407	24263	39231	1029962	232843	594753	202366	87704	内蒙古
57960	5679	3237220	22803	76208	50190	2963211	796940	1646991	519280	386184	辽宁
7007	5924	311980	2717	92040	18722	1479425	477376	573020	429029	396486	吉林
11760	1990	691354	7401	19546	16728	1695744	316900	1000152	378692	300086	黑龙江
		124000		503673		2975905	147103	89462	2739340	2739340	上海
280075	73543	4598414	92273	145688	185440	8888035	1331795	5526074	2030166	1001796	江苏
188836	33878	3593159	5843	178084	95437	5568814	758564	3863298	946952	288004	浙江
55362	11768	5072574	5057	43684	83512	4185140	646367	3082150	456623	350430	安徽
59287	19707	4541429	6250	140741	247983	3661158	161918	3250760	248480	150693	福建
23178	2995	1493920	978	139163	153951	2330558	244499	1589524	496535	32002	江西
163637	25368	7377451	43655	96088	109410	6008406	1032106	4089318	886982	423031	山东
62259	16282	634723	14328	45630	563867	2042117	518639	1105225	418253	301343	河南
71864	11636	882184	11424	426048	7106	1682261	174708	1277479	230074	168676	湖北
57322	20214	900795	36975	135048	57847	2361541	471145	1248995	641401	371475	湖南
291636	110757	4285784	201055	148371	129210	7036973	1739953	3598357	1698663	1205970	广东
40543	13967	2348279	5066	61907	59891	2927307	286929	1647953	992425	983588	广西
14478	1242	305903	116570	11751	4590	449560	126944	285461	37155	13624	海南
25228	14875	1064769	1117	2160	29900	3188955	333080	1747359	1108516	354683	重庆
68870	16560	639322	1570	48026	23153	2346087	579494	1581074	185519	131101	四川
21782	3982	319919	108	2164	10	794881	37698	665480	91703	10570	贵州
29829	3899	3495872	3985	154192	19946	3992102	351415	3221249	419438	194176	云南
						2549	845	750	954	895	西藏
8437	10988	981536	2638	108192	274968	2651629	826266	1647663	177700	14567	陕西
6512	2842	86899	2737	3753	19803	449296	121376	308366	19554	11879	甘肃
3820	3413	30665	8035	150		223412	63492	150322	9598	7535	青海
3136	965	190311	45426	1024	1049	829604	71664	606888	151052	63614	宁夏
12725	7079	570943	2950	22522	18923	1228834	341238	574649	312947	238096	新疆

public infrastructure into smaller categories, relevant figures in the Table appear to be relatively large in amount.

1-2-4 按行业分全国城市市政公用设施建设固定资产投资 （2011 年）

地区名称 Name of Regions		本年完成 投 资 Completed Investment of This Year	供水 Water Supply	燃气 Gas Supply	集中供热 Central Heating	轨道交通 Urban Rail Transit System	道路桥梁 Road and Bridge	排水 Sewerage
全 国	National Total	139342378	4318302	3314244	4376198	19370884	70790965	7700519
北 京	Beijing	8340633	258039	170469	276096	3374098	2056793	378303
天 津	Tianjin	6284304	87060	135187	27964	992323	3010861	151857
河 北	Hebei	7247523	112252	229919	666442		4132795	356764
山 西	Shanxi	2987461	129143	135811	296851		1567569	164153
内 蒙 古	Inner Mongolia	5656179	264337	77759	480586		3313738	297980
辽 宁	Liaoning	7730552	183205	150503	745278	760659	3735348	667094
吉 林	Jilin	2355318	119045	69609	345309	516366	1059784	69705
黑 龙 江	Heilongjiang	3616794	62260	45809	216881	185200	2425252	99762
上 海	Shanghai	4390420	272189	165980		2497413	773799	114389
江 苏	Jiangsu	12428699	654790	234180	158	1804042	6662064	858305
浙 江	Zhejiang	5452495	225647	133651	9565	1253455	2619462	220710
安 徽	Anhui	6203403	166548	110953	28904	57493	4172500	365305
福 建	Fujian	4640271	186305	31352		250455	2997252	427750
江 西	Jiangxi	5452089	57620	427900		111451	3595860	132987
山 东	Shandong	7879961	376619	299627	569194	217461	3277659	815891
河 南	Henan	2371384	112588	132738	178274	212713	1284062	156574
湖 北	Hubei	7345885	103921	109320	14188	1306200	4414130	537115
湖 南	Hunan	5990712	79664	61243		362750	3381911	208489
广 东	Guangdong	6877101	332694	167439		1973723	2081607	594389
广 西	Guangxi	3716741	114790	67088		37889	2358335	179049
海 南	Hainan	654629	35981	2786			469109	67912
重 庆	Chongqing	6883214	84753	35477	8358	1671356	3384958	175298
四 川	Sichuan	3868048	49058	41092		480620	2604724	169393
贵 州	Guizhou	1812961	28792	26677			1570968	79755
云 南	Yunnan	2558336	52704	18337		859939	1166956	126847
西 藏	Tibet	35843					22843	
陕 西	Shaanxi	3145345	30983	50435	43395	445278	1086829	111479
甘 肃	Gansu	939628	26178	28851	54235		634463	49010
青 海	Qinghai	408534	19471	8035	3563		257760	31685
宁 夏	Ningxia	339276	36415	9857	38863		159968	21641
新 疆	Xinjiang	1728639	55251	136160	372094		511606	70928

1-2-4　National Fixed Assets Investment in Urban Service Facilities by Industry（2011）

计量单位：万元　Measurement Unit：10,000 RMB

污水处理 Wastewater Treatment	污泥处置 Sludge Disposal	再生水利用 Wastewater Recycled and Reused	防洪 Flood Control	园林绿化 Landscaping	市容环境卫生 Environmental Sanitation	垃圾处理 Domestic Garbage Treatment	其他 Other	本年新增固定资产 Newly Added Fixed Assets of This Year	地区名称 Name of Regions
2815463	174262	215732	2437529	15462473	3840640	1992266	7730624	90202547	全　　国
59598	138894	139410	729010	177822	920003	880724		2959041	北　　京
27438	897	229		531232	129768	81195	1218052	2143822	天　　津
105898		8370	313376	1182860	103548	84373	149567	4029631	河　　北
13163			21000	329184	74395	12726	269355	2525276	山　　西
172786		7600	11247	1120686	89846	22687		4706472	内 蒙 古
183034	3984	5949	18866	988061	340083	32694	141455	6840011	辽　　宁
39621		1800		110586	58967	27381	5947	1643232	吉　　林
56139	4254	318	3865	172644	59436	26515	345685	2690121	黑 龙 江
43136	7225		64027	254066	154591	123399	93966	825301	上　　海
527779		5551	99540	1740457	185733	79650	189430	9713772	江　　苏
121654	1752	3850	94913	584933	101511	61578	208648	3286960	浙　　江
114776	2300	519	183909	961970	90186	27271	65635	3744866	安　　徽
168609	1989	212	23005	491336	179091	56538	53725	2363191	福　　建
59076	258	16545	164788	625776	23107	14446	312600	2831760	江　　西
170870	2634	231	53325	1492716	187537	96384	589932	6608743	山　　东
66965		200	24569	243139	26565	10384	162	1728352	河　　南
65931	2300		4847	411422	147318	34037	297424	7096737	湖　　北
125627			184767	254021	115570	72998	1342297	3113617	湖　　南
257791	110		151630	398136	568038	158331	609445	5608584	广　　东
109437	309		57942	793074	63628	27013	44946	2013416	广　　西
12733		2400	130	53113	20587	2405	5011	256910	海　　南
86384	7330	3280	57174	1417761	20085		27994	4375492	重　　庆
48806	26		71756	261557	40308	14195	149540	2266160	四　　川
14430		150	3530	69955	26076	18484	7208	1123823	贵　　州
24122		2637	1741	94981	32692	4832	204139	1307035	云　　南
							13000	14158	西　　藏
49063		4135	8012	275778	36612	13254	1056544	1625308	陕　　西
45757			15915	70825	12754	530	47397	472356	甘　　肃
21600		1031	60271	17388	10330		31	414760	青　　海
13072	3001		14374	43242	5695	1495	9221	245261	宁　　夏
10168		8314		293752	16580	6747	272268	1628379	新　　疆

1-2-5 按资金来源分全国城市市政公用设施建设固定资产投资（2011年）

地区名称 Name of Regions		合计 Total	上 年 末 结余资金 The Balance of The Previous Year	本年资金来源			
				小计 Subtotal	中央财政 拨 款 Financial Allocation from The Central Government Budget	地方财政 拨 款 Financial Allocation from Local Governments Budget	国内贷款 Domestic Loan
全 国	National Total	141580612	6489186	135091426	1663291	45556284	39927632
北 京	Beijing	9424194	1770852	7653342	33123	4010909	1349053
天 津	Tianjin	7151164	390467	6760697	12500	340156	3812261
河 北	Hebei	7276313		7276313	21956	2019092	1759758
山 西	Shanxi	2783596	696	2782900	21309	2423011	40644
内 蒙 古	Inner Mongolia	5713839	15060	5698779	14127	585415	248568
辽 宁	Liaoning	8128028	545961	7582067	57181	2701461	1378146
吉 林	Jilin	2334511	35534	2298977	38806	527224	1193616
黑 龙 江	Heilongjiang	3129686	4444	3125242	32630	1088324	1142816
上 海	Shanghai	4083360	151149	3932211	54758	453082	1462800
江 苏	Jiangsu	12445364	319615	12125749	152424	5168112	2589884
浙 江	Zhejiang	6062823	438897	5623926	20435	2036433	2187618
安 徽	Anhui	6093102	408851	5684251	61642	2869299	1035562
福 建	Fujian	4762872	169333	4593539	14722	2877647	424059
江 西	Jiangxi	5560707	32699	5528008	14418	2080875	1243694
山 东	Shandong	7562193	250325	7311868	24299	4786059	751143
河 南	Henan	2453309	89888	2363421	58915	960643	163756
湖 北	Hubei	7467085	4329	7462756	35753	521298	4839841
湖 南	Hunan	6076533	272782	5803751	63387	1345718	1528670
广 东	Guangdong	8301822	351977	7949845	45861	2355802	3773442
广 西	Guangxi	3690827	247056	3443771	35970	830417	1328996
海 南	Hainan	625334	146070	479264	40883	174083	187778
重 庆	Chongqing	6323619	147195	6176424	49735	1144102	3136129
四 川	Sichuan	3751009	32534	3718475	194111	1537066	1108507
贵 州	Guizhou	1541634	449509	1092125	297950	261289	359424
云 南	Yunnan	2383149	114769	2268380	58190	322513	1056064
西 藏	Tibet	57225		57225	37025	20200	
陕 西	Shaanxi	3239413	75888	3163525	21709	1162240	845318
甘 肃	Gansu	814879	8033	806846	46130	170879	209902
青 海	Qinghai	402499	1259	401240	23411	148835	177250
宁 夏	Ningxia	299390	12738	286652	22352	111007	50655
新 疆	Xinjiang	1641133	1276	1639857	57579	523093	542278

1-2-5 National Fixed Assets Investment in Urban Service Facilities by Capital Source (2011)

计量单位：万元　Measurement Unit：10,000 RMB

债券 Securities	利用外资 Foreign Investment	外商直接投资 Foreign Direct Investment	自筹资金 Self-Raised Funds	单位自有资金 Self-Owned Funds	其他资金 Other Funds	各项应付款 Sum Payable This Year	地区名称 Name of Regions
1115649	1003355	295656	34786479	7335993	11038736	11733456	全　国
853719	1700	1700	677176	393148	727662	935165	北　京
			2123033	274890	472747	750688	天　津
5700	48900	48000	2743488	234202	677419	5999	河　北
500	12870		179370	106501	105196	281872	山　西
			4287609	305	563060	60456	内　蒙　古
627	21769	14883	2734841	1830717	688042	329573	辽　宁
3640	16087		451886	42617	67718	98897	吉　林
			774009	91509	87463	115043	黑　龙　江
	10800		1384561	384754	566210	589160	上　海
	16697	2197	3695041	1283256	503591	1140499	江　苏
12014	23536	730	1021433	191613	322457	343263	浙　江
2264	59571		1163237	140392	492676	583476	安　徽
2839	14573	14573	593714	81826	665985	59469	福　建
85400	60086	17400	1148091	47088	895444	84842	江　西
4150	23457	14164	1354920	483423	367840	729160	山　东
	2068		1069328	101681	108711	50017	河　南
	1700		1819965	66139	244199	833115	湖　北
74579	134634	12274	1675167	102370	981596	275936	湖　南
17	142653	116149	1090713	705124	541357	559809	广　东
1705	16325	1276	1076903	250507	153455	210678	广　西
32529	8269	7094	17846	2845	17876	92489	海　南
2000	173598		1132082	175818	538778	1197056	重　庆
7075	37597	10553	694207	120617	139912	216546	四　川
3100	11830	11830	60077	6021	98455	975068	贵　州
681			374570	26243	456362	420031	云　南
							西　藏
9820	112363	18749	701642	120094	310433	426518	陕　西
	18701		181171	19726	180063	151250	甘　肃
			51744	1379		47580	青　海
11550	1329		75975	7835	13784	76988	宁　夏
1740	32242	4084	432680	43353	50245	92813	新　疆

1-2-6 全国城市市政公用设施建设施工规模和新增生产能力（或效益）（2011年）

指标名称		计量单位	
Index		Measurement Unit	
1. 供水综合生产能力	1. Integrated Water Production Capacity	万立方米/日	10,000m³/day
2. 供水管道长度	2. Length of Water Pipelines	公里	Kilometer
3. 人工煤气生产能力	3. Production Capacity of Man-made Coal Gas	万立方米/日	10,000m³/day
4. 人工煤气储气能力	4. Storage Capacity of Man-made Coal Gas	万立方米	10,000m³
5. 人工煤气供气管道长度	5. Length of Man-made Gas Pipelines	公里	Kilometer
6. 天然气储气能力	6. Storage Capacity of Natural Gas	万立方米	10,000m³
7. 天然气供气管道长度	7. Length of Natural Gas Pipelines	公里	Kilometer
8. 液化石油气储气能力	8. LPG Storage Capacity	吨	Ton
9. 液化石油气供气管道长度	9. Length of LPG Pipelines	公里	Kilometer
10. 集中供热能力：蒸汽	10. Central Heating Capacity (Steam)	吨/小时	Ton/Hour
11. 集中供热能力：热水	11. Central Heating Capacity (Hot Water)	兆瓦	Mega Watts
12. 集中供热管道长度：蒸汽	12. Length of Central Heating Pipelines (Steam)	公里	Kilometer
13. 集中供热管道长度：热水	13. Length of Central Heating Pipelines (Hot Water)	公里	Kilometer
14. 轨道交通运营线路长度	14. Length of Operational Lines for Rail Transit	公里	Kilometer
15. 桥梁座数	15. Number of Bridges	座	Unit
16. 道路新建、扩建长度	16. Length of Extension of Roads and New Roads	公里	Kilometer
17. 道路新建、扩建面积	17. Surface Area of Extension of Roads and New Roads	万平方米	10,000m²
18. 排水管道长度	18. Length of Sewerage Piplines	公里	Kilometer
19. 污水处理厂处理能力	19. Wastewater Treatment Capacity	万立方米/日	10,000m³/day
20. 再生水管道长度	20. Length of Recycled Water Piplines	公里	Kilometer
21. 再生水生产能力	21. Recycled Water Production Capacity	万立方米/日	10,000m³/day
22. COD削减能力	22. COD Reduction Ability	万吨/年	10,000ton/year
23. 绿地面积	23. Area of Green Space	公顷	Hectare
24. 垃圾无害化处理能力	24. Garbage Treatment Capacity	吨/日	Ton/day

1-2-6 National Urban Service Facilities Construction Scale and Newly Added Production Capacity (or Benefits) (2011)

建设规模 Construction Scale	本年施工规模 Construction Scale This Year	本年新开工 Newly Started This Year	累计新增生产能力 （或效益） Accumulative Newly Added Production Capicity（or Benefits）	本年新增 Newly Added This Year
1895	1117	759	757	615
24381	20522	18563	17961	17477
146	146	97	135	135
67	67	50	50	50
1844	1109	723	856	735
2209	1612	1316	1331	1259
41930	29930	21635	29171	21696
33753	33753	33753	3553	3553
840	702	472	719	530
6209	4723	4489	3650	3650
25816	22046	19797	19680	19260
970	948	944	827	827
8413	7674	7564	6295	5972
731	606	133	318	242
2362	1965	1497	1508	1440
22958	18092	14015	11974	11267
49763	40546	30595	26444	24704
32193	25952	19562	21309	17823
3484	1339	511	831	465
722	389	332	343	342
132	73	58	53	53
11	10	6	5	4
95764	70764	62625	56183	55133
61373	46917	31287	22621	21281

1-2-7 城市供水（2011年）

地区名称 Name of Regions		综合 生产能力 （万立方 米／日） Integrated Production Capacity (10, 000 m³/day)	地下水 Underground Water	供水 管道 长度 （公里） Length of Water Supply Pipelines (km)	供水总量（万立方米）			
					合计 Total	生产运营 用水 The Quantity of Water for Production and Operation	公共服务 用水 The Quantity of Water for Public Service	居民家庭 用水 The Quantity of Water for Household Use
全 国	National Total	**26668.73**	**6142.32**	**573773.79**	**5134221.83**	**1596521.21**	**682603.92**	**1779069.68**
北 京	Beijing	1588.27	1352.72	26453.13	158363.55	23363.30	46479.32	63067.96
天 津	Tianjin	429.44	80.21	11905.72	74482.57	31497.07	7171.80	22353.38
河 北	Hebei	995.83	665.92	15013.74	173061.06	67747.71	22696.13	48193.95
山 西	Shanxi	422.39	173.77	7547.59	81751.35	33233.77	6271.44	33651.24
内 蒙 古	Inner Mongolia	357.38	275.38	9072.82	62761.79	21130.48	9685.79	16737.62
辽 宁	Liaoning	1354.63	564.10	31486.80	266033.43	87155.91	37173.92	61977.49
吉 林	Jilin	758.57	83.90	9334.99	100330.20	30192.55	14239.49	28441.73
黑 龙 江	Heilongjiang	855.53	347.58	12149.30	151913.00	61271.29	17748.61	40042.91
上 海	Shanghai	1150.00	11.19	32216.66	311281.73	58194.20	60296.82	96992.94
江 苏	Jiangsu	2757.24	99.93	65586.08	477044.09	198830.37	59021.73	141874.68
浙 江	Zhejiang	1524.58	4.40	41646.13	273591.13	99869.90	29735.36	100786.13
安 徽	Anhui	820.17	103.17	17031.56	158038.81	51386.90	18920.62	56014.40
福 建	Fujian	682.94	17.48	15594.86	137724.24	38085.00	14766.86	55296.75
江 西	Jiangxi	444.77	17.74	10836.87	93614.75	19237.52	16288.39	36943.20
山 东	Shandong	1616.88	698.00	39567.97	313500.16	139700.03	40247.32	91257.67
河 南	Henan	1037.56	553.80	18270.23	184587.55	72172.02	20710.19	57924.86
湖 北	Hubei	1351.02	26.85	24239.15	257586.48	64476.47	31778.06	104205.81
湖 南	Hunan	985.12	62.10	15955.70	181641.53	43021.93	15653.13	78781.41
广 东	Guangdong	3506.32	26.99	86021.84	821639.87	218257.89	113533.97	294678.39
广 西	Guangxi	636.60	55.87	13782.47	154482.82	60101.07	14929.00	59395.30
海 南	Hainan	174.30	37.60	3145.22	36757.58	4501.60	3855.74	15747.43
重 庆	Chongqing	429.27	5.22	8914.23	89756.35	22149.83	9184.70	42328.65
四 川	Sichuan	812.64	142.17	21649.23	182238.64	42780.57	26108.70	80729.28
贵 州	Guizhou	244.94	10.15	7124.29	46694.28	8554.67	4952.94	22735.62
云 南	Yunnan	323.60	14.47	7511.64	67666.23	16574.11	5167.49	29137.39
西 藏	Tibet	57.50	56.00	826.60	12431.80	567.00	970.15	2768.13
陕 西	Shaanxi	375.90	175.49	5338.31	76780.38	19505.27	12944.43	32344.32
甘 肃	Gansu	373.81	117.78	4690.15	55702.59	18155.85	6870.30	20291.42
青 海	Qinghai	84.59	34.20	1501.38	21769.25	9123.98	1317.00	7421.27
宁 夏	Ningxia	131.80	109.50	2470.81	30100.58	12595.59	4563.64	8857.26
新 疆	Xinjiang	385.14	218.64	6888.32	80894.04	23087.36	9320.88	28091.09

1-2-7 Urban Water Supply（2011）

Total Quantity of Water Supply（10,000m³）				用水户数 （户）	家庭用户	用水人口 （万人）	地区名称
其他用水	免 费 供水量	生活用水	漏损水量				
The Quantity of Other Purposes	The Quantitiy of Free Water Supply	Domestic Water Use	The Lossed Water	Number of Households with Access to Water Supply （unit）	Household User	Population with Access to Water Supply （10,000 persons）	Name of Regions
279241.19	**128824.09**	**14845.90**	**667961.74**	**107087303**	**97085238**	**39691.29**	全 国
6122.55	685.01	128.47	18645.41	5241843	5112607	1740.70	北 京
3651.73	591.12		9217.47	2954079	2891807	615.43	天 津
16395.60	2351.83	228.37	15675.84	3767683	3135077	1565.59	河 北
1986.13	597.26	211.79	6011.51	1181985	1095524	986.84	山 西
4972.08	3051.19	66.88	7184.63	2375541	2005680	768.18	内 蒙 古
15264.71	5968.69	243.00	58492.71	8466653	7992953	2158.41	辽 宁
2122.06	1979.11	213.65	23355.26	3365254	3023732	1036.96	吉 林
8841.14	1405.87	131.70	22603.18	4988955	4638570	1239.58	黑 龙 江
28593.60	26862.82		40341.35	7343276	6811492	2347.46	上 海
18392.77	11061.58	5223.73	47862.96	9766641	8868602	2660.46	江 苏
6870.14	4140.43	61.54	32189.17	5566420	4977350	1822.52	浙 江
5899.36	3301.59	253.14	22515.94	4166142	3690749	1218.96	安 徽
10737.27	1027.20	287.50	17811.16	2291701	2057095	1024.22	福 建
3492.83	2571.14	252.98	15081.67	2154631	1839965	838.36	江 西
8307.68	3971.56	763.22	30015.90	6812451	6393867	2792.06	山 东
9022.50	3073.57	638.63	21684.41	3864280	3560497	2000.08	河 南
10231.29	10975.96	261.49	35918.89	4757301	4320502	1750.97	湖 北
8793.11	8375.39	512.96	27016.56	3047648	2791903	1280.45	湖 南
65855.89	13182.79	2236.36	116130.94	10007887	8513674	4658.75	广 东
1476.22	1532.94	1014.78	17048.29	1713215	1567773	853.15	广 西
8027.74	36.97	4.80	4588.10	237554	178983	215.57	海 南
3748.41	953.68	176.85	11391.08	2342039	2111450	973.78	重 庆
6267.80	3774.35	387.03	22577.94	3905258	3449559	1532.39	四 川
2378.30	2565.76	280.92	5506.99	967495	865268	536.67	贵 州
2968.14	4487.75	126.79	9331.35	1680969	1507916	755.34	云 南
3093.22	3439.00		1594.30	22067	12428	44.90	西 藏
3010.72	486.80	306.00	8488.84	885760	787507	765.17	陕 西
3782.81	218.51	2.40	6383.70	825304	758034	508.13	甘 肃
843.00	826.00	410.00	2238.00	107692	92367	127.24	青 海
1440.24	111.40	35.11	2532.45	649041	556281	225.98	宁 夏
6652.15	5216.82	385.81	8525.74	1630538	1476026	646.99	新 疆

1-2-8 城市供水（公共供水）（2011 年）

地区名称 Name of Regions		综合生产能力（万立方米/日） Integrated Production Capacity (10,000 m³/day)	地下水 Undergro- und Water	供水管道长度（公里） Length of Water Supply Pipelines (km)	供水总量（万立方米）				
					合计 Total	售水量 Water Sold			
						小计 Subtotal	生产运营用水 The Quantity of Water for Production and Operation	公共服务用水 The Quantity of Water for Public Service	居民家庭用水 The Quantity of Water for Household Use
全国	National Total	20496.37	2986.54	527818.62	4273932.11	3477146.28	996512.25	607672.53	1642496.27
北京	Beijing	428.46	192.91	16962.37	111880.22	92549.80	12582.96	33295.45	45930.89
天津	Tianjin	356.34	10.11	11883.82	64843.41	55034.82	22289.63	7171.80	21969.46
河北	Hebei	606.19	417.28	12538.44	98810.81	80783.14	22951.61	15438.21	39144.00
山西	Shanxi	270.90	114.63	5768.79	52568.16	45959.39	14908.36	3560.82	26160.34
内蒙古	Inner Mongolia	250.81	175.61	7258.22	47213.76	36977.94	9932.78	7609.79	15401.62
辽宁	Liaoning	893.66	317.36	28164.99	196432.68	131971.28	37874.14	25600.70	54881.67
吉林	Jilin	324.32	42.73	8193.26	76479.57	51145.20	12699.81	11987.62	25279.63
黑龙江	Heilongjiang	557.91	162.57	10894.00	105193.28	81184.23	28278.79	14618.02	33892.72
上海	Shanghai	1150.00	11.19	32216.66	311281.73	244077.56	58194.20	60296.82	96992.94
江苏	Jiangsu	2128.22	47.62	62640.98	365655.17	306730.63	101826.45	56400.02	132649.70
浙江	Zhejiang	1398.39	1.60	40888.20	261253.08	224923.48	89115.64	29277.10	99665.68
安徽	Anhui	562.01	45.06	15197.99	119381.48	93563.95	23267.96	15391.38	49961.34
福建	Fujian	644.80	11.80	14124.75	130111.80	111273.44	34781.69	13857.66	52300.04
江西	Jiangxi	414.10	2.40	10558.51	89075.97	71423.16	16479.87	16100.20	35474.85
山东	Shandong	1191.22	399.79	35035.95	222535.14	188547.68	74164.83	31318.68	77391.76
河南	Henan	745.05	319.13	16744.02	131523.57	106765.59	32765.06	16123.61	50227.84
湖北	Hubei	1145.77	8.86	22608.32	219789.71	172894.86	41070.60	30631.16	94812.68
湖南	Hunan	787.20	10.50	14867.29	154989.85	119597.90	25331.21	14015.43	72867.10
广东	Guangdong	3461.02	20.04	85726.08	812353.27	683039.54	210099.89	113452.66	293971.19
广西	Guangxi	445.00	42.80	12524.04	106311.96	87730.73	17070.98	14835.48	54390.07
海南	Hainan	145.30	37.60	3142.22	35804.85	31179.78	4081.60	3805.24	15265.20
重庆	Chongqing	360.69	0.96	7625.72	81363.86	69019.10	16525.08	8556.44	40782.28
四川	Sichuan	614.94	93.16	19403.24	151430.02	125077.73	21030.66	24547.09	73973.67
贵州	Guizhou	230.49	6.90	6672.79	42817.73	34744.98	5993.10	4499.92	21922.19
云南	Yunnan	301.90	7.60	7282.71	60740.17	46921.07	11684.61	5087.72	27473.83
西藏	Tibet	30.50	29.00	796.60	11628.80	6595.50	444.00	830.15	2348.13
陕西	Shaanxi	331.75	142.05	4871.15	66265.86	57290.22	13238.27	11817.43	29947.20
甘肃	Gansu	277.93	81.88	3882.72	45600.89	38998.68	13587.01	5776.28	18195.11
青海	Qinghai	58.50	20.00	1393.41	13842.70	10778.70	2839.00	1254.00	5990.70
宁夏	Ningxia	64.10	54.00	1578.93	17185.42	14541.57	3417.19	2911.94	7717.00
新疆	Xinjiang	318.90	159.40	6372.45	69567.19	55824.63	17985.27	7603.71	25515.44

1-2-8 Urban Water Supply（Public Water Suppliers）（2011）

Total Quantity of Water Supply（10,000m³）			漏损水量	用水户数（户）	家庭用户	用水人口（万人）	地区名称
其他用水	免费供水量	生活用水量					
The Quantity of Other Purposes	The Quantitiy of Free Water Supply	Domestic Water Use	The Lossed Water	Number of Households with Access to Water Supply（unit）	Household User	Population with Access to Water Supply（10,000 persons）	Name of Regions
230465.23	128824.09	14845.90	667961.74	99508158	90555299	36909.30	全 国
740.50	685.01	128.47	18645.41	4086406	3963269	1159.48	北 京
3603.93	591.12		9217.47	2954058	2891802	614.43	天 津
3249.32	2351.83	228.37	15675.84	2909158	2657267	1349.86	河 北
1329.87	597.26	211.79	6011.51	820011	757772	808.52	山 西
4033.75	3051.19	66.88	7184.63	2146003	1788530	700.95	内 蒙 古
13614.77	5968.69	243.00	58492.71	8037899	7587714	1988.34	辽 宁
1178.14	1979.11	213.65	23355.26	3042147	2750092	947.09	吉 林
4394.70	1405.87	131.70	22603.18	4193487	3887236	1092.58	黑 龙 江
28593.60	26862.82		40341.35	7343276	6811492	2347.46	上 海
15854.46	11061.58	5223.73	47862.96	9629089	8756542	2610.21	江 苏
6865.06	4140.43	61.54	32189.17	5480009	4895245	1794.67	浙 江
4943.27	3301.59	253.14	22515.94	3876620	3411637	1114.38	安 徽
10334.05	1027.20	287.50	17811.16	2251912	2021879	1005.68	福 建
3368.24	2571.14	252.98	15081.67	2112416	1799741	820.80	江 西
5672.41	3971.56	763.22	30015.90	6190392	5864478	2507.06	山 东
7649.08	3073.57	638.63	21684.41	3423316	3152734	1834.47	河 南
6380.42	10975.96	261.49	35918.89	4353524	4023241	1643.08	湖 北
7384.16	8375.39	512.96	27016.56	2844089	2596808	1195.97	湖 南
65515.80	13182.79	2236.36	116130.94	9965582	8473261	4640.98	广 东
1434.20	1532.94	1014.78	17048.29	1657681	1529971	788.68	广 西
8027.74	36.97	4.80	4588.10	229181	170611	209.99	海 南
3155.30	953.68	176.85	11391.08	2239525	2020754	920.68	重 庆
5526.31	3774.35	387.03	22577.94	3512205	3131054	1425.37	四 川
2329.77	2565.76	280.92	5506.99	926913	833418	525.85	贵 州
2674.91	4487.75	126.79	9331.35	1628789	1467195	726.26	云 南
2973.22	3439.00		1594.30	21357	12090	36.80	西 藏
2287.32	486.80	306.00	8488.84	760359	703091	708.79	陕 西
1440.28	218.51	2.40	6383.70	701555	648664	456.01	甘 肃
695.00	826.00	410.00	2238.00	89628	74413	120.80	青 海
495.44	111.40	35.11	2532.45	561072	470946	190.84	宁 夏
4720.21	5216.82	385.81	8525.74	1520499	1402352	623.22	新 疆

1-2-9 城市供水（自建设施供水）（2011 年）

地区名称 Name of Regions		综 合 生产能力（万立方米/日） Integrated Production Capacity (10,000m³/day)	地下水 Underground Water	供水管道 长 度 （公里） Length of Water Supply Pipelines (km)	供水总量（万立方米）	
					合计 Total	生产运营 用 水 The Quantity of Water for Production and Operation
全 国	National Total	6172.36	3155.78	45955.17	860289.72	600008.96
北 京	Beijing	1159.81	1159.81	9490.76	46483.33	10780.34
天 津	Tianjin	73.10	70.10	21.90	9639.16	9207.44
河 北	Hebei	389.64	248.64	2475.30	74250.25	44796.10
山 西	Shanxi	151.49	59.14	1778.80	29183.19	18325.41
内 蒙 古	Inner Mongolia	106.57	99.77	1814.60	15548.03	11197.70
辽 宁	Liaoning	460.97	246.74	3321.81	69600.75	49281.77
吉 林	Jilin	434.25	41.17	1141.73	23850.63	17492.74
黑 龙 江	Heilongjiang	297.62	185.01	1255.30	46719.72	32992.50
江 苏	Jiangsu	629.02	52.31	2945.10	111388.92	97003.92
浙 江	Zhejiang	126.19	2.80	757.93	12338.05	10754.26
安 徽	Anhui	258.16	58.11	1833.57	38657.33	28118.94
福 建	Fujian	38.14	5.68	1470.11	7612.44	3303.31
江 西	Jiangxi	30.67	15.34	278.36	4538.78	2757.65
山 东	Shandong	425.66	298.21	4532.02	90965.02	65535.20
河 南	Henan	292.51	234.67	1526.21	53063.98	39406.96
湖 北	Hubei	205.25	17.99	1630.83	37796.77	23405.87
湖 南	Hunan	197.92	51.60	1088.41	26651.68	17690.72
广 东	Guangdong	45.30	6.95	295.76	9286.60	8158.00
广 西	Guangxi	191.60	13.07	1258.43	48170.86	43030.09
海 南	Hainan	29.00		3.00	952.73	420.00
重 庆	Chongqing	68.58	4.26	1288.51	8392.49	5624.75
四 川	Sichuan	197.70	49.01	2245.99	30808.62	21749.91
贵 州	Guizhou	14.45	3.25	451.50	3876.55	2561.57
云 南	Yunnan	21.70	6.87	228.93	6926.06	4889.50
西 藏	Tibet	27.00	27.00	30.00	803.00	123.00
陕 西	Shaanxi	44.15	33.44	467.16	10514.52	6267.00
甘 肃	Gansu	95.88	35.90	807.43	10101.70	4568.84
青 海	Qinghai	26.09	14.20	107.97	7926.55	6284.98
宁 夏	Ningxia	67.70	55.50	891.88	12915.16	9178.40
新 疆	Xinjiang	66.24	59.24	515.87	11326.85	5102.09

1-2-9 Urban Water Supply（Suppliers with Self-Built Facilities）（2011）

Total Quantity of Water Supply（10,000m³）			用水户数（户）	家庭用户	用水人口（万人）	地区名称
公共服务用水	居民家庭用水	消防及其他用水				
The Quantity of Water for Public Service	The Quantity of Water for Household Use	The Quantity of Water for Fire Control and Other Purposes	Number of Households with Access to Water Supply（unit）	Household User	Population with Access to Water Supply（10,000 persons）	Name of Regions
74931.39	**136573.41**	**48775.96**	**7579145**	**6529939**	**2781.99**	全　国
13183.87	17137.07	5382.05	1155437	1149338	581.22	北　京
	383.92	47.80	21	5	1.00	天　津
7257.92	9049.95	13146.28	858525	477810	215.73	河　北
2710.62	7490.90	656.26	361974	337752	178.32	山　西
2076.00	1336.00	938.33	229538	217150	67.23	内　蒙古
11573.22	7095.82	1649.94	428754	405239	170.07	辽　宁
2251.87	3162.10	943.92	323107	273640	89.87	吉　林
3130.59	6150.19	4446.44	795468	751334	147.00	黑　龙江
2621.71	9224.98	2538.31	137552	112060	50.25	江　苏
458.26	1120.45	5.08	86411	82105	27.85	浙　江
3529.24	6053.06	956.09	289522	279112	104.58	安　徽
909.20	2996.71	403.22	39789	35216	18.54	福　建
188.19	1468.35	124.59	42215	40224	17.56	江　西
8928.64	13865.91	2635.27	622059	529389	285.00	山　东
4586.58	7697.02	1373.42	440964	407763	165.61	河　南
1146.90	9393.13	3850.87	403777	297261	107.89	湖　北
1637.70	5914.31	1408.95	203559	195095	84.48	湖　南
81.31	707.20	340.09	42305	40413	17.77	广　东
93.52	5005.23	42.02	55534	37802	64.47	广　西
50.50	482.23		8373	8372	5.58	海　南
628.26	1546.37	593.11	102514	90696	53.10	重　庆
1561.61	6755.61	741.49	393053	318505	107.02	四　川
453.02	813.43	48.53	40582	31850	10.82	贵　州
79.77	1663.56	293.23	52180	40721	29.08	云　南
140.00	420.00	120.00	710	338	8.10	西　藏
1127.00	2397.12	723.40	125401	84416	56.38	陕　西
1094.02	2096.31	2342.53	123749	109370	52.12	甘　肃
63.00	1430.57	148.00	18064	17954	6.44	青　海
1651.70	1140.26	944.80	87969	85335	35.14	宁　夏
1717.17	2575.65	1931.94	110039	73674	23.77	新　疆

1-2-10 城市节约用水（2011 年）

地区名称 Name of Regions		计划用水 户　数 （户） Planned Water Consumers （unit）	自备水计划 用水户数 Planned Self- produced Water Consumers	计划用水户实际用水量　Actual Quantity of Water Used				
				合计 Total	工业 Industry	新水取用量 Fresh Water Used	工业 Industry	重　复 利用量 Water Reused
全　国	National Total	3101261	430157	8551425	7036825	1694727	702724	6856698
北　京	Beijing	27448	5280	255942	32122	185870	17023	70072
天　津	Tianjin	4619		354814	350002	16711	13077	338103
河　北	Hebei	120799	27732	729357	548793	49838	34453	679519
山　西	Shanxi	57935	363	253348	226016	34697	13313	218651
内　蒙　古	Inner Mongolia	86546	601	12943	5825	10358	3469	2585
辽　宁	Liaoning	248660	479	1250703	1112318	179914	81212	1070789
吉　林	Jilin	5027	628	133705	114709	42096	25081	91609
黑　龙　江	Heilongjiang	268765	248679	165984	129486	62903	30625	103081
上　海	Shanghai	32542		286277	212287	88361	36938	197916
江　苏	Jiangsu	209492	2425	1107891	863337	238900	124615	868991
浙　江	Zhejiang	82358	373	197666	170524	61238	40021	136428
安　徽	Anhui	5264	224	350325	328137	33537	14574	316788
福　建	Fujian	81849	9980	80295	70217	16686	7001	63609
江　西	Jiangxi	51394	2013	10134	5237	5819	1684	4315
山　东	Shandong	547687	77073	1273667	1118541	172098	74559	1101569
河　南	Henan	41272	3930	384793	349461	58335	25310	326458
湖　北	Hubei	264481	17028	318531	274217	77771	39153	240760
湖　南	Hunan	18578	21	31782	18723	20446	10797	11336
广　东	Guangdong	235275	465	211068	141533	88081	19572	122987
广　西	Guangxi	56714	202	406082	359393	72599	27245	333483
海　南	Hainan	150	150	28339	8804	18431	2916	9908
重　庆	Chongqing	831		2480	130	1790	90	690
四　川	Sichuan	17702	9200	78352	51808	33963	10276	44389
贵　州	Guizhou	3512	69	33939	26910	10259	4040	23680
云　南	Yunnan	173620	40	25077	13270	13327	2390	11750
陕　西	Shaanxi	194349	13139	229527	202683	38904	14644	190623
甘　肃	Gansu	4561	4560	218665	205687	28958	15980	189707
青　海	Qinghai	5	5	3272	1025	1787	545	1485
宁　夏	Ningxia	40972	1936	96941	91158	13532	8209	83409
新　疆	Xinjiang	218854	3562	19526	4472	17518	3912	2008

1-2-10　Urban Water Conservation（2011）

计量单位：万立方米　Measurement Unit：10,000m³

工业 Industry	超计划定额用 水 量 Water Quantity Consumed in Excess of Quota	重复利用率（%） Reuse Rate （%）	工业 Industry	节约用水量 Water Saved	工业 Industry	节水措施投资总额（万元） Total Investment in Water-Saving Measures （10,000 RMB）	地区名称 Name of Regions
6334101	21388	80.18	90.01	406578	291216	180814	全　国
15099	2618	27.38	47.01	8951	1288	11232	北　京
336925	311	95.29	96.26	432	285	1381	天　津
514340		93.17	93.72	20985	19211	13978	河　北
212703	128	86.30	94.11	11666	8596	1045	山　西
2356	8	19.97	40.45	2009	1174	1500	内　蒙　古
1031106	3372	85.61	92.70	36362	27163	19400	辽　宁
89628	317	68.52	78.14	12621	11075	1402	吉　林
98861	3255	62.10	76.35	8961	8308	7618	黑　龙　江
175349		69.13	82.60	18639	12462	394	上　海
738722	719	78.44	85.57	36778	31066	35976	江　苏
130503	162	69.02	76.53	13025	8123	2728	浙　江
313563	592	90.43	95.56	19731	16212	9870	安　徽
63216	18	79.22	90.03	3847	2340	650	福　建
3553	43	42.58	67.84	2580	1517	291	江　西
1043982	3505	86.49	93.33	103326	91137	33642	山　东
324151	221	84.84	92.76	12443	7818	5073	河　南
235064	513	75.58	85.72	16298	10916	8590	湖　北
7926	709	35.67	42.33	5123	4018	3647	湖　南
121961		58.27	86.17	16046	2455	100	广　东
332148	2683	82.12	92.42	9664	7063	2627	广　西
5888	1100	34.96	66.88	1986	806	1436	海　南
40		27.82	30.77	645	25	10	重　庆
41532	98	56.65	80.17	8551	2132	2126	四　川
22870	342	69.77	84.99	1257	882	3912	贵　州
10880	456	46.86	81.99	5390	50	973	云　南
188039	108	83.05	92.77	14475	10079	4090	陕　西
189707		86.76	92.23	6420	2920	2750	甘　肃
480		45.39	46.83	207	207	37	青　海
82949		86.04	90.99	1538	770	230	宁　夏
560	110	10.28	12.52	6622	1118	4106	新　疆

1-2-11 城市人工煤气 (2011 年)

地区名称 Name of Regions		生产能力 （万立方米/日） Production Capacity （10,000m³）	储气能力 （万立方米） Gas Storage Capacity （10,000m³）	供气管道 长度 （公里） Length of Gas Supply Pipeline （km）	自制气量 （万立方米） Self-Produced Gas （10,000m³）	合计 Total
全 国	National Total	3311.28	1198.80	37099.88	524026.59	847255.87
河 北	Hebei	166.10	79.50	3566.44	10555.60	84633.78
山 西	Shanxi	207.19	165.40	4786.79	32441.46	93515.23
内 蒙 古	Inner Mongolia	164.00	25.80	507.00	3066.00	2805.69
辽 宁	Liaoning	313.20	137.65	5579.52	33993.40	56624.74
吉 林	Jilin	80.00	30.00	1722.68	27593.98	17444.63
黑 龙 江	Heilongjiang	84.20	28.40	624.70	14863.30	8040.00
上 海	Shanghai	817.40	301.00	4710.18	118504.50	118541.40
江 苏	Jiangsu	53.00	31.00	1673.20	6167.94	10309.58
浙 江	Zhejiang	1.80	1.90	111.71	650.00	493.00
福 建	Fujian	8.00	5.00	292.50	1494.00	2892.00
江 西	Jiangxi	230.00	54.20	1510.55	2265.00	49640.73
山 东	Shandong	86.76	50.00	1694.18	11733.01	34513.23
河 南	Henan	226.10	77.20	1781.25	64079.00	116308.52
湖 北	Hubei	57.20	18.40	1154.00	9850.00	9950.00
湖 南	Hunan		5.00	412.03		2334.20
广 东	Guangdong	45.23	7.85	8.00	5311.04	5306.53
广 西	Guangxi	10.60	18.20	416.00	3696.80	4503.48
四 川	Sichuan	511.00	35.00	531.61	159719.40	159719.40
贵 州	Guizhou	180.00	56.00	2741.53		30515.00
云 南	Yunnan	13.60	47.30	2604.97		35308.71
甘 肃	Gansu	9.90	17.00	392.74	1617.16	1617.16
宁 夏	Ningxia		5.00	207.00		240.20
新 疆	Xinjiang	46.00	2.00	71.30	16425.00	1998.66

1-2-11 Urban Man-Made Coal Gas （2011）

| 供气总量（万立方米）
Total Gas Supplied （10,000m³） | | 燃气损失量 | 用气户数
（户） | 家庭用户 | 用气人口
（万人） | 地区名称 |
销售气量 Quantity Sold	居民家庭 Households	Loss Amount	Number of Household with Access to Gas （unit）	Household User	Population with Access to Gas （10,000 persons）	Name of Regions
807002.62	238875.72	40253.25	8471770	8269347	2676.33	全　国
75869.07	14968.19	8764.71	556427	543833	185.15	河　北
87283.26	21235.88	6231.97	616500	597953	244.46	山　西
2803.00	2803.00	2.69	145000	145000	49.00	内 蒙 古
51860.41	38433.66	4764.33	2056055	2033391	573.62	辽　宁
14871.16	8895.72	2573.47	641864	552525	167.94	吉　林
7790.00	4499.00	250.00	189182	181742	80.70	黑 龙 江
108186.40	53221.90	10355.00	1036006	1017796	274.80	上　海
10189.58	9269.58	120.00	142110	141884	45.82	江　苏
493.00	473.00		14901	14889	4.30	浙　江
2762.00	2189.00	130.00	46143	45986	16.06	福　建
47292.34	10199.42	2348.39	287656	286660	94.50	江　西
32996.58	7847.73	1516.65	424962	421789	139.83	山　东
115237.29	14101.55	1071.23	442769	438074	154.48	河　南
9015.00	4750.00	935.00	111186	110445	35.30	湖　北
2268.97	1964.08	65.23	70678	54505	21.40	湖　南
5304.14	184.98	2.39	1			广　东
4503.48	3926.81		125608	125237	45.08	广　西
159534.12	5527.62	185.28	132019	130991	42.55	四　川
30345.00	13118.00	170.00	592799	589592	207.69	贵　州
34622.66	17552.29	686.05	754260	751999	267.35	云　南
1536.30	1529.43	80.86	53276	52743	15.40	甘　肃
240.20	186.22		11822	11767	4.70	宁　夏
1998.66	1998.66		20546	20546	6.20	新　疆

1-2-12 城市天然气（2011 年）

地区名称 Name of Regions	储气能力 （万立方米） Gas Storage Capacity （10,000m³）	供气管道 长　度 （公里） Length of Gas Supply Pipeline （km）	供气总量（万立方米）　Total Gas	
			合计 Total	销售气量 Quantity Sold
全　国　National Total	**47539.02**	**298972.07**	**6787997.23**	**6604558.85**
北　京　Beijing	72.00	17278.26	729608.00	690922.00
天　津　Tianjin	114.22	11730.71	169739.36	162810.76
河　北　Hebei	269.27	9113.17	193461.13	186778.82
山　西　Shanxi	327.65	4115.21	176342.25	167393.82
内　蒙　古　Inner Mongolia	212.04	3799.53	127724.05	125694.10
辽　宁　Liaoning	614.47	9058.74	76600.80	69651.64
吉　林　Jilin	212.35	4708.28	51758.16	49635.74
黑　龙　江　Heilongjiang	56.42	6377.07	85069.88	82156.98
上　海　Shanghai	36935.00	19068.47	543314.29	514696.32
江　苏　Jiangsu	1320.13	35388.81	591493.20	576173.94
浙　江　Zhejiang	291.85	15916.35	148673.76	146859.43
安　徽　Anhui	586.54	11637.57	138832.48	133135.43
福　建　Fujian	278.94	4980.79	66297.40	65426.76
江　西　Jiangxi	350.67	4904.24	27003.63	26034.14
山　东　Shandong	934.00	28049.17	438016.35	428766.58
河　南　Henan	495.00	13777.13	194720.47	188271.08
湖　北　Hubei	180.54	13025.30	204472.36	203388.07
湖　南　Hunan	356.92	8978.86	139137.35	137892.96
广　东　Guangdong	1677.50	15035.20	1183315.88	1176199.82
广　西　Guangxi	353.27	4536.73	13605.90	13509.35
海　南　Hainan	221.75	1532.75	16373.50	16218.49
重　庆　Chongqing	118.30	10564.84	268789.95	262573.61
四　川　Sichuan	165.81	24020.10	564556.94	551419.43
贵　州　Guizhou	436.80	330.02	5484.45	5355.77
云　南　Yunnan	37.60	466.84	212.45	210.20
陕　西　Shaanxi	370.95	7406.66	182494.87	176690.20
甘　肃　Gansu	187.79	1128.69	88099.72	87807.33
青　海　Qinghai	40.50	886.88	65738.20	63054.70
宁　夏　Ningxia	10.90	2543.07	122647.19	122503.26
新　疆　Xinjiang	309.84	8612.63	174413.26	173328.12

1-2-12 Urban Natural Gas（2011）

| Supplied（10,000m³） | | 用气户数（户） | 家庭用户 | 用气人口（万人） | 天然气汽车加气站（座） | 地区名称 |
居民家庭 Households	燃气损失量 Loss Amount	Number of Household with Access to Gas（unit）	Household User	Population with Access to Gas（10,000 persons）	Gas Stations for CNG-Fueled Motor Vehicles（unit）	Name of Regions
1301189.57	183438.38	66362223	63538262	19027.80	1462	全　国
98894.00	38686.00	4825159	4733404	1333.90	31	北　京
24727.40	6928.60	2671407	2658019	598.03	8	天　津
41290.68	6682.31	2519258	2498998	918.79	87	河　北
37529.28	8948.43	1514819	1472553	508.71	35	山　西
11346.54	2029.95	892397	840892	287.13	55	内　蒙　古
40287.20	6949.16	2864020	2855936	852.40	5	辽　宁
14913.32	2122.42	1141501	1126422	359.05	29	吉　林
27380.73	2912.90	2076064	2056639	600.88	19	黑　龙　江
86341.98	28617.97	4608325	4559248	1231.00	4	上　海
99132.94	15319.26	5427342	5348529	1557.50	95	江　苏
46813.08	1814.33	1953255	1941616	643.57	7	浙　江
41320.44	5697.05	2544781	2519447	786.10	68	安　徽
9386.39	870.64	795552	792885	287.47	17	福　建
5380.49	969.49	686922	681627	259.15	4	江　西
92273.16	9249.77	6376899	5088559	1628.32	208	山　东
55856.62	6449.39	2797621	2748280	930.50	57	河　南
51467.47	1084.29	2467953	2427232	819.48	92	湖　北
33003.99	1244.39	1610023	1565777	443.82	45	湖　南
55523.08	7116.06	3131479	3099757	1028.13	33	广　东
5982.52	96.55	478991	459866	133.25	5	广　西
3260.00	155.01	264838	257283	90.80	9	海　南
84894.00	6216.34	3328185	3153308	862.32	59	重　庆
163634.15	13137.51	5994744	5375788	1284.40	157	四　川
662.40	128.68	73495	65109	23.69	10	贵　州
127.02	2.25	42361	41798	27.01	4	云　南
46668.78	5804.67	2189633	2149223	593.53	86	陕　西
17428.77	292.39	753395	740371	221.05	32	甘　肃
9496.12	2683.50	94846	85764	99.61	17	青　海
50307.62	143.93	501192	487355	127.87	37	宁　夏
45859.40	1085.14	1735766	1706577	490.34	147	新　疆

1-2-13 城市液化石油气 (2011 年)

地区名称 Name of Regions		储气能力 （吨） Gas Storage Capacity (ton)	供气管道长度 （公里） Length of Gas Supply Pipeline (km)	供气总量（吨） Total Gas	
				合计 Total	销售气量 Quantity Sold
全 国	**National Total**	**1683268.99**	**12892.80**	**11658326.08**	**11550453.81**
北 京	Beijing	34622.24	311.00	442534.96	394436.75
天 津	Tianjin	6788.88	183.57	58608.40	58608.40
河 北	Hebei	20825.85	344.83	224873.49	223760.17
山 西	Shanxi	9222.50	385.50	74789.46	74498.96
内 蒙 古	Inner Mongolia	15566.80	119.26	113189.86	102293.00
辽 宁	Liaoning	50187.00	655.76	504937.50	504070.60
吉 林	Jilin	20862.24	99.70	236297.17	226098.67
黑 龙 江	Heilongjiang	17856.50	22.37	211074.17	210502.15
上 海	Shanghai	21130.00	516.23	394278.15	396515.02
江 苏	Jiangsu	96427.00	916.55	766634.70	762361.93
浙 江	Zhejiang	323403.42	2062.21	807562.16	807015.76
安 徽	Anhui	31736.00	283.51	567246.31	555455.41
福 建	Fujian	20231.15	1053.23	324768.45	323858.42
江 西	Jiangxi	17327.10	506.62	194328.70	191492.90
山 东	Shandong	65940.50	907.65	541533.48	540456.62
河 南	Henan	13776.00	18.70	238178.22	237237.04
湖 北	Hubei	55914.60	629.21	426495.63	423358.19
湖 南	Hunan	31468.00	23.50	265875.79	265272.82
广 东	Guangdong	571755.20	2796.05	4049700.86	4042003.02
广 西	Guangxi	65226.37	71.00	297415.89	297241.29
海 南	Hainan	7152.00	17.96	76650.00	76650.00
重 庆	Chongqing	7445.60		92861.00	92861.00
四 川	Sichuan	17383.00	200.30	206627.50	206098.80
贵 州	Guizhou	5989.09	132.72	65374.50	65095.48
云 南	Yunnan	20792.95	554.56	162402.28	160155.85
西 藏	Tibet	1378.00		24650.16	24494.00
陕 西	Shaanxi	10443.00		34059.21	33612.68
甘 肃	Gansu	106839.00		151714.50	151454.00
青 海	Qinghai	1451.00		6633.00	6625.00
宁 夏	Ningxia	4807.00		14037.10	13963.00
新 疆	Xinjiang	9321.00	80.81	82993.48	82906.88

1-2-13 Urban LPG Supply（2011）

| Supplied（ton） | | 用气户数（户） | | 用气人口（万人） | 液化石油气汽车加气站LPG（座） | 地区名称 |
居民家庭 Households	燃气损失量 Loss Amount	Number of Household with Access to Gas（unit）	家庭用户 Household User	Population with Access to Gas（10,000 persons）	Gas Stations for LPG- Fueled Motor Vehicles（unit）	Name of Regions
6329163.77	107872.27	51369817	46468445	16093.58	362	全　国
187132.17	48098.21	1735913	1707548	406.80	6	北　京
26205.50		68373	62190	17.40		天　津
136735.10	1113.32	1361332	1089379	459.42		河　北
51509.16	290.50	439878	371955	204.80		山　西
92512.00	10896.86	945657	781587	355.11	10	内　蒙　古
237583.60	866.90	2475411	2196840	668.90	29	辽　宁
115190.73	10198.50	1417946	1197102	460.40	46	吉　林
115954.15	572.02	1367579	1244369	430.06	49	黑　龙　江
208986.39	-2236.87	3144692	3106191	838.67	48	上　海
464116.66	4272.77	3691199	3501524	1042.61	3	江　苏
550208.63	546.40	4248289	3642351	1165.64	3	浙　江
155069.10	11790.90	1275005	1117464	392.53	2	安　徽
195511.63	910.03	2086260	1949482	716.11	2	福　建
158207.00	2835.80	1162805	1085826	453.61		江　西
381302.04	1076.86	3450799	3252286	1016.69	32	山　东
198050.63	941.18	1691398	1534357	559.88	16	河　南
295458.38	3137.44	2593130	2007480	818.42	14	湖　北
232530.82	602.97	2178499	1920476	718.49	2	湖　南
1748436.93	7697.84	9860025	9139732	3294.99	38	广　东
246833.92	174.60	1893030	1747707	649.14	1	广　西
65504.00		569955	563027	119.15		海　南
29849.00		266811	201352	107.50		重　庆
99777.80	528.70	497202	434106	126.36	6	四　川
61146.00	279.02	532736	449019	188.08		贵　州
79508.89	2246.43	894110	802985	295.12	6	云　南
7439.50	156.16	113685	70360	40.75	9	西　藏
30529.13	446.53	288272	261136	142.65		陕　西
70350.00	260.50	455036	433252	178.93	1	甘　肃
6435.00	8.00	64430	64034	17.75		青　海
13263.00	74.10	200194	196835	76.66		宁　夏
67826.91	86.60	400166	336493	130.96	39	新　疆

1-2-14 城市集中供热（2011 年）

地区名称 Name of Regions		蒸汽　Steam						
		供热能力 （吨/小时） Heating Capacity （ton/hour）	热电厂 供　热 Heating by Co- Generation	锅炉房 供　热 Heating by Boilers	供热总量 （万吉焦） Total Heat Supplied （10,000 gcal）	热电厂 供　热 Heating by Co- Generation	锅炉房 供　热 Heating by Boilers	管道长度 （公里） Length of Pipelines （km）
全　国	National Total	85272.54	65776.48	14744.06	51776.51	39489.64	7476.60	13380.45
北　京	Beijing	450.00	450.00		346.00	346.00		41.00
天　津	Tianjin	3024.86	2305.00	719.86	1756.37	1168.61	455.26	563.51
河　北	Hebei	10356.76	5075.76	1624.00	7273.18	2444.27	835.91	1313.10
山　西	Shanxi	2802.00	1692.00	1110.00	1436.35	808.40	627.95	425.77
内 蒙 古	Inner Mongolia	1182.00	938.00	244.00	870.64	757.74	112.90	418.06
辽　宁	Liaoning	11544.20	9496.00	2048.20	6599.16	5218.45	1361.02	2283.75
吉　林	Jilin	3494.00	3145.00	349.00	1470.06	1307.04	163.02	231.06
黑 龙 江	Heilongjiang	4951.00	3912.00	1019.00	2590.34	2089.54	488.00	407.08
江　苏	Jiangsu	4923.00	4152.00	40.00	5262.92	4913.95	19.00	869.06
安　徽	Anhui	3752.91	3644.91		2560.14	2395.57	11.96	490.60
山　东	Shandong	25632.40	21606.40	4010.00	14514.97	12703.24	1765.73	4088.16
河　南	Henan	5530.00	4475.00	1055.00	3115.01	2669.12	445.19	1099.17
湖　北	Hubei	1816.00	1232.00	394.00	762.86	477.66	285.20	178.34
陕　西	Shaanxi	3681.00	2152.00	1499.00	1932.14	1288.14	641.00	535.70
甘　肃	Gansu							
青　海	Qinghai							
宁　夏	Ningxia	672.00	40.00	632.00	312.46	48.00	264.46	96.80
新　疆	Xinjiang	1460.41	1460.41		973.91	853.91		339.29

1-2-14　Urban Central Heating（2011）

| 热水　Hot Water | | | | | | 管道长度
（公里） | 供热面积
（万平方米） | 住宅 | 地区名称 |
| 供热能力
（兆瓦） | 热电厂
供　热 | 锅炉房
供　热 | 供热总量
（万吉焦） | 热电厂
供　热 | 锅炉房
供　热 | | | | |
Heating Capacity （mega watts）	Heating by Co- Generation	Heating By Boilers	Total Heat Supplied （10,000gcal）	Heating by Co- Generation	Heating by Boilers	Length of Pipelines （km）	Heated Area （10,000m²）	Housing	Name of Regions
338742.13	141948.31	194047.99	229245.10	84184.90	140812.40	133956.87	473783.95	339242.50	全　国
36805.00	6713.00	30092.00	35682.00	5170.00	30512.00	11733.89	50794.00	34563.00	北　京
19324.49	3672.00	15652.49	9919.20	1795.18	7343.79	14715.71	27162.39	20625.73	天　津
24533.51	12208.96	11744.55	15529.96	7899.83	6561.66	8818.85	42049.52	29965.28	河　北
18210.84	11897.24	5961.60	10797.89	6357.10	3597.00	5547.07	32841.41	19985.86	山　西
28561.26	17023.35	11517.91	16524.05	9596.41	6927.64	5946.34	29737.08	19208.48	内 蒙 古
59853.18	17787.45	41860.73	41925.25	11072.09	30804.16	22693.89	81581.30	62143.79	辽　宁
30986.18	12428.50	18447.68	21754.12	8104.14	13615.88	11154.98	34810.77	27080.29	吉　林
41002.10	22037.00	17795.60	26525.07	12823.87	13220.90	14560.28	42939.43	29842.66	黑 龙 江
75.00	75.00						4439.00	39.00	江　苏
182.00	40.00	142.00	40.60	4.60	35.00	15.00	2846.72	972.00	安　徽
28920.38	19603.40	9316.98	18878.02	12210.51	6095.46	22655.68	61120.70	47824.40	山　东
6762.50	5693.67	950.50	2977.39	2308.90	651.49	2950.94	11830.82	8784.58	河　南
278.00	200.00	78.00	21.80	7.40	14.40	10.00	1216.90	1029.40	湖　北
5309.34	937.00	4352.34	3092.96	845.15	2148.81	757.54	10069.34	7816.66	陕　西
11137.30	1960.20	9092.10	6149.94	1247.68	4673.96	3716.38	12162.25	9176.08	甘　肃
229.50	46.50	183.00	164.52		164.52	105.60	269.90	201.70	青　海
6107.92	2575.22	3532.70	3738.02	1508.40	2229.62	2141.57	6848.62	5267.46	宁　夏
20463.63	7049.82	13327.81	15524.31	3233.64	12216.11	6433.15	21063.80	14716.13	新　疆

1-2-15 城市轨道交通（建成）（2011 年）

地区名称		线路长度（公里） Length of Lines（kilometer）								
		合计	地铁	轻轨	单轨	有轨	磁浮	按敷设方式 by Ways of Laying		
								地面线	地下线	高架线
Name of Regions		Total	Subway	Light Rail	Monorail	Cable Car	Maglev	Surface Lines	Underground Lines	Elevated Lines
全　国	**National Total**	**1672.42**	**1364.33**	**231.29**	**39.10**	**7.80**	**29.90**	**176.16**	**926.14**	**570.12**
北　京	Beijing	372.00	372.00					50.00	212.00	110.00
天　津	Tianjin	84.15	26.19	50.16		7.80		14.80	19.78	49.57
辽　宁	Liaoning	136.69	49.92	86.77				54.51	49.92	32.26
吉　林	Jilin	48.26		48.26				19.43	4.87	23.96
上　海	Shanghai	455.00	425.10				29.90	15.30	267.90	171.80
江　苏	Jiangsu	84.62	84.62					0.89	48.73	35.00
湖　北	Hubei	28.68		28.68						28.68
广　东	Guangdong	387.98	387.98					19.94	288.98	79.06
重　庆	Chongqing	56.52		17.42	39.10			1.29	15.44	39.79
四　川	Sichuan	18.52	18.52						18.52	

1-2-15 Urban Rail Transit System （Completed）（2011）

车站数(个)　Number of Stations （unit）				换乘站数（个）	配置车辆数（辆）　Number of Vehicles in Service （unit）						地区名称
合计	地面站	地下站	高架站		合计	地铁	轻轨	单轨	有轨	磁浮	
Total	Surface Lines	Underground Lines	Elevated Lines	Number of Transfer Stations （unit）	Total	Subway	Light Rail	Monorail	Cable Car	Maglev	Name of Regions
1120	**119**	**692**	**309**	**171**	**9448**	**8606**	**580**	**240**	**8**	**14**	全　国
215	21	148	46	24	2850	2850					北　京
52	15	15	22	4	304	116	180		8		天　津
107	45	41	21	2	368	258	110				辽　宁
45	20	3	22	2	58		58				吉　林
289	12	192	85	69	2662	2648				14	上　海
57		37	20		480	480					江　苏
25			25	5	132		132				湖　北
267	3	227	37	52	2152	2152					广　东
47	3	13	31	13	340		100	240			重　庆
16		16			102	102					四　川

1-2-16　城市轨道交通（在建）（2011 年）

地区名称 Name of Regions		线路长度（公里）　Length of Lines（kilometer）								
		合计	地铁	轻轨	单轨	有轨	磁浮	按敷设方式 by Ways of Laying		
								地面线	地下线	高架线
		Total	Subway	Light Rail	Monorail	Cable Car	Maglev	Surface Lines	Underground Lines	Elevated Lines
全　国	**National Total**	**1891.29**	**1596.81**	**172.54**	**28.60**	**83.14**	**10.20**	**76.60**	**1484.23**	**368.86**
北　京	Beijing	193.87	183.67				10.20	16.75	169.13	7.99
天　津	Tianjin	116.26	114.17	2.09				3.25	105.50	7.51
辽　宁	Liaoning	148.25	65.11			83.14		21.65	73.01	53.59
吉　林	Jilin	18.14		18.14					18.14	
黑 龙 江	Heilongjiang	17.53	17.53						17.53	
上　海	Shanghai	169.00	169.00					2.16	118.94	47.90
江　苏	Jiangsu	242.90	190.60	52.30				1.69	200.37	40.84
浙　江	Zhejiang	127.50	127.50					0.20	107.39	19.91
安　徽	Anhui	24.50	24.50						24.50	
福　建	Fujian	24.89	24.89						24.89	
江　西	Jiangxi	28.70	28.70						28.70	
山　东	Shandong	24.78	24.78					24.78		
河　南	Henan	44.47	44.47						44.47	
湖　北	Hubei	66.66	66.66						58.06	8.60
湖　南	Hunan	44.47	44.47						43.47	1.00
广　东	Guangdong	249.18	181.29	67.89				3.35	169.74	76.09
广　西	Guangxi	32.12		32.12					32.12	
重　庆	Chongqing	138.09	109.49		28.60			0.63	73.11	64.35
四　川	Sichuan	42.27	42.27						34.20	8.07
云　南	Yunan	86.01	86.01					1.43	62.59	21.99
陕　西	Shaanxi	51.70	51.70					0.71	78.37	11.02

1-2-16 Urban Rail Transit System（Under Construction）（2011）

车站数(个) Number of Stations（unit）				换乘站数（个）	配置车辆数（辆） Number of Vehicles in Service（unit）						地区名称
合计	地面站	地下站	高架站		合计	地铁	轻轨	单轨	有轨	磁浮	
Total	Surface Lines	Underground Lines	Elevated Lines	Number of Transfer Stations（unit）	Total	Subway	Light Rail	Monorail	Cable Car	Maglev	Name of Regions
1257	**28**	**1097**	**132**	**298**	**7488**	**6882**	**400**	**186**	**20**		**全　国**
143	15	126	2	60	1339	1339					北　京
97	4	88	5	17	602	602					天　津
69	5	50	14	12	78	58			20		辽　宁
15		15		7							吉　林
18		18		5	102	102					黑龙江
90	1	78	11	22	432	432					上　海
159	1	138	20	17	1144	932	212				江　苏
84		72	12	11	264	264					浙　江
23		23		5	26	26					安　徽
21		21		5	168	168					福　建
24		24		5	162	162					江　西
22		22		6	144	144					山　东
35		35		12	294	294					河　南
52		47	5	17	427	427					湖　北
39		38	1	14	138	138					湖　南
118	1	101	16	28	722	714	8				广　东
25		25		6	180			180			广　西
73	1	42	30	20	744	558		186			重　庆
32		28	4		240	240					四　川
54		47	7	13							云　南
64		59	5	16	282	282					陕　西

1-2-17 城市道路和桥梁（2011 年）
1-2-17 Urban Roads and Bridges（2011）

地区名称 Name of Regions		道路长度（公里） Length of Roads（km）	道路面积（万平方米） Surface Area of Roads（10,000 m²）	人行道面积 Surface Area of Sidewalks	桥梁数（座） Number of Bridges（unit）	立交桥 Inter-section	道路照明灯盏数（盏） Number of Road Lamps（unit）	安装路灯道路长度（公里） Length of The Road with Street Lamp（km）	防洪堤长度（公里） Length of Flood Control Dikes（km）	百年一遇 Length of Dikes to Withstand The Biggest Floods Every A Century	五十年一遇 Length of Dikes to Withstand The Biggest Floods Every 50 Years
全 国	National Total	308897	562523	124408	53386	3947	19492076	225947	35051	6210	10999
北 京	Beijing	6258	9164	1588	1885	418	235722	5839			
天 津	Tianjin	5991	10492	2356	584	81	246146	4759	2011	17	
河 北	Hebei	12286	27935	6440	1483	197	664335	8801	913	185	240
山 西	Shanxi	6059	11349	2693	502	95	445848	3718	282	61	122
内 蒙 古	Inner Mongolia	6782	13257	3287	344	102	608935	3894	583	85	137
辽 宁	Liaoning	14468	24727	5604	1549	237	1446169	10358	1483	185	528
吉 林	Jilin	7687	13305	2601	681	147	562901	5087	783	162	171
黑 龙 江	Heilongjiang	10629	15296	3479	850	194	520707	6500	804	175	268
上 海	Shanghai	4708	9481	2381	2152	55	471186	4708	1119	817	302
江 苏	Jiangsu	32491	58405	9221	12130	282	2330539	25677	8707	1172	2425
浙 江	Zhejiang	16819	31998	6841	8275	147	1190250	14736	1705	296	1002
安 徽	Anhui	10854	22722	5106	1176	154	659485	7429	1222	135	469
福 建	Fujian	7238	13908	3153	1292	63	456721	4949	471	186	83
江 西	Jiangxi	6086	12329	2605	573	53	502279	3982	647	187	289
山 东	Shandong	34681	66123	13994	4359	251	1445771	24300	2511	475	867
河 南	Henan	9859	23393	6016	1084	117	693182	8112	808	200	187
湖 北	Hubei	14887	26341	6481	1772	147	448741	10176	2362	275	710
湖 南	Hunan	9893	18234	4412	700	78	529743	7536	691	242	159
广 东	Guangdong	42875	59215	13628	5645	397	2266604	28664	3810	689	1648
广 西	Guangxi	6823	13029	2545	650	79	491914	5084	339	5	151
海 南	Hainan	2013	4133	834	149	7	156771	1884	9	6	3
重 庆	Chongqing	5435	10870	3166	1211	180	267599	4050	222	49	81
四 川	Sichuan	10192	20258	4884	1615	188	750825	8708	1335	211	429
贵 州	Guizhou	2419	3884	1142	408	26	251437	1212	227	70	80
云 南	Yunnan	4569	9507	1710	672	47	320544	3570	619	42	189
西 藏	Tibet	378	658	246	30	1	18729	161	28	8	20
陕 西	Shaanxi	4964	10966	3412	600	119	552852	3412	324	54	85
甘 肃	Gansu	3503	6913	1636	379	31	216031	2490	587	168	240
青 海	Qinghai	738	1430	388	82	4	99938	555	50	31	15
宁 夏	Ningxia	1832	4238	855	145	6	216548	1524	144	4	28
新 疆	Xinjiang	5476	8964	1707	409	44	423624	4073	255	18	71

1-2-18　城市排水和污水处理（2011 年）

地区名称 Name of Regions	污水排放量（万立方米） Annual Quantity of Wastewater Discharged (10,000 m³)	排水管道长度（公里） Length of Drainage Piplines (km)	污水管道 Sewers	雨水管道 Reanuader	雨污合流管道 Combined	污水处理厂 座数（座） Number of Wastewater Treatment Plant (unit)	二、三级处理 Secondary and Tertiary Treatment	处理能力（万立方米/日） Treatment Capacity (10,000 m³/day)	二、三级处理 Secondary and Tertiary Treatment
全　国　National Total	4037022	414074	164361	144940	104772	1588	1357	11303.4	9951.2
北　京　Beijing	145543	11086	4765	4444	1877	37	26	369.4	323.4
天　津　Tianjin	67180	16551	8184	6499	1867	33	32	229.6	224.8
河　北　Hebei	147184	15435	5840	5435	4159	73	51	508.6	287.3
山　西　Shanxi	60433	6086	1760	822	3504	38	28	182.5	138.5
内　蒙古　Inner Mongolia	48069	9314	5669	3000	645	35	34	158.4	157.4
辽　宁　Liaoning	209407	14906	2934	4289	7683	65	45	547.2	438.2
吉　林　Jilin	74805	8194	2917	3088	2188	30	21	226.8	202.0
黑龙江　Heilongjiang	119372	8106	2478	1715	3913	45	38	304.7	248.0
上　海　Shanghai	231410	17599	7121	8961	1517	49	48	694.3	690.8
江　苏　Jiangsu	377868	51735	25324	17375	9036	178	168	997.6	939.8
浙　江　Zhejiang	214353	28103	13573	11868	2662	70	70	598.5	598.5
安　徽　Anhui	127134	16380	6097	6153	4130	47	39	333.5	279.5
福　建　Fujian	103366	10767	5317	3913	1537	50	50	298.6	298.6
江　西　Jiangxi	74147	8580	3660	2830	2090	32	32	208.0	208.0
山　东　Shandong	265465	40110	14568	19366	6176	130	102	811.8	629.8
河　南　Henan	152660	15836	5748	5409	4678	62	53	488.3	418.7
湖　北　Hubei	170699	17351	4580	4577	8194	70	54	486.4	410.9
湖　南　Hunan	158259	10897	2700	1956	6240	54	54	377.0	377.0
广　东　Guangdong	606269	48185	15178	16993	16014	187	167	1637.5	1518.6
广　西　Guangxi	122996	7264	1765	1116	4383	33	24	256.5	230.0
海　南　Hainan	24653	2788	1044	1191	553	15	14	76.8	76.5
重　庆　Chongqing	69142	8163	4081	1566	2517	36	34	215.0	208.0
四　川　Sichuan	146689	15742	6767	6181	2794	64	50	348.7	296.7
贵　州　Guizhou	38232	3695	1768	1259	668	28	23	122.8	108.3
云　南　Yunnan	68458	4761	1968	1419	1374	30	24	204.3	177.8
西　藏　Tibet	6769	293			293				
陕　西　Shaanxi	67366	5809	2729	2216	863	28	20	208.5	122.0
甘　肃　Gansu	40312	3144	1210	648	1286	19	16	109.6	94.6
青　海　Qinghai	15525	1115	587	455	73	6	5	32.1	30.1
宁　夏　Ningxia	27643	1487	549	74	865	12	9	79.5	50.5
新　疆　Xinjiang	55613	4592	3478	123	990	32	26	190.9	166.9

1-2-18　Urban Drainage and Wastewater Treatment（2011）

Wastewater Treatment Plant				其他污水处理设施 Other Wastewater Treatment Facilities		污水处理总量（万立方米）	再生水 Recycled Water			地区名称
处理量（万立方米）Quantity of Wastewater Treated (10,000 m³)	二、三级处理 Secondary and Tertiary Treated	干污泥产生量（吨）Quantity of Dry Sludge Produced (ton)	干污泥处置量（吨）Quantity of Dry Sludge Treated (ton)	处理能力（万立方米/日）Treatment Capacity (10,000 m³/day)	处理量（万立方米）Quantity of Wastewater Treated (10,000 m³)	Total Quantity of Wastewater Treated (10,000 m³)	生产能力（万立方米/日）Recycled Water Production Capacity (10,000 m³/day)	利用量（万立方米）Annual Quantity of Wastewater Recycled and Reused (10,000 m³)	管道长度（公里）Length of Piplines (km)	Name of Regions
3152039	2799375	6500366	6357094	2000.7	224064	3376103	1388.5	268340	5851	全　国
117366	104165	1069222	1069483	12.2	1519	118885	98.0	71012	980	北　京
57712	56923	78450	78294	2.6	565	58277	23.0	2287	654	天　津
136032	73954	334347	335247	18.2	2216	138248	150.0	32995	429	河　北
49684	40200	78549	78217	13.5	2617	52301	47.9	7235	299	山　西
40304	40239	54646	50355			40304	53.0	7162	447	内 蒙 古
166088	131155	459708	459085	88.2	10115	176203	140.4	28441	101	辽　宁
61088	54555	142673	140537	5.7	899	61987	18.5	654	20	吉　林
59471	53295	124599	114330	32.5	8904	68375	22.0	3517	29	黑 龙 江
195358	194501	273290	273290			195358				上　海
267676	253265	378865	378864	557.9	72109	339785	176.9	31378	252	江　苏
173895	173895	274397	272742	64.1	8503	182398	16.1	2820	26	浙　江
100490	86048	160647	115817	157.3	15317	115807	39.8	980	44	安　徽
83721	83721	127904	126624	33.9	4441	88162	3.0	216	85	福　建
62051	62051	89588	89588	18.0	1031	63082	2.5	765	120	江　西
242085	190917	496468	495686	83.6	5262	247347	242.1	31618	674	山　东
133757	114008	199440	165490	10.0	2172	135929	56.0	5572	242	河　南
137650	117160	181248	176212	75.4	9987	147637	56.8	16289	347	湖　北
102938	102938	218886	206075	178.0	28126	131064	3.9	637	29	湖　南
467214	438099	972025	964135	78.5	12393	479607	23.3	3763	293	广　东
65176	58241	56617	56608	449.2	13604	78780				广　西
18031	17992	24847	24735			18031	6.7	521	31	海　南
64405	62854	93062	93062	4.7	1016	65421	2.2	387	36	重　庆
105846	90982	128664	125142	42.3	9042	114888	18.5	26	48	四　川
34674	30938	47353	44047			34674	13.3	4497		贵　州
60250	55229	80657	80335	27.0	4524	64774	24.4	1138	115	云　南
										西　藏
55447	31261	226441	220163	4.0	1114	56561	37.0	2954	75	陕　西
23474	21165	31474	30752	27.2	4268	27742	14.0	1329	62	甘　肃
9469	8520	11322	11322			9469	3.7	20	66	青　海
18955	14175	22634	22634	10.0	3213	22168	25.0	1676	174	宁　夏
41732	36929	62343	58223	6.7	1110	42842	70.6	8451	176	新　疆

1-2-19　城市园林绿化（2011 年）
1-2-19　Urban Landscaping（2011）

地区名称 Name of Regions		绿化覆盖 面　积 （公顷） Green Coverage Area （hectare）	建成区 Built District	绿地 面积 （公顷） Area of Green Space （hectare）	建成区 Built District	公园绿地 面　积 （公顷） Area of Public Recreational Green Space （hectare）	公园个数 （个） Number of Parks （unit）	公园面积 （公顷） Park Area （hectare）
全　　国	**National Total**	**2553539**	**1718924**	**2242861**	**1545985**	**482620**	**10780**	**285751**
北　京	Beijing	66171	66171	63540	63540	19728	218	10325
天　津	Tianjin	24689	24537	21728	21728	6341	77	1680
河　北	Hebei	83136	70879	71103	62869	22321	397	13326
山　西	Shanxi	38477	36636	32513	32146	10295	193	6571
内 蒙 古	Inner Mongolia	43991	36718	41059	34021	12161	193	9617
辽　宁	Liaoning	106507	90560	95968	83793	23174	322	11693
吉　林	Jilin	44700	43428	38740	37946	11776	153	4611
黑 龙 江	Heilongjiang	80957	60965	72166	55771	15664	296	9339
上　海	Shanghai	131942	38172	122283	33637	16446	153	2151
江　苏	Jiangsu	268417	147157	237486	135016	35634	701	15687
浙　江	Zhejiang	119131	85264	105200	77149	21480	954	13511
安　徽	Anhui	94063	63055	75977	55201	15001	265	9576
福　建	Fujian	57984	46766	50802	42227	12111	451	9681
江　西	Jiangxi	49308	47736	45063	44216	11546	264	7501
山　东	Shandong	188136	155699	165577	139316	44800	660	22919
河　南	Henan	81124	76873	69596	66385	19207	267	9414
湖　北	Hubei	85796	69481	62062	59527	18010	275	9844
湖　南	Hunan	57765	51872	49593	47477	11790	175	7395
广　东	Guangdong	471844	198464	410600	179017	67958	2811	60802
广　西	Guangxi	69697	37884	64461	33044	10012	168	7205
海　南	Hainan	51474	9950	49784	8817	2807	49	1892
重　庆	Chongqing	47637	41580	43854	38752	18626	248	8895
四　川	Sichuan	85991	68330	77406	61137	17902	377	9423
贵　州	Guizhou	35322	16421	30521	13704	4255	59	4087
云　南	Yunnan	35538	31147	31940	27679	8154	535	5872
西　藏	Tibet	3157	2158	2943	2078	524	75	681
陕　西	Shaanxi	35566	31292	28169	26364	9118	130	3217
甘　肃	Gansu	20927	18260	16337	15750	4570	92	2572
青　海	Qinghai	3856	3793	3894	3831	1229	26	904
宁　夏	Ningxia	20539	13904	18399	13175	3795	59	2086
新　疆	Xinjiang	49697	33772	44097	30672	6185	137	3274

1-2-20 国家级风景名胜区 (2011 年)

风景名胜区 名 称 Name of Scenic Spots	风景名胜区 面 积 （平方公里） Area of Scenic Spots （km²）	供游览面积 Tourism- Only Area	游人量 （万人次） Number of Visits （10,000 person-times）	境外游人 Visits by Foreign Tourists	景区资金 收入合计 （万元） Total Revenues of Scenic Spots （10,000RMB）	国家拨款 Financial Allocation from Central Government
全国	82620	39362	60350.4	1820.4	4212080	382965
北京	316	59	1382.3	103.6	70144	1489
八达岭	55	3	803.3	61.6	28155	
十三陵	176	16	505.0	42.0	30989	1489
石花洞	85	40	74.0		11000	
天津	106	10	91.0	6.0	6720	1587
盘山	106	10	91.0	6.0	6720	1587
河北	3859	2736	3814.4	52.8	163965	1260
嶂石岩	120	39	16.4		530	
西柏坡——天桂山	256	205	450.0	0.5	97800	
苍岩山	63	10	50.0	0.3	3000	220
秦皇岛北戴河	366	160	1456.0	25.0	43500	
崆山白云洞	161	23	52.0	1.0	825	40
野三坡	499	499	270.0	6.0	6710	400
承德避暑山庄外八庙	2394	1800	1520.0	20.0	11600	600
山西	1211	318	545.1	7.7	44862	11420
恒山	148	43	93.1	5.3	4380	
五老峰	300	30	12.0		450	
五台山	593	171	358.0	2.4	36432	9800
黄河壶口瀑布	100	24	55.0		2100	1300
北武当山	70	50	27.0		1500	320
内蒙古	1234	242	110.0		31	31
扎兰屯	1234	242	110.0		31	31
辽宁	1865	1256	2018.6	56.0	92042	1849
大连海滨——旅顺口	283	78	800.0	9.7	14302	
金石滩	110	62	390.0	7.4	48500	
鞍山千山	125	84	108.0	5.0	5367	
本溪水洞	45	45	58.6	0.9	3892	
鸭绿江	824	824	209.0	9.8	5496	720
青山沟	150	82	12.0		436	
凤凰山	217	60	50.0	0.2	2620	1000
医巫闾山	64	13	271.0	3.0	11200	
兴城海滨	47	8	120.0	20.0	229	129

经营收入	门票	景区资金支出合计（万元）	经营支出	固定资产投资完成额	维护支出	风景名胜区名　称
Operational Income （10,000 RMB）	Ticket Fees	Total Expenditure of Scenic Spots （10,000 RMB）	Operational Expenditure	Completed Investment in Fixed Assets	Maintenance Expenditure	Name of Scenic Spots
3431845	1570135	3813490	1426879	2097767	454611	全国
58736	47336	56414	5114	38068	17736	北京
28136	28136	30418	1614	15612	188	八达岭
29500	18100	21846		21846	17398	十三陵
1100	1100	4150	3500	610	150	石花洞
5133	2639	15201	9619	5582	280	天津
5133	2639	15201	9619	5582	280	盘山
129305	82615	121435	86883	30771	15241	河北
530	530	403		403	291	嶂石岩
64400	33400	89800	79800	10000	7000	西柏坡——天桂山
2780	700	4000	1400	2600	300	苍岩山
43500	30100	10800	5100	5700	4000	秦皇岛北戴河
785	785	647	183	464	464	崆山白云洞
6310	6100	5885	400	4304	686	野三坡
11000	11000	9900		7300	2500	承德避暑山庄外八庙
33132	27543	10285	7595	2650	2186	山西
4380	4380	520		520	436	恒山
450	300	480	130	350	70	五老峰
26632	21763	7890	6380	1510	1510	五台山
800	800	870	800	70	70	黄河壶口瀑布
870	300	525	285	200	100	北武当山
		65	42	23	20	内蒙古
		65	42	23	20	扎兰屯
87193	42441	53403	23885	27843	5818	辽宁
14302	6842	12995	5579	7416	627	大连海滨——旅顺口
48500	19400	14200	12400	1800	1800	金石滩
5367	3784	3805	702	3103	566	鞍山千山
3892	3892	3875		3875	125	本溪水洞
4776	3087	3263	1210	2053	702	鸭绿江
436	436	436	32	404	23	青山沟
1620	1200	4330	3030	1300	300	凤凰山
8200	3800	10270	840	7790	1640	医巫闾山
100		229	92	102	35	兴城海滨

1-2-20 续1

风景名胜区 名　称 Name of Scenic Spots	风景名胜区 面　积 （平方公里） Area of Scenic Spots （km²）	供游览面积 Tourism- Only Area	游人量 （万人次） Number of Visits （10,000 person-times）	境外游人 Visits by Foreign Tourists	景区资金 收入合计 （万元） Total Revenues of Scenic Spots （10,000RMB）	国家拨款 Financial Allocation from Central Government
吉林	**828**	**168**	**218.0**	**7.0**	**13709**	
"八大部"——净月潭	96	96	100.0	5.0	6000	
松花湖	550	50	104.0	1.0	7500	
防川	139	7	10.0	1.0	159	
仙景台	43	15	4.0		50	
黑龙江	**2874**	**1322**	**319.0**	**20.1**	**14926**	**2890**
太阳岛	88	88	137.0		6666	
镜泊湖	1726	514	62.0	0.1	4460	1390
五大连池	1060	720	120.0	20.0	3800	1500
江苏	**1175**	**281**	**7600.1**	**226.8**	**166735**	**30289**
南京钟山	36	19	1742.0	7.5	37472	21451
太湖	905	98	4448.0	185.0	96544	4677
云台山	167	145	250.0	17.0	5610	201
蜀岗瘦西湖	12	2	415.0	2.0	19502	220
三山	17	2	479.0	12.0	4235	1868
浙江	**4267**	**2071**	**9243.4**	**330.4**	**822893**	**101297**
富春江——新安江	1423	413	2006.6	20.1	599178	4235
杭州西湖	59	38	2840.2	250.5	129915	85719
雪窦山风景名胜	380	140	583.0	19.0	14023	
楠溪江	671	671	257.8	0.5	1508	
百丈漈——飞云湖	137	23	32.1	9.9	3483	2033
雁荡山	449	291	348.0	1.2	8572	1102
莫干山	43	10	18.5	1.2	4120	500
天姥山	143	48	538.0	5.0	5250	
浣江——五泄	74	45	150.0	1.0	4605	50
双龙风景名胜	80	60	70.0	4.1	2776	100
方岩	152	88	75.0	3.0	2640	500
江郎山	67	17	27.0	2.0	1605	602
普陀山	70	44	866.7	7.6	33621	5036
嵊泗列岛	37	3	223.3	1.2	1520	
天台山	132	95	771.0	1.2	5003	570
仙居	158	15	247.0	1.9	1640	140
方山——长屿硐天	26	26	104.2		2485	710
仙都	166	44	85.0	1.0	949	
安徽	**2109**	**1149**	**1246.3**	**61.6**	**358604**	**15892**
巢湖	1004	460				
采石	64	40	60.7		2639	1780
天柱山	102	102	262.8	4.8	103100	2324
花亭湖	258	169	30.0	0.2	8125	1156

· 60 ·

经营收入 Operational Income (10,000 RMB)	门票 Ticket Fees	景区资金支出合计（万元） Total Expenditure of Scenic Spots (10,000 RMB)	经营支出 Operational Expenditure	固定资产投资完成额 Completed Investment in Fixed Assets	维护支出 Maintenance Expenditure	风景名胜区名称 Name of Scenic Spots
13709	**2081**	**3230**	**10**	**220**	**50**	吉林
6000	1700	3000				"八大部"——净月潭
7500	181	180		180	30	松花湖
159	159					防川
50	41	50	10	40	20	仙景台
11746	**9476**	**13195**	**2126**	**7921**	**2398**	黑龙江
6476	5756	6235	110	4077	1198	太阳岛
3070	3070	4460	16	3344	1100	镜泊湖
2200	650	2500	2000	500	100	五大连池
130376	**97392**	**184932**	**59226**	**101707**	**22734**	江苏
13546	6223	36055	4900	25223	8280	南京钟山
89045	69403	87000	18474	52702	10016	太湖
5400	4980	6050	810	5230	320	云台山
19282	14100	47686	35000	12686	1441	蜀岗瘦西湖
1871	1569	4235		4235	2677	三山
687810	**145286**	**718093**	**172031**	**515472**	**50939**	浙江
563212	49492	508646	88386	395050	11437	富春江——新安江
44196	28644	118527	45000	73527	30114	杭州西湖
14023	12089	5015		5015	162	雪窦山风景名胜
1508	1508	988	988			楠溪江
1450	954	3848	3068	780	330	百丈漈——飞云湖
7470	7337	6426		5324		雁荡山
3620	1096	5032	1700	3330	226	莫干山
5250	4785	4800	3150	1650	680	天姥山
2500	2055	8980	7800	1180	160	浣江——五泄
2676	2600	7050	4500	2550	1575	双龙风景名胜
2140	1210	2173	1044	1129	528	方岩
1003	928	1588	355	1233	718	江郎山
28585	23003	38337	13586	21351	3617	普陀山
1520	1100	1300	780	520	156	嵊泗列岛
4433	4433	465		415	50	天台山
1500	1400	1630	100	1100	430	仙居
1775	1703	2250	578	1276	714	方山——长屿硐天
949	949	1038	996	42	42	仙都
335459	**102275**	**569318**	**309740**	**257122**	**19303**	安徽
						巢湖
859	825	3100	1726	1374	313	采石
94186	3800	107250	16500	88950	1800	天柱山
6356	613	8125	6000	1469	656	花亭湖

风景名胜区 名 称 Name of Scenic Spots	风景名胜区 面 积 （平方公里） Area of Scenic Spots （km²）	供游览面积 Tourism-Only Area	游 人 量 （万人次） Number of Visits （10,000 person-times）	境外游人 Visits by Foreign Tourists	景区资金 收入合计 （万元） Total Revenues of Scenic Spots （10,000RMB）	国家拨款 Financial Allocation from Central Government
黄山	161	60	274.0	28.0	188069	6127
花山谜窟——渐江	81	7	31.0	1.5	1288	
齐云山	110	60	23.8	2.1	836	46
琅琊山	115	37	56.0	2.0	8298	1060
九华山	120	120	465.0	18.0	43149	3149
太极洞	94	94	43.0	5.0	3100	250
福建	**1261**	**472**	**2919.1**	**123.7**	**72020**	**16802**
鼓山	50	28	400.0	50.0	2043	1778
十八重溪	51	17	10.0		261	200
青云山	52	16	69.0	1.1	3820	
海坛	71	25	82.0		400	100
鼓浪屿——万石山	104	20	1555.9	31.0	31137	5298
玉华洞	45	9	96.0	2.0	1300	
泰宁	140	64	66.7	6.1	5725	2400
桃源洞——鳞隐石林	29	29	20.0	3.1	1395	522
清源山	62	25	68.0	5.0	6799	5057
武夷山	79	79	366.7	18.4	8470	448
冠豸山	123	46	24.8	0.5	2103	14
鸳鸯溪	66	22	85.0	1.5	4470	100
福安白云山	69				100	100
太姥山	320	92	75.0	5.0	3997	785
江西	**2846**	**1155**	**2438.0**	**53.5**	**241637**	**14283**
梅岭——滕王阁	144	65	145.2		4882	
高岭——瑶里	95	77	198.8	1.2	8604	
云居山—柘林湖	655	349	182.3	4.8	4086	286
庐山	330	129	270.0	5.0	123000	3520
仙女湖	195	95	65.0	1.0	7705	1175
龙虎山	220	40	300.0	12.0	18065	800
三百山	138	94	20.8	0.5	1009	
武功山	365	121	13.0	1.1	1450	780
井冈山	333	114	671.1	4.6	41233	
龟峰	39	12	56.1	0.3	1940	170
三清山	230	28	460.8	23.0	27153	5152
灵山	102	31	54.9		2510	2400
山东	**829**	**458**	**2782.5**	**51.8**	**115604**	**7659**
青岛崂山	480	179	1042.9	12.5	27336	1000
博山	73	73	390.0	1.5	4650	720
胶东半岛海滨	92	26	872.0	18.0	55326	74
青州	59	55	18.2		701	
泰山	125	125	459.4	19.8	27591	5865

经营收入 Operational Income (10,000 RMB)	门票 Ticket Fees	景区资金支出合计（万元）Total Expenditure of Scenic Spots (10,000 RMB)	经营支出 Operational Expenditure	固定资产投资完成额 Completed Investment in Fixed Assets	维护支出 Maintenance Expenditure	风景名胜区名 称 Name of Scenic Spots
181942	56492	328400	181600	146800	8718	黄山
1288	1057	2495	1026	1469	204	花山谜窟——浙江
790	650	1175	515	660	120	齐云山
7238	1438	8273	873	7400	1392	琅琊山
40000	35000	107800	100000	7800	5000	九华山
2800	2400	2700	1500	1200	1100	太极洞
55126	39173	52915	16680	35764	14759	福建
265	195	1699	590	759	350	鼓山
61	60	255	200	55	10	十八重溪
3730	1530	1420		1300	135	青云山
300	300	370	80	290	130	海坛
25839	13934	20214	1970	18244	6249	鼓浪屿——万石山
1300	1200	1782	1430	352	276	玉华洞
3325	3325	2330	1250	1080	1080	泰宁
872	872	1156	283	872	200	桃源洞——鳞隐石林
1741	1250	6746	4910	1836	350	清源山
8022	7916	5789	277	5512	5512	武夷山
2089	2031	1957	492	1465	117	冠豸山
4370	3350	2500	1200	1300	350	鸳鸯溪
		2700	2700			福安白云山
3212	3210	3997	1298	2699		太姥山
201359	90294	285919	107097	149220	13290	江西
4882	4882	4650	1212	2810	800	梅岭——滕王阁
8604	3600	8600	5600	3000	200	高岭——瑶里
3800	3800	69938	64000	5938	4511	云居山—柘林湖
100180	19300	123000		100180		庐山
6530	5830	6370	5270	600	500	仙女湖
11000	9400	11700	2400	9300	120	龙虎山
599	410	9056	6206	2850		三百山
670		1242	1127	104	11	武功山
41233	21368	16000	8500	7500	4500	井冈山
1770	1477	2011	369	1267	368	龟峰
22001	20177	30852	10113	15521	2160	三清山
90	50	2500	2300	150	120	灵山
100653	87703	90067	10218	74500	31274	山东
19194	12310	12609	203	12403	1306	青岛崂山
3780	2050	4560	1700	1500	920	博山
55252	53032	43801	6692	33129	2263	胶东半岛海滨
701	684	730	23	701	18	青州
21726	19627	28367	1600	26767	26767	泰山

风景名胜区 名　　称 Name of Scenic Spots	风景名胜区 面　　积 （平方公里） Area of Scenic Spots （km²）	供游览面积 Tourism- Only Area	游 人 量 （万人次） Number of Visits （10,000 person-times）	境外游人 Visits by Foreign Tourists	景区资金 收入合计 （万元） Total Revenues of Scenic Spots （10,000RMB）	国家拨款 Financial Allocation from Central Government
河南	**1407**	**1021**	**2492.1**	**54.2**	**157993**	**8770**
郑州黄河	20	17	62.5	2.0	15623	5731
嵩山	152	38	411.0	12.0	19415	
洛阳龙门	9	3	212.8	7.0	29407	1792
石人山	268	268	59.0	5.5	1455	
林虑山	310	100	190.1	5.0	2750	
云台山	55	45	480.0	15.0	37290	290
青天河	91	80	311.0	1.1	11850	
神农山	102	96	414.1	5.6	15076	350
桐柏山——淮源	108	82	62.0	1.0	500	
鸡公山	27	27	195.0		22342	607
王屋山	265	265	94.6		2285	
湖北	**1592**	**712**	**1532.4**	**38.0**	**273733**	**63930**
武汉东湖	62	62	634.4	3.7	49266	41080
武当山	312	170	354.6	12.0	186000	20000
长江三峡	180	155	85.0	9.0	7024	0
隆中	209	13	51.0	0.3	2131	38
大洪山	499	185	307.0	6.8	18600	800
九宫山	210	45	62.0		7050	150
陆水	118	80	8.4	1.2	1200	
湖南	**2805**	**1445**	**4174.9**	**77.3**	**346223**	**41821**
岳麓山	35	7	690.0		9493	7151
韶山	112	78	751.0	2.8	185000	23000
衡山	100	78	420.0	3.0	23581	
虎形山——花瑶	118	82	10.8	1.0	1255	930
崀山	108	93	162.4	14.1	12600	3000
南山	199	15	7.2		820	
岳阳楼洞庭湖	265	27	130.0	11.0	6800	
福寿山——汨罗江	165	58	42.3	0.1	260	230
桃花源	158	29	32.0	4.5	4197	1477
武陵源	369	297	1621.0	33.0	87658	
苏仙岭——万华岩	48	48	89.3	0.3	2551	1342
东江湖	545	280	14.9		2335	641
万佛山——侗寨	168	90	38.0		2103	
紫鹊界梯田——梅山龙宫	81	60	30.0	1.0	3500	2400
猛洞河	226	158	90.0	4.0	3200	1000
德夯	108	45	46.0	2.5	870	650
广东	**718**	**290**	**4822.2**	**27.7**	**95918**	**22928**
白云山	22	18	1995.7	9.2	15582	4590
丹霞山	292	60	349.0	10.0	13962	

经营收入 Operational Income (10, 000 RMB)	门票 Ticket Fees	景区资金支出合计（万元） Total Expenditure of Scenic Spots (10, 000 RMB)	经营支出 Operational Expenditure	固定资产投资完成额 Completed Investment in Fixed Assets	维护支出 Maintenance Expenditure	风景名胜区 名　称 Name of Scenic Spots
136155	**104539**	**148336**	**77602**	**65418**	**4164**	**河南**
9892	3036	10862	2044	8818	650	郑州黄河
17310	17310	13068	223	12627	275	嵩山
27615	20284	44882	38000	6164	718	洛阳龙门
1455	772	7000	6000	349	290	石人山
2750	2350	7600	6200	1200	550	林虑山
37000	20769	33632	4404	29228	738	云台山
11850	11850	3340	2200	850		青天河
14726	14726	4700	56	2200	55	神农山
500	500	400	310	80	60	桐柏山——淮源
10925	10810	20720	18165	1770	785	鸡公山
2132	2132	2132		2132	43	王屋山
83363	**36884**	**184315**	**73295**	**89255**	**28056**	**湖北**
8186	5734	49266	878	47102	1286	武汉东湖
41000	19300	81900	40000	23000	18000	武当山
7024	1800	6268	1679	4489	1436	长江三峡
2093	1720	2588	909	1140	50	隆中
16600	6850	32800	26800	5400	1620	大洪山
6900	500	8000	1500	6500	4500	九宫山
960	680	1200		860	550	陆水
283702	**138944**	**311040**	**112548**	**188591**	**105818**	**湖南**
2342		9493	188	2342	2342	岳麓山
142800	19200	168000	65000	103000	45300	韶山
23581	15630	4321	3213	1108	983	衡山
325	53	1060	850	210	160	虎形山——花瑶
9500	3000	12700	11600	1100	850	崀山
700	95	820	460	142	69	南山
6000	5500	6000	2500	1100	600	岳阳楼洞庭湖
30	20	640	570	70	53	福寿山——汨罗江
2720	1920	5322	2150	3172	1936	桃花源
87658	87658	87800	20000	67800	50710	武陵源
1208	987	2668	694	1920	498	苏仙岭——万华岩
1598	1523	2346	573	1773	39	东江湖
1720	3	1400	1000	134	93	万佛山——侗寨
1100	995	4400	2100	2300	2000	紫鹊界梯田——梅山龙宫
2200	2200	3200	1000	2200	120	猛洞河
220	160	870	650	220	65	德夯
59615	**26415**	**96948**	**20684**	**69714**	**26676**	**广东**
10992	5023	15510	720	14790	5095	白云山
7287	5880	9864	3825	5878	161	丹霞山

风景名胜区 名 称 Name of Scenic Spots	风景名胜区 面 积 （平方公里） Area of Scenic Spots （km²）	供游览面积 Tourism-Only Area	游 人 量 （万人次） Number of Visits （10,000 person-times）	境外游人 Visits by Foreign Tourists	景区资金 收入合计 （万元） Total Revenues of Scenic Spots （10,000RMB）	国家拨款 Financial Allocation from Central Government
梧桐山	32	11	1500.0		15208	11847
西樵山	14		92.0		6166	3307
湖光岩	5	2	48.0	0.5	3104	1445
肇庆星湖	20	13	277.5		7700	
惠州西湖	25	18	344.0		2996	1739
罗浮山	308	168	216.0	8.0	31200	
广西	**6465**	**2423**	**2951.3**	**171.4**	**48953**	**4805**
桂林漓江	2064	2000	2788.2	164.4	42900	
桂平西山	1400	408	83.0	2.5	3295	2105
花山	3001	15	80.1	4.5	2758	2700
海南	**247**	**51**	**1257.0**	**12.5**	**113219**	**80**
三亚热带海滨	247	51	1257.0	12.5	113219	80
重庆	**2533**	**950**	**1362.3**	**78.1**	**228181**	**6482**
重庆缙云山	170	12	17.0		2250	2000
四面山	213	106	114.8	1.1	46049	
金佛山	441	220	182.0	1.0	91549	5
长江三峡	1095	400	333.4	48.0	62340	2724
芙蓉江	101	86	111.0		6348	948
天坑地缝	397	10	6.0	1.5	200	
四川	**17265**	**5300**	**2218.0**	**58.7**	**209820**	**6721**
西岭雪山	483	115	41.0	2.0	9881	
青城山——都江堰	150	49	439.2	4.6	28886	3885
龙门山	81	35	16.5		155	155
天台山	106	40	35.0		2210	380
剑门蜀道	616	292	262.0	—	6879	63
白龙湖	482	334	3.3		80	40
峨眉山	172	96	595.2	22.0	35632	
蜀南竹海	120	44	100.0	5.0	4277	77
石海洞乡	74	28	28.6	0.5	2066	
光雾山——诺水河	456	310	46.0	0.2	8520	300
黄龙	1340	700	210.0	1.0	43000	
九寨沟	720	55	284.2	10.2	55110	1145
四姑娘山	560	560	10.7	0.7	1310	605
贡嘎山	11055	2354	52.0	10.0	1158	
邛海——螺髻山	616	135	16.0		580	71
贵州	**3771**	**1674**	**1342.0**	**20.1**	**293637**	**4456**
红枫湖	200	180	15.0		330	200
赤水	630	328	253.6	1.5	256600	
龙宫	60	45	100.0	1.5	3000	
黄果树	163	47	680.5	5.3	20255	
紫云格凸河穿洞	57	11	30.0	1.0	500	300
九龙洞	56	14	7.0		300	200

经营收入 Operational Income (10,000 RMB)	门票 Ticket Fees	景区资金支出合计（万元） Total Expenditure of Scenic Spots (10,000 RMB)	经营支出 Operational Expenditure	固定资产投资完成额 Completed Investment in Fixed Assets	维护支出 Maintenance Expenditure	风景名胜区名称 Name of Scenic Spots
3361	3222	15101	2297	12804	12804	梧桐山
2859	2859	8724	6041	2683	2011	西樵山
1659	1143	3013	20	2485	2090	湖光岩
7700	6044	7700	900	2800	2500	肇庆星湖
1257	567	3984	31	2954	1455	惠州西湖
24500	1677	33052	6850	25320	560	罗浮山
23248	**9055**	**42617**	**3750**	**28429**	**18938**	**广西**
22000	8062	37000	1200	25500	16800	桂林漓江
1190	935	3009	2000	871	138	桂平西山
58	58	2608	550	2058	2000	花山
100580	**76956**	**92243**	**30229**	**61864**	**1978**	**海南**
100580	76956	92243	30229	61864	1978	三亚热带海滨
208675	**37775**	**244670**	**91827**	**150843**	**20144**	**重庆**
250	250	2250	1200	250	100	重庆缙云山
46049	2905	66128	43867	22261	3283	四面山
87360	4184	90316	12500	77816	1556	金佛山
59616	18497	66730	21877	43653	13536	长江三峡
5400	5400	2968	948	2020	410	芙蓉江
200	200	5000	4950	50	50	天坑地缝
192514	**172427**	**254850**	**82492**	**98975**	**34660**	**四川**
3418	3148	7727				西岭雪山
25001	24610	32389	6555	25834	491	青城山——都江堰
		155	155			龙门山
1830	1450	34000	31450	1680	870	天台山
6616	3242	5340	3515	1825	200	剑门蜀道
3	3	137		137	119	白龙湖
34338	32763	42934	1759	41175	15275	峨眉山
4200	4200	4443		4004	439	蜀南竹海
2066	1922	1522	45	1477	75	石海洞乡
6100	2120	34400	32000	2000	8000	光雾山——诺水河
43000	43000	23814	2319	8974	6781	黄龙
53932	53932	54902	2867	2215	525	九寨沟
705	692	3622	1822	1800	240	四姑娘山
1158	802	996		996		贡嘎山
509	509	447	5	437	40	邛海——螺髻山
286860	**28372**	**31947**	**9741**	**14810**	**7440**	**贵州**
130	130	500	41	400	300	红枫湖
256600	1678	14002	642	7215	5231	赤水
3000	2500	2400	980	1060	940	龙宫
20255	20255	6200	3350	2850	500	黄果树
200	50	150	100	45	20	紫云格凸河穿洞
100	100	341	100	50	50	九龙洞

风景名胜区 名　称 Name of Scenic Spots	风景名胜区 面　积 （平方公里） Area of Scenic Spots （km²）	供游览面积 Tourism- Only Area	游人量 （万人次） Number of Visits （10,000 person-times）	境外游人 Visits by Foreign Tourists	景区资金 收入合计 （万元） Total Revenues of Scenic Spots （10,000RMB）	国家拨款 Financial Allocation from Central Government
石阡温泉群	54	21	12.0		986	757
马岭河峡谷	450	74	12.5	2.0	986	757
九洞天	86	86	6.0		167	30
织金洞	307	2	30.4		2048	490
潕阳河	625	425	15.6		1422	764
黎平侗乡	156	94	89.0	2.8	3186	1000
荔波樟江	275	106	85.0	6.0	4450	480
瓮安江界河	35	24	2.0		110	
平塘	350	55	1.2		110	
都匀斗篷山——剑江	267	162	2.2		283	235
云南	**2800**	**960**	**2307.6**	**117.4**	**145054**	**1041**
昆明滇池	355	55	47.0	6.0	2148	
九乡	167	33	85.7	8.7	6468	208
路南石林	350	16	304.0	13.8	40688	
腾冲热地火山	115	52	79.0	6.1	8910	30
丽江玉龙雪山	360	180	850.0	67.0	52000	
建水	152	2	34.2	1.2	2109	
阿庐	13	2	31.2	2.8	1628	
普者黑	145	145	140.0	0.1	3150	
西双版纳	35	16	373.4	5.1	19880	133
大理	283	167	356.6	6.4	8073	670
瑞丽江——大盈江	334	183	5.5	0.2		
三江并流	322					
陕西	**760**	**323**	**430.6**	**8.1**	**35106**	**2165**
临潼骊山	120	55	36.3	1.8	2364	50
宝鸡天台山	134	40	2.0		75	20
合阳洽川	177	165	30.0		2439	1470
华山	148	50	150.0	1.1	15780	
黄河壶口瀑布	178	12	84.3	5.2	6271	625
黄帝陵	3	1	128.0		8177	
甘肃	**1134**	**283**	**339.1**	**50.2**	**44317**	**1698**
麦积山	215	215	123.6	8.5	35000	598
崆峒山	84	20	107.0	6.2	2669	700
鸣沙山	800	15	70.0	6.0	6596	400
青海	**8978**	**8978**	**85.9**	**1.0**	**18397**	**7713**
青海湖	8978	8978	85.9	1.0	18397	7713
宁夏	**86**	**13**	**89.0**	**1.0**	**6023**	**2807**
西夏王陵	86	13	89.0	1.0	6023	2807
新疆	**7279**	**3242**	**218.2**	**3.7**	**11614**	**800**
库木塔格沙漠	1880	250	12.0	0.3	444	200
天山天池	548	28	159.5	3.2	9436	
赛里木湖	1301	1301	32.7	0.2	1000	600
博斯腾湖	3550	1663	14.0	0.2	734	

经营收入 Operational Income (10,000 RMB)	门票 Ticket Fees	景区资金 支出合计 (万元) Total Expenditure of Scenic Spots (10,000 RMB)	经营支出 Operational Expenditure	固定资产 投资完成额 Completed Investment in Fixed Assets	维护支出 Maintenance Expenditure	风景名胜区 名　称 Name of Scenic Spots
						石阡温泉群
229	111	755	370	229	15	马岭河峡谷
137	137	100	30	40	30	九洞天
1558	1547	3093	864	2229	142	织金洞
658	495	654	359	295	5	潕阳河
2186	18	2080	1700	160	90	黎平侗乡
1650	1200	1280	1000	190	76	荔波樟江
						瓮安江界河
110	110	140				平塘
47	41	252	205	47	41	都匀斗篷山——剑江
140463	**104603**	**166825**	**80321**	**56283**	**7404**	**云南**
2148	1910	2141		2141	94	昆明滇池
6260	5514	11308	4968	6340	134	九乡
40688	40199	36400	2980	7140	3160	路南石林
6310	1800	21650	20150	1480	320	腾冲热地火山
52000	36000	3200	2000	600	500	丽江玉龙雪山
2109	1378	2069	72	1799	83	建水
1628	1628	1654	64	1476	82	阿庐
2700	450	3800	2000	1800	300	普者黑
19217	14438	20329	4275	13110	1419	西双版纳
7403	1286	63446	42996	20385	1300	大理
		828	816	12	12	瑞丽江——大盈江
						三江并流
31333	**28558**	**25728**	**10346**	**11597**	**1351**	**陕西**
2014	1384	2115	569	1546	81	临潼骊山
55	45	300	100	200	120	宝鸡天台山
969	444	5517	5100	356	180	合阳洽川
14500	12890	8500	1780	5540	520	华山
5646	5646	1819	650	1169	300	黄河壶口瀑布
8149	8149	7477	2147	2786	150	黄帝陵
11937	**10274**	**11084**	**4247**	**6322**	**1291**	**甘肃**
3720	2520	4157	2377	1780	368	麦积山
1969	1824	3985	1813	2172	378	崆峒山
6196	5878	2890	35	2340	515	鸣沙山
10156	**6283**	**10913**	**6517**	**4396**	**218**	**青海**
10156	6283	10913	6517	4396	218	青海湖
2729	**2659**	**5789**	**2174**	**3615**	**238**	**宁夏**
2729	2659	5789	2174	3615	238	西夏王陵
10778	**10137**	**11713**	**10840**	**792**	**207**	**新疆**
244	211	598	319	279	2	库木塔格沙漠
9436	9436	9201	9201			天山天池
400	400	1000	900	100	100	赛里木湖
698	90	914	420	413	105	博斯腾湖

1-2-21　城市市容环境卫生 （2011 年）

地区名称 / Name of Regions	道路清扫保洁面积（万平方米）Surface Area of Roads Cleaned and Maintained (10,000 m²)	机械化 Mechanization	清运量（万吨）Collected and Transported (10,000 ton)	密闭车（箱）清运量 Quantity of Garbage Transported by Air-tight Vehicle (10,000 ton)	生活垃圾处理量（万吨）Volume of Domestic Garbage Treated (10,000 ton)	无害化处理厂（场）数（座）Number of Harmless Treatment Plants/Grounds (unit)	生活垃圾 卫生填埋 Sanitary Landfill	焚烧 Incineration	其他 other	无害化处理能力（吨/日）Harmless Treatment Capacity (ton/day)	卫生填埋 Sanitary Landfill
全国 National Total	630545	201548	16395.28	14363.55	15065.98	677	547	109	21	409119	300195
北京 Beijing	13701	8219	634.35	634.35	623.20	21	15	2	4	16930	12080
天津 Tianjin	8831	5032	189.90	189.90	189.90	9	6	3		9500	6200
河北 Hebei	21557	10557	584.64	515.83	566.03	29	23	4	2	13163	9174
山西 Shanxi	11120	4507	420.03	355.40	339.03	16	12	3	1	10646	4546
内蒙古 Inner Mongolia	12555	2978	339.95	320.35	316.86	18	18			8788	8788
辽宁 Liaoning	132135	9270	876.00	629.75	823.75	28	28			18200	18200
吉林 Jilin	12602	3224	493.00	342.81	469.53	13	11	2		8643	6603
黑龙江 Heilongjiang	16884	5060	796.64	457.89	348.06	22	20	2		10954	10454
上海 Shanghai	16769	11283	704.00	704.00	582.34	5	3	1	1	7850	5350
江苏 Jiangsu	46162	20011	1119.77	1039.14	1099.88	51	30	21		42170	21465
浙江 Zhejiang	29519	13222	1018.08	901.09	999.63	50	29	21		35067	16806
安徽 Anhui	18315	6260	435.08	360.81	422.28	20	16	4		11530	8980
福建 Fujian	12164	3909	433.52	423.75	430.25	26	18	8		15385	8685
江西 Jiangxi	10217	2767	306.55	265.65	306.55	16	16			8215	8215
山东 Shandong	50932	21544	959.46	888.81	935.54	54	44	7	3	32878	26318
河南 Henan	22125	5449	729.54	647.74	648.33	40	37	2	1	21036	18236
湖北 Hubei	18826	4962	736.27	588.71	681.55	25	21	4		13832	9423
湖南 Hunan	14214	6690	531.61	495.54	498.49	26	26			11500	11500
广东 Guangdong	67612	23799	1978.80	1844.64	1862.98	47	31	14	2	42578	27983
广西 Guangxi	11133	3439	255.81	237.69	244.27	21	17	2	2	8241	7061
海南 Hainan	6233	1956	113.58	93.00	108.46	7	6	1		2789	2564
重庆 Chongqing	9150	4217	281.56	265.12	280.28	13	12	1		6465	5265
四川 Sichuan	17247	7211	668.95	592.31	619.83	34	29	4	1	15182	12682
贵州 Guizhou	4241	1463	218.27	182.16	200.10	13	13			5568	5568
云南 Yunnan	12160	3354	300.20	281.16	294.04	15	11	3	1	6018	2858
西藏 Tibet	600	385	17.26	16.11	14.23						
陕西 Shaanxi	11567	4360	428.27	390.84	404.61	17	15		2	11609	11409
甘肃 Gansu	5904	1553	276.18	253.35	272.73	13	13			3230	3230
青海 Qinghai	1999	196	83.05	73.05	77.08	3	3			1600	1600
宁夏 Ningxia	4120	630	120.48	98.96	88.56	6	6			2548	2548
新疆 Xinjiang	9951	4041	344.48	273.64	317.61	19	18		1	7004	6404

1-2-21 Urban Environmental Sanitation（2011）

Domestic Garbage						粪便 Excrement and Urine		公厕数 （座）		市容环卫 专用车辆 设备总数 （台）	地区名称
		无害化 处理量 （万吨）				清运量 （万吨）	处理量 （万吨）		三类 以上		
焚烧	其他		卫生 填埋	焚烧	其他						
Inciner- ation	other	Volume of Harmlessly Treated Garbage （10,000 ton）	Sanitary Landfill	Inciner- ation	other	Quantity of Excrement Trans- ported （10,000 ton）	Quantity of Excrement Treated （10,000 ton）	Number of Latrines （unit）	Grade Ⅲ and Above	Number of Vehicles and Equipment Designated for Munici- pal Environ- mental Sanita- tion （unit）	Name of Regions
94114	14810	13089.64	10063.74	2599.28	426.62	1962.86	652.83	120459	84524	100340	全　　国
2200	2650	623.20	429.57	94.46	99.17	207.54	186.81	5843	5843	7991	北　　京
3300		189.90	120.65	69.25		24.76	6.26	1231	741	2395	天　　津
2589	1400	424.22	294.15	92.20	37.87	91.87	32.32	6629	3763	3556	河　　北
2600	3500	325.53	121.20	54.33	150.00	79.06	0.81	3176	1086	3823	山　　西
		283.76	283.76			147.10	21.67	4295	1392	2001	内　蒙　古
		704.72	704.72			118.54	25.68	5863	1653	5200	辽　　宁
2040		242.62	197.71	44.91		72.38	53.71	4378	1358	2867	吉　　林
500		348.06	338.68	9.38		175.54	47.63	7276	1629	5042	黑　龙　江
1500	1000	429.69	362.71	59.23	7.75	207.00		5768	5457	5309	上　　海
20705		1050.01	502.22	547.79		95.17	35.34	10134	8097	7984	江　　苏
18261		981.73	513.78	467.95		77.08	50.18	7673	6554	5032	浙　　江
2550		378.46	318.02	60.44		64.00	9.64	3087	2502	2059	安　　徽
6700		409.89	263.48	146.41		1.18		2920	2426	2049	福　　建
		270.59	270.59			36.77	8.24	2009	1521	1044	江　　西
5000	1560	887.85	702.13	148.87	36.85	125.11	44.22	5674	4769	7276	山　　东
2400	400	615.86	538.01	70.74	7.11	52.85	14.10	7189	6219	3164	河　　南
4409		449.26	315.58	133.68		62.02	4.65	5088	4005	3419	湖　　北
		459.02	459.02			2.93	0.26	2937	2722	2372	湖　　南
12575	2020	1449.01	1094.19	326.42	28.40	104.57	40.35	9558	8805	9147	广　　东
600	580	244.27	219.10	10.40	14.77	21.96	9.46	2104	1463	1883	广　　西
225		103.76	97.71	6.05		13.18		389	270	1902	海　　南
1200		280.28	217.53	62.75		75.29		1835	1291	1489	重　　庆
1800	700	591.58	520.71	70.87		20.58	6.07	4710	2886	3425	四　　川
		193.30	193.30			3.54	2.68	1203	1010	1496	贵　　州
2960	200	222.55	94.10	123.15	5.30	19.45	10.50	1739	1468	1860	云　　南
								165	7	10	西　　藏
	200	386.61	364.01		22.60	37.16	26.98	2816	2581	2009	陕　　西
		115.17	115.17			17.72	9.55	1286	896	1231	甘　　肃
		74.30	74.30			1.20		592	257	336	青　　海
		80.66	80.66			3.92	2.87	764	652	634	宁　　夏
	600	273.78	256.98		16.80	3.39	2.85	2128	1201	2335	新　　疆

二、县城部分
Statistics for County Seats

2011 年县城部分概述

概况 2011 年末，全国有县城 1627 个，据其中 1539 个县、10 个特殊区域及 148 个新疆生产建设兵团师团部驻地统计汇总，县城人口 1.29 亿人，暂住人口 1393 万人，建成区面积 1.74 万平方公里。

县城市政公用设施固定资产投资 2011 年，县城市政公用设施固定资产完成投资 2859.6 亿元。其中：道路桥梁、园林绿化、排水分别占县城市政公用设施固定资产投资的 48.7%、15.6% 和 7%。

全国县城市政公用设施投资新增固定资产 2353.6 亿元，固定资产投资交付使用率 82.3%。主要新增生产能力（或效益）是：供水日综合生产能力 317 万立方米，天然气储气能力 917 万立方米，集中供热蒸汽能力 661 吨/小时，热水能力 8319 兆瓦，道路长度 6507 公里，排水管道长度 1.3 万公里，污水处理厂日处理能力 164 万立方米，生活垃圾无害化日处理能力 1.5 万吨。

县城供水和节水 2011 年，县城全年供水总量 97.7 亿立方米，其中生产运营用水 27.8 亿立方米，公共服务用水 10.3 亿立方米，居民家庭用水 42.9 亿立方米。用水人口 1.23 亿人，用水普及率 86.1%。人均日生活用水量 118.7 升。2011 年，县城节约用水 2.6 亿立方米，节水措施总投资 3.9 亿元。

县城燃气和集中供热 2011 年，人工煤气供应总量 9.5 亿立方米，天然气供气总量 53.9 亿立方米，液化石油气供气总量 244.7 万吨。用气人口 0.95 亿人，燃气普及率 66.5%。2011 年末，蒸汽供热能力 1.5 万吨/小时，热水供热能力 8.1 万兆瓦，集中供热面积 7.8 亿平方米。

县城道路桥梁 2011 年末，县城道路长度 10.9 万公里，道路面积 19.2 亿平方米，其中人行道面积 4.8 亿平方米，人均城市道路面积 13.4 平方米。

县城排水与污水处理 2011 年末，全国县城共有污水处理厂 1302 座，污水厂日处理能力 2409 万立方米，排水管道长度 12.2 万公里。县城全年污水处理总量 56 亿立方米，污水处理率 70.4%，其中污水处理厂集中处理率 68%。

县城园林绿化 2011 年末，县城建成区绿化覆盖面积 46.6 万公顷，建成区绿化覆盖率 26.8%；建成区园林绿地面积 38.6 万公顷，建成区绿地率 22.2%；公园绿地面积 12.1 万公顷，人均公园绿地面积 8.5 平方米。

县城市容环境卫生 2011 年末，全国县城道路清扫保洁面积 15.7 亿平方米，其中机械清扫面积 3.8 亿平方米，机械清扫率 24.2%。全年清运生活垃圾、粪便 0.75 亿吨。

Overview

General situation

There were 1627 counties across the country at the end of 2011. Based on 1539 counties statistics, 10 special regions and 148 Xinjiang Production and Construction Corps stations with a total population of 129 million and temporary residents of 13.93 million. Built-up areas in county seats accounted for 17.4 thousand square kilometers.

The fixed assets investment in municipal utilities

In 2011, The fixed assets investment in the county seat municipal utilities reached 285.96 billion. Among this fixed assets investment in the municipal utilities, the investment in roads and bridges, greening and landscaping, drainage accounted for 48.7%, 15.6%, 7% of the total fixed assets investment in municipal utilities respectively.

The newly increased fixed assets in the municipal utilities amounted to 235.36 billion. The fixed assets delivery rate reached 82.3%. The newly added production capacity or benefits of major utilities included: daily overall water production capacity was 3.17 million m^3, natural gas storage capacity was 9.17 million m^3, the supply capacity of central heating from steam and hot water was 661 tons per hour and 8.319 thousand megawatts respectively, the length of County Seat roads totaled 6.507 thousand kilometers, the drainage pipelines reached 13 thousand kilometers, daily wastewater treatment capacity was 1.64 million m^3, and daily County Seat domestic garbage treatment capacity was 15 thousand tons.

County Seat water supply and water conservation

In 2011, the total quantity of County Seat water supplied was 9.77 billion m^3. The total quantity of water used for industrial production and operation was 2.78 billion m^3. The quantity of water used for public service was 1.03 billion m^3. The quantity of domestic water use came to 4.29 billion m^3. County Seat water coverage rate was 86.1%, supplying a total population of 123 million. Daily per capita water consumption was 118.7 liter. 260 million cubic meters of county seat water was saved in the year with total investment in water saving measures reaching RMB 390 million yuan.

County Seat gas and centralized heating

In 2011, the total quantity of man-made coal gas supply was 950 million m^3, natural gas supply was 5.39 billion m^3, and LPG supply was 2.447 million tons. County Seat population supplied with gas was 95 million with coverage rate registering 66.5%. By the end of 2011, the supply capacity of heating from steam and hot water reached 15 thousand tons per hour and 81 thousand megawatts respectively. The centrally heated area extended to reach 780 million square meters.

County Seat roads and bridge

At the end of 2011, the country claimed a total length of County Seat road of 109 thousand kilometers whose surface area was 1.92 billion square meters with sidewalks 0.48 billion square meters, and per capita road surface area is 13.4 square meters.

County Seat drainage and wastewater treatment

At the end of 2011, there were a total of 1302 wastewater treatment plants in cities with daily treatment capacity of 24.09 million cubic meters. The length of drainage pipelines reached 122 thousand kilometers. The total quantity of county seat wastewater treated within the year was 5. 6 billion cubic meters with treatment rate of 70. 4% and central treatment rate of 68. 0% .

County Seat greening and landscaping

By the end of 2011, the area in built-up district covered by greenery totaled 466 thousand hectare. The coverage rate increased to 26. 8% . The total green space in built-up areas amounted to 38. 6 thousand hectares with coverage rate of 22. 2% . The country claimed 121 thousand hectares of public green space with public green space per capita was 8. 5 square meters

The County Seat environmental sanitation

By the end of 2011, the total surface area of road cleaned and maintained was 1. 57 billion square meters, of which mechanically cleaned area was 380 million square meters with a mechanical cleaning rate of 24. 2% . The total amount of domestic garbage and night soil cleared and transported throughout the year was 75 million tons.

2-1-1 全国历年县城市政公用设施水平

2-1-1 Level of Service Facilities of National County Seat in Past Years

指标 Item 年份 Year	用 水 普及率 （％） Water Coverage Rate （％）	燃 气 普及率 （％） Gas Coverage Rate （％）	每万人拥有 公共交通 车 辆 （标台） Motor Vehicle for Public Fransport Per 10,000 Persons （standard unit）	人均道路 面 积 （平方米） Road Surface Area Per Capita （m²）	污 水 处理率 （％） Wastewater Treatment Rate （％）	园林绿化			每 万 人 拥有公厕 （座） Number of Public Lavatories per 10,000 Persons （unit）
						人均公园 绿地面积 （平方米） Public Recreational Green Space Per Capita （m²）	建成区 绿地率 （％） Green Space Rate of Built District （％）	建成区绿化 覆 盖 率 （％） Green Coverage Rate of Built District （％）	
2000	84.83	54.41	2.64	11.20	7.55	5.71	6.51	10.86	2.21
2001	76.45	44.55	1.89	8.51	8.24	3.88	9.08	13.24	3.54
2002	80.53	49.69	2.51	9.37	11.02	4.32	9.78	14.12	3.53
2003	81.57	53.28	2.52	9.82	9.88	4.83	10.79	15.27	3.59
2004	82.26	56.87	2.77	10.30	11.23	5.29	11.65	16.42	3.54
2005	83.18	57.8	2.86	10.80	14.23	5.67	12.26	16.99	3.46
2006	76.43	52.45	2.59	10.30	13.63	4.98	14.01	18.7	2.91
2007	81.15	57.33	3.07	10.70	23.38	5.63	15.41	20.20	2.90
2008	81.59	59.11	3.04	11.21	31.58	6.12	16.90	21.52	2.90
2009	83.72	61.66		11.95	41.64	6.89	18.37	23.48	2.96
2010	85.14	64.89		12.68	60.12	7.7	19.92	24.89	2.94
2011	86.09	66.52		13.42	70.41	8.46	22.19	26.81	2.80

注：1. 自2006年起，人均和普及率指标按县城人口和县城暂住人口合计为分母计算，以公安部门的户籍统计和暂住人口统计为准。

2. "人均公园绿地面积" 指标2005年及以前年份为 "人均公共绿地面积"。

3. 从2009年起，县城公共交通内容不再统计，增加轨道交通建设情况内容。

Note：1. Since 2006, figure in tems of per capita and coverage rate have been calculated based on denominater which combines both permanent and temporary residents in county seat areas. And the population should come from statistics of police.

2. Since 2006, Public Green Space Per Capita is changed to be Public Recreational Green Space Per Capita.

3. Since 2009, statistics on county seat public transport have been removed, and relevant information on the construction of rail trainsit system has been added.

2-1-2 全国历年县城数量及人口、面积变化情况
2-1-2 National Changes in Number of Counties, Population and Area in Past Years

面积计量单位：平方公里 Area Measurement Unit：Square Meter
人口计量单位：万人 Population Measurement Unit：10,000 persons

指标 Item / 年份 Year	县及其他个数 Number of Counties	县城人口 Couty Seat Population	县城暂住人口 Couty Seat Temporary Population	县城面积 Couty Seat Area	建成区面积 Area of Built District	城市建设用地面积 Area of Urban Construction Land
2000	1674	14157		53197	13135	8788
2001	1660	9012		57651	10427	9157
2002	1649	8874		56138	10496	9455
2003	1642	9235		53197	11115	10180
2004	1636	9641		53649	11774	11106
2005	1636	10030		63382	12383	12383
2006	1635	10963	934	76508	13229	13456
2007	1635	11581	1011	93887	14260	14680
2008	1635	11947	1079	130813	14776	15534
2009	1636	12259	1120	154603	15558	15671
2010	1633	12637	1236	175926	16585	16405
2011	1627	12946	1393	93567	17376	16151

2-1-3 全国历年县城维护建设资金收入

2-1-3 National Revenue of County Seat Maintenance and Construction Fund in Past Years

计量单位：万元 Measurement Unit：10,000 RMB

指标 Item / 年份 Year	合计 Total	城市维护建设税 Urban Maintenance and Construction Tax	城市公用事业附加 Extra-Charges for Municipal Utilities	中央财政拨款 Financial Allocation From Central Government Budget	地方财政拨款 Financial Allocation From Local Government Budget	水资源费 Water Resource Fee	国内贷款 Domestic Loan	利用外资 Foreign Investment	企事业单位自筹资金 Self-Raised Funds by Enterprises and Institutions	其他收入 Other Revenues
2000	1475288	218874	45849	83404	209840	5421	177939	52215	243841	437904
2001	2339413	284380	47428	68460	378484	7807	261940	65162	535359	690393
2002	3165232	319198	49195	163717	552206	9087	374804	76792	775543	844690
2003	4703331	418992	52225	249529	829818	14283	603166	131672	1261785	1141861
2004	5178923	482254	58156	159856	1080049	13112	645288	134733	1203808	1401667
2005	6043627	562226	66971	173570	1405247	16618	698906	158159	1440598	1521332
2006	5280388	624690	87843	281139	121727	30201				4134788
2007	7218834	827944	115565	255958	2022760	55081				3941526
2008	9736493	1109612	217957	647527	2927932	59435				4774030
2009	13820241	1272267	165937	1125862	5319207	88990				5847978
2010	20582038	1520894	215283	1410514	5465372	116924				11853051
2011	26240827	1989632	393902	1878689	7259456	267072				14452076

注：自 2006 年起，县城维护建设资金收入仅包含财政性资金，不含社会融资。地方财政拨款中包括省、市财政专项拨款和市级以下财政资金；其他收入中包括市政公用设施配套费、市政公用设施有偿使用费、土地出让转让金、资产置换收入及其他财政性资金。

Note：Since 2006, national revenue of county seats'maintenance and construction fund includes the fund fiscal budget, not including social funds. Local Financail Allocation include province and city special finacial allocation, and Other Revenues include fee for expansion of municipal utilites capacity, fee for use of municaipal utilities, land drainage facilities, water resource fee, property displace fee and so on.

2-1-4 全国历年县城维护建设资金支出

指标 Item 年份 Year	支出合计 Total	按用途分 By Purpose					
		固定资产 投资支出 Expenditure from Investment in Fixed Assets	维护支出 Maintenance Expenditure	其他支出 Other Expenditures	供水 Water Supply	燃气 Gas Supply	集中供热 Central Heating
2000	1543701	1224032	280838	38831	159991	17394	44294
2001	2336929	1746365	333699	256865	203748	42053	81911
2002	3196841	2529827	389298	277716	237120	82809	100698
2003	4661734	3907547	459527	294660	350503	120290	176962
2004	5077874	4221092	559888	296894	418492	132216	226354
2005	5927238	4831130	659689	436419	486596	187305	270791
2006	4971017	3660147	858483	452387	335755	84706	138289
2007	6806308	4796581	1207586	802141	356545	91517	227936
2008	9192126	6722788	1434309	1020577	429065	161977	322488
2009	13182941	10266437	1773499	1322453	581938	195643	471494
2010	20451108	16006075	2348570	2096535	764970	347357	607139
2011	24246084	18101051	3240910	2904123			

注：从 2009 年起，县城公共交通内容不再统计。

Note：Since 2009, statistics on county seat public transport have been removed.

2-1-4　National Expenditure of County Seat Maintenance and Construction Fund in Past Years

计量单位：万元　Measurement Unit：10,000 RMB

按行业分　By Indurstry						
公共交通 Public Transportation	道路桥梁 Road and Bridge	排水 Sewerage	防洪 Flood Control	园林绿化 Landscaping	市容环境 卫　生 Environmental Sanitation	其他 Other
21325		113500		81017	69388	226679
56570	900589	170371	84847	167091	105395	524354
69067	1267934	256982	107759	213189	129337	731946
92844	2040028	401354	149805	293000	208242	828706
110896	2068361	447482	164216	386914	206046	916897
136966	2390132	545025	192193	419119	239892	1059219
93385	2192650	533822	144505	434397	284086	729422
164390	2897997	781286	191378	605518	398862	1090879
232359	3904437	1098048	183828	964899	524292	1370733
	5120827	2278356	299657	1375296	1009819	1849911
	8356614	2383811	418408	2543138	1380225	7444422

2-1-5　按行业分全国历年县城市政公用设施建设固定资产投资
2-1-5　National Fixed Assets Investment of County Seat
Sevice Facilities by Industry in Past Years

计量单位：亿元　Measurement Unit：100 million RMB

指标 Item 年份 Year	本年 固定 资产 投资 总额 Com- pleted Invest- ment of this Year	供水 Water Supply	燃气 Gas Supply	集中 供热 Central Heating	公共 交通 Public Transpor- tation	道路 桥梁 Road and Bridge	排水 Sewer- age	污水 处理 及其 再生 利用 Waste- water Treat- ment and Reuse	防洪 Flood Control	园林 绿化 Landsc- aping	市容 环境 卫生 Environ- mental Sanita- tion	垃圾 处理 Garbage Treat- ment	其他 Other
2000													
2001	337.4	23.6	6.2	8.3	10.0	117.2	20.4	5.3	11.8	18.2	6.9	1.6	114.9
2002	412.2	28.1	10.5	13.2	10.6	152.9	33.0	12.9	13.7	22.0	10.6	3.9	117.7
2003	555.7	38.8	13.9	18.5	11.8	228.3	44.6	16.1	17.5	30.5	14.9	7.0	136.6
2004	656.8	44.4	15.1	24.3	12.3	246.7	52.5	17.2	19.1	41.0	14.7	4.5	186.7
2005	719.1	53.4	21.9	29.8	14.1	285.1	63.5	24.6	20.4	45.0	17.0	5.4	169.8
2006	730.5	44.3	24.1	28.9	10.3	319.1	72.1	37.0	11.6	46.2	42.2	7.6	132.4
2007	812.0	42.3	26.9	42.4	17.7	358.1	107.1	67.2	17.5	76.0	29.2	16.4	94.9
2008	1146.1	48.2	35.7	58.5	18.3	532.1	141.2	80.8	26.4	174.1	37.2	23.2	74.4
2009	1681.4	78.2	37.0	72.9		690.3	305.7	225.7	42.1	222.8	94.7	62.9	137.6
2010	2569.8	88.1	67.2	124.2		1132.1	271.1	165.7	45.8	373.6	121.9	83.4	345.9
2011	2859.6	127.6	112.7	155.7		1393.4	201.6	108.8	49.3	445.7	172.2	67.2	201.5

注：从 2009 年起，县城公共交通内容不再统计。

Note：Since 2009, statistics on county seat public transport have been removed.

2-1-6 按资金来源分全国历年县城市政公用设施建设固定资产投资
2-1-6 National Fixed Assets Investment of County Seat Service Facilities by Capital Source in Past Years

计量单位：亿元 Measurement Unit：100 million RMB

指标 Item 年份 Year	本年资金来源合计 Completed Investment of this Year	上 年 末结余资金 The Balance of the Previous Year	本年资金来源 Sources of Fund							
			小计 Subtotal	中央财政拨款 Financial Allocation from the Central Government Budget	地方财政拨款 Financial Allocation from Local Governments Budget	国内贷款 Domestic Loan	债券 Securities	利用外资 Foreign Investment	自筹资金 Self-Raised Funds	其他资金 Other Funds
2000										
2001	306.4	7.6	298.8	13.7	47.4	33.2	1.5	23.4	116.1	63.5
2002	377.1	4.2	372.9	19.7	74.2	46.3	1.2	12.6	149.5	69.4
2003	518.1	6.8	511.3	30.2	101.6	69.0	1.6	25.1	202.2	81.7
2004	619.2	7.3	611.9	20.6	133.4	84.1	2.2	38.7	222.1	110.7
2005	682.8	9.5	673.3	25.1	170.1	76.9	2.2	39.9	247.3	111.9
2006	755.2	16.9	738.3	54.8	255.4	89.6	1.5	26.2	234.2	76.6
2007	833.0	13.1	819.8	34.5	346.7	88.1	2.2	26.3	240.3	81.8
2008	1126.7	16.3	1110.4	52.5	520.4	107.6	1.4	28.0	297.0	103.5
2009	1682.9	20.8	1662.1	107.0	662.0	298.6	11.7	32.9	385.5	164.4
2010	2559.8	34.3	2525.5	325.5	985.8	332.6	4.1	44.3	606.6	226.6
2011	2872.6	31.7	2840.9	152.4	1523.8	278.0	3.2	31.8	644.6	207.2

2-1-7 全国历年县城供水情况
2-1-7 National County Seat Water Supply in Past Years

指标 Item 年份 Year	综合生产能力（万立方米/日） Integrated Production Capacity （10,000m³/day）	供水管道长度（公里） Length of Water Supply Pipelines （km）	供水总量（万立方米） Total Quantity of Water Supply （10,000m³）	生活用量 Residential Use	用水人口（万人） Population with Access to Water Supply （10,000 persons）	人均日生活用水量（升） Daily Water Consumption Per Capita （liter）	用水普及率（%） Water Coverage Rate （%）
2000	3662	70046	593588	310331	6931.2	122.7	84.83
2001	3754	77316	577948	327081	6889.2	130.1	76.45
2002	3705	78315	567915	338689	7145.7	129.9	80.53
2003	3400	87359	606189	363311	7532.9	132.1	81.57
2004	3680	92867	653814	395181	7931.1	136.5	82.26
2005	3862	98980	676548	409045	8342.2	134.3	83.18
2006	4207	113553	746892	407389	9093.4	122.7	76.43
2007	5744	131541	794495	448943	10218.7	120.4	81.15
2008	5976	142507	826300	459866	10628.4	119.4	81.59
2009	4775	148578	856291	484644	11200.7	118.6	83.72
2010	4683	159905	925705	509266	11811.4	118.9	85.14
2011	5174	173452	977115	534918	12345	118.7	86.09

2-1-8 全国历年县城节约用水情况

2-1-8 National County Seat Water Conservation in Past Years

指标 Item 年份 Year	计划用水量 （万立方米） Planned Quantity of Water Use （10,000m³）	新水去用量 （万立方米） Fresh Water Used （10,000m³）	工 业 用 水 重复利用量 （万立方米） Quantity of Industrial Water Recycled （10,000m³）	节约用水量 （万立方米） Water Saved （10,000m³）
2000	115591	109069	95763	20322
2001	161795	133634	24206	28161
2002	110702	91610	26321	19092
2003	120551	94938	24815	25613
2004	123176	98004	25790	25163
2005	155933	118727	32852	37206
2006		122700	32523	21546
2007		127318	99648	22675
2008		122275	53278	20480
2009		139735	130864	23135
2010		157563	133337	35963
2011	215855	119923	95932	26165

2-1-9 全国历年县城燃气情况
2-1-9 National County Seat Gas in Past Years

指标 Item 年份 Year	人工煤气 Man-Made Coal Gas				天然气 Natural Gas				液化石油气 LPG				燃气普及率（%） Gas Coverage Rate（%）
	供气总量（万立方米） Total Gas Supplied（10,000 m³）	家庭用量 Domestic Consumption	用气人口（万人） Population with Access to Gas（10,000 persons）	管道长度（公里） Length of Gas Supply Pipeline（km）	供气总量（万立方米） Total Gas Supplied（10,000 m³）	家庭用量 Domestic Consumption	用气人口（万人） Population with Access to Gas（10,000 persons）	管道长度（公里） Length of Gas Supply Pipeline（km）	供气总量（吨） Total Gas Supplied（ton）	家庭用量 Domestic Consumption	用气人口（万人） Population with Access to Gas（10,000 persons）	管道长度（公里） Length of Gas Supply Pipeline（km）	
2000	1.72	1.63	73.10	615	3.31	2.25	237	5268	110.84	98.23	2723	96	54.41
2001	2.14	1.85	89.85	424	4.37	2.71	274	6400	127.55	109.90	3653	674	44.55
2002	1.19	1.13	68.30	493	6.36	3.30	316	7398	142.42	124.23	4025	760	49.69
2003	0.73	0.60	51.33	519	7.67	4.16	361	8397	174.45	140.17	4508	1033	53.28
2004	1.80	1.51	81.91	551	10.97	5.43	437	9881	188.94	156.37	4961	1172	56.87
2005	3.04	2.01	127.35	830	18.12	5.83	519	12602	185.90	147.10	5151	1203	57.80
2006	1.26	0.49	54.58	745	16.47	7.11	780	17487	195.04	147.07	5405	1728	52.45
2007	1.44	0.51	58.52	1158	24.45	7.01	943	21882	203.22	158.60	6217	2355	57.33
2008	2.68	1.84	72.22	1426	23.26	9.00	1123	27110	202.14	160.60	6504	2899	59.11
2009	1.78	0.97	69.12	1459	32.16	13.79	1404	34214	212.58	171.00	6776	3136	61.66
2010	4.06	1.03	69.97	1520	39.98	17.09	1835	42156	218.50	174.97	7098	3053	64.89
2011	9.51	1.14	66.53	1458	53.87	22.83	2414	52450	242.17	205.23	7058	2594	66.52

2-1-10 全国历年县城集中供热情况
2-1-10 National County Seat Centralized Heating in Past Years

指标 Item 年份 Year	供热能力 Heating Capacity		供热总量 Total Heat Supplied		管道长度（公里） Length of Pipelines（km）		集中供热 面 积 （万平方米）
	蒸汽 （吨/小时） Steam （ton/hour）	热水 （兆瓦） Hot Water （mega watts）	蒸汽 （万吉焦） Steam （10,000 gigajoules）	热水 （万吉焦） Hot Water （10,000 gigajoules）	蒸汽 Steam	热水 Hot Water	Heated Area （10,000 m²）
2000	4418	11548	1409	9076	1144	4187	0.67
2001	3647	11180	1872	20568	658	4478	0.92
2002	4848	14103	2627	27245	881	4778	1.45
2003	5283	19446	2871	22286	904	6136	1.73
2004	5524	20891	3194	21847	991	7094	1.72
2005	8837	20835	8781	18736	1176	8048	2.06
2006	9193	26917	8520	23535	1367	9450	2.37
2007	13461	35794	15780	39071	1564	12795	3.17
2008	12370	44082	14708	75161	1612	14799	3.74
2009	16675	62330	12519	56013	1874	18899	4.81
2010	15091	68858	16729	103005	1773	23737	6.09
2011	14738	81348	8475	63264	1665	28577	7.81

注：2000 年蒸汽供热总量计量单位为万吨。

Note：Heating capacity through steam in 2000 is measured with the unit of 10,000 tons.

2-1-11 全国历年县城道路和桥梁情况
2-1-11 National County Seat Roads and Bridges in Past Years

指标 Item 年份 Year	道路长度 （公里） Length of Roads （km）	道路面积 （万平方米） Surface Area of Roads （10,000 m²）	防洪堤长度 （公里） Length of Flood Control Dikes （km）	人均城市道路面积 （平方米） Urban Road Surface Area Per Capita （m²）
2000	5.04	6.24	0.93	11.20
2001	5.10	7.67	0.90	8.51
2002	5.32	8.31	0.96	9.37
2003	5.77	9.06	0.93	9.82
2004	6.24	9.92	1.00	10.30
2005	6.68	10.83	0.98	10.80
2006	7.36	12.26	1.32	10.30
2007	8.38	13.44	1.17	10.70
2008	8.88	14.6	1.33	11.21
2009	9.5	15.98	1.19	11.95
2010	10.6	17.60	1.25	12.68
2011	10.9	19.24	1.37	13.42

2-1-12 全国历年县城排水和污水处理情况

2-1-12 National County Seat Drainage and Wastewater Treatment in Past Years

指标 Item 年份 Year	排水管道 长　度 （公里） Length of Drainage Pipelines （km）	污　水 年排放量 （万立方米） Annual Quantity of Wastewater Discharged （10,000 m³）	污水处理厂		污　水 年处理总量 （万立方米） Annual Treatment Capacity （10,000 m³）	污水处理率 （%） Wastewater Treatment Rate （%）
			座数 （座） Number of Wastewater Treatment Plant （unit）	处理能力 （万立方米/日） Treatment Capacity （10,000m³/day）		
2000	4.00	43.20	54	55	3.26	7.55
2001	4.40	40.14	54	455	3.31	8.24
2002	4.44	43.58	97	310	3.18	11.02
2003	5.32	41.87	93	426	4.14	9.88
2004	6.01	46.33	117	273	5.20	11.23
2005	6.04	47.40	158	357	6.75	14.23
2006	6.86	54.63	204	496	6.00	13.63
2007	7.68	60.10	322	725	14.10	23.38
2008	8.39	62.29	427	961	19.70	31.58
2009	9.63	65.70	664	1412	27.36	41.64
2010	10.89	72.02	1052	2040	43.30	60.12
2011	12.18	79.52	1303	2409	55.99	70.41

2-1-13 全国历年县城园林绿化情况

2-1-13 National County Seat Landscaping in Past Years

计量单位：公顷 Measurement Unit：Hectare

指标 Item 年份 Year	建成区绿化 覆盖面积 Built District Green Coverage Area	建 成 区 绿地面积 Built District Area of Green Space	公园绿地 面　　积 Area of Public Recreational Green Space	公园 面积 Park Area	人均公园 绿地面积 （平方米） Public Recreational Green Space Per Capita （m²）	建成区 绿地率 （%） Green Space Rate of Built District （%）	建成区绿化 覆　盖　率 （%） Green Coverage Rate of Built District （%）
2000	142667	85452	31807	15736	5. 71	6. 51	10. 86
2001	138338	94803	35082	69829	3. 88	9. 08	13. 24
2002	148214	102684	38378	73612	4. 32	9. 78	14. 12
2003	169737	119884	44628	28930	4. 83	10. 79	15. 27
2004	193274	137170	50997	33678	5. 29	11. 65	16. 42
2005	210393	151859	56869	32830	5. 67	12. 26	16. 99
2006	247318	185389	59244	39422	4. 98	14. 01	18. 7
2007	288085	219780	70849	54488	5. 63	15. 41	20. 2
2008	317981	249748	79773	51510	6. 12	16. 90	21. 52
2009	365354	285850	92236	56015	6. 89	18. 37	23. 48
2010	412730	330318	106872	67325	7. 70	19. 92	24. 89
2011	465885	385636	121300	80850	8. 46	22. 19	26. 81

注：1. 自 2006 年起，"公共绿地"统计为"公园绿地"。

2. 自 2006 年起，"人均公共绿地面积"统计为以城区人口和城区暂住人口合计为分母计算的"人均公园绿地面积"。

Note：1. Since 2006, Public Green Space is changed to Public Recreatinal Green Space.

2. Since 2006, Public recreational green space per capita has been calculated based on denominator which combines both permanent and temporary resiclents in urban areas.

2-1-14 全国历年县城市容环境卫生情况

2-1-14 National County Seat Environmental Sanitation in Past Years

指标 Item 年份 Year	生活垃圾 清运量 （万吨） Quantity of Domestic Garbage Collected and Transported （10,000ton）	垃圾无害 化处理厂 （场）座数 （座） Number of Harmless Treatment Plants/ Grounds （unit）	无害化 处理能力 （吨/日） Harmless Treatment Capacity （ton/day）	垃圾无害化 处理量 （万吨） Quantity of Harmlessly Treated Garbage （10,000ton）	粪便清运量 （万吨） Volume of Soil Collected and Transported （10,000ton）	公厕数量 （座） Number of Latrine （unit）	市容环卫 专用车辆 设备总数 （台） Number of Vehicles and Equipment Designated for Municipal Environmental Sanitation （unit）	每万人 拥有公厕 （座） Number of Latrine per 10,000 Population （unit）
2000	5560	358	18493	782.52	1301	31309	13118	2.21
2001	7851	489	29300	1551.88	1709	31893	13472	3.54
2002	6503	460	31582	1056.61	1659	31282	13817	3.53
2003	7819	380	29546	1159.35	1699	33139	15114	3.59
2004	8182	295	26032	865.13	1256	34104	16144	3.54
2005	9535	203	23049	688.78	1312	34753	17697	3.46
2006	6266	124	15245	414.30	710	34563	17367	2.91
2007	7110	137	18785	496.56	2507	36542	19220	2.90
2008	6794	211	34983	838.69	1151	37718	20947	2.90
2009	8085	286	45430	1220.15	759	39618	22905	2.96
2010	6317	448	69310	1732.51	811	40818	25249	2.94
2011	6743	683	103583	2728.72	751.34	40096	28045	2.8

2-2-1 全国县城市政公用设施水平（2011 年）

地区名称 Name of Regions	人口密度 （人/平方公里） Population Density (person/square kilometer)	人均日生活 用水量 （升） Daily Water Consumption Per Capita (liter)	用水普及率 （%） Water Coverage Rate (%)	燃气普及率 （%） Gas Coverage Rate (%)	建成区供水 管道密度 （公里/ 平方公里） Density of Water Supply Pipelines in Built District (kilometer/ square kilometer)	人均道路 面 积 （平方米） Road Surface Area Per Capita (m²)
全 国 National Total	1532	118.72	86.09	66.52	9.98	13.42
天 津 Tianjin	1750	70.47	100.00	100.00	10.34	21.72
河 北 Hebei	1824	111.94	96.27	76.26	9.18	18.99
山 西 Shanxi	2921	86.92	94.55	62.40	11.23	12.27
内 蒙 古 Inner Mongolia	405	78.22	78.60	52.52	8.70	15.12
辽 宁 Liaoning	1377	110.44	78.28	61.59	13.70	11.20
吉 林 Jilin	1426	109.77	74.83	66.14	9.39	8.66
黑 龙 江 Heilongjiang	2428	75.45	75.11	42.71	8.85	11.20
江 苏 Jiangsu	1804	122.33	97.31	95.25	14.07	17.16
浙 江 Zhejiang	949	146.84	99.15	97.61	20.85	17.66
安 徽 Anhui	1659	117.80	83.57	73.52	9.82	13.88
福 建 Fujian	2127	159.07	95.81	92.85	14.64	11.41
江 西 Jiangxi	4633	115.02	92.30	77.98	9.24	14.26
山 东 Shandong	1130	121.85	94.71	85.80	6.90	19.48
河 南 Henan	2440	123.50	64.99	32.23	5.50	11.91
湖 北 Hubei	2636	125.62	88.19	74.14	8.36	12.73
湖 南 Hunan	3920	147.36	87.56	68.12	10.59	12.15
广 东 Guangdong	1089	150.97	83.19	83.34	15.43	12.03
广 西 Guangxi	521	162.62	85.43	73.33	9.87	11.98
海 南 Hainan	3320	159.41	85.83	83.17	6.84	17.61
重 庆 Chongqing	1662	103.88	86.60	86.05	11.96	8.64
四 川 Sichuan	1032	132.66	81.99	66.82	10.48	9.47
贵 州 Guizhou	1944	106.90	81.09	34.46	8.33	6.70
云 南 Yunnan	3257	106.95	88.47	44.10	11.35	10.78
陕 西 Shaanxi	3766	87.39	86.34	63.86	6.74	10.79
甘 肃 Gansu	4127	66.64	85.11	43.35	8.22	11.39
青 海 Qinghai	1977	101.90	92.20	19.65	9.10	11.32
宁 夏 Ningxia	2906	82.56	85.69	67.30	7.95	25.12
新 疆 Xinjiang	2890	107.06	89.20	71.90	9.07	15.54
新疆兵团 Xinjiang Producti-on and Constructi-on Corps	2427	183.44	80.37	29.59	17.92	25.13

2-2-1　National Level of County Seat Service Facilities （2011）

建成区排水管道密度（公里/平方公里） Density of Sewers in Built District（kilometer/ square kilometer）	污水处理率（%） Wastewater Treatment Rate（%）	污水处理厂集中处理率 Centralized Treatment Rate of Wastewater Treatment Plants	人均公园绿地面积（平方米） Public Recreational Green Space Per Capita（m²）	建成区绿化覆盖率（%） Green Coverage Rate of Built District（%）	建成区绿地率（%） Green Space Rate of Built District（%）	生活垃圾处理率（%） Domestic Garbage Treatment Rate（%）	生活垃圾无害化处理率 Domestic Garbage Harmless Treatment Rate（%）	地区名称 Name of Regions
7.01	**70.41**	**68.03**	**8.46**	**26.81**	**22.19**	**67.02**	**40.47**	全　国
6.65	54.04	54.04	12.56	42.87	38.25	46.03	46.03	天　津
7.28	87.55	87.05	9.06	29.49	24.50	71.21	37.89	河　北
7.54	80.94	80.48	9.24	32.21	23.82	24.84	18.91	山　西
5.50	69.24	69.24	10.93	20.15	15.77	42.13	39.79	内　蒙古
6.29	76.67	76.22	8.10	17.30	15.01	67.78	53.14	辽　宁
5.28	45.40	45.40	7.53	25.92	22.46	71.25	19.50	吉　林
4.10	24.18	24.18	9.03	18.99	15.29	9.23	9.23	黑龙江
9.97	73.56	67.85	9.93	39.08	36.31	96.56	47.69	江　苏
12.87	78.09	74.97	11.03	36.77	32.71	96.90	89.15	浙　江
7.57	85.28	82.12	7.07	25.27	18.52	86.99	40.78	安　徽
8.56	74.55	72.40	10.92	37.53	33.54	95.40	75.50	福　建
8.10	68.07	67.94	12.95	39.09	34.90	97.99	22.34	江　西
7.20	88.27	87.98	12.37	36.70	29.91	74.94	68.91	山　东
6.00	76.35	76.35	4.89	14.70	10.61	71.68	54.61	河　南
6.57	67.14	61.15	6.97	25.66	20.24	58.10	19.89	湖　北
8.42	75.75	74.30	6.86	26.12	22.48	62.38	33.40	湖　南
6.06	63.89	59.22	9.86	30.27	27.08	61.62	18.80	广　东
7.42	69.77	64.62	7.25	27.75	23.21	69.13	56.82	广　西
5.29	55.37	55.37	9.13	32.86	25.72	72.16	71.77	海　南
10.49	87.75	87.75	14.47	40.63	36.56	97.74	97.74	重　庆
7.20	47.87	41.30	6.81	26.34	22.73	67.68	49.95	四　川
4.77	62.93	62.93	3.33	16.34	10.73	45.05	5.54	贵　州
7.53	38.90	37.49	7.48	26.08	20.45	78.15	54.77	云　南
5.91	55.64	55.64	6.34	22.48	17.80	61.17	34.56	陕　西
4.94	13.25	13.25	5.59	14.91	10.67	82.66	25.47	甘　肃
3.79	31.12	31.12	3.97	13.67	9.74	82.90	29.03	青　海
6.18	55.14	45.45	10.05	23.21	17.12	61.89	53.84	宁　夏
5.12	61.60	50.29	9.66	29.24	25.72	59.29	14.37	新　疆
4.79	33.23	19.51	6.67	7.48	7.23	15.89	6.19	新疆兵团

2-2-2　全国县城人口和建设用地（2011 年）

地区名称 Name of Regions	县面积 County Area	县人口 County Permanent Population	县暂住 人　口 County Temporary Population	县城 面积 County Seat Area	县城人口 County Seat Permanent Population	县　城 暂住人口 County Seat Temparory Population	建成区 面　积 Area of Built District	小计 Subtotal	居住 用地 Residential Land
全　国　**National Total**	**6383852**	**69455**	**2389**	**93567.19**	**12946.17**	**1393.00**	**17376.69**	**16151.44**	**5872.39**
天　津　Tianjin	4361	180	3	220.23	36.45	2.09	69.12	69.12	27.37
河　北　Hebei	149574	4375	129	5517.54	925.44	81.14	1317.91	1240.21	425.78
山　西　Shanxi	127591	2007	49	1923.78	525.43	36.44	616.34	527.40	226.77
内蒙古　Inner Mongolia	1050516	1488	115	12495.41	438.36	67.57	897.02	875.21	350.12
辽　宁　Liaoning	82450	1233	29	1682.19	220.45	11.16	296.44	272.50	116.57
吉　林　Jilin	90350	819	13	1372.35	187.98	7.78	204.29	191.82	85.17
黑龙江　Heilongjiang	251070	1487	24	1519.53	352.34	16.53	548.48	478.82	238.78
江　苏　Jiangsu	38845	2253	44	2927.63	505.75	22.50	648.88	636.18	204.82
浙　江　Zhejiang	51522	1548	304	4796.96	362.53	92.83	536.26	576.06	174.71
安　徽　Anhui	102500	4580	124	4678.32	700.08	75.83	947.30	884.72	309.34
福　建　Fujian	80537	1699	87	1667.20	313.71	40.92	385.90	395.52	132.67
江　西　Jiangxi	135930	3130	85	1667.06	716.16	56.25	856.22	821.01	259.94
山　东　Shandong	74155	4079	79	8324.03	875.78	65.17	1332.09	1222.91	377.49
河　南　Henan	124140	6947	203	5072.68	1118.79	118.89	1464.09	1338.50	463.53
湖　北　Hubei	100261	2190	41	1787.56	434.71	36.56	478.09	428.56	144.13
湖　南　Hunan	164632	4603	177	2130.48	719.76	115.46	865.09	852.98	291.96
广　东　Guangdong	88996	2679	112	4555.57	446.84	49.04	500.46	503.82	200.07
广　西　Guangxi	180498	3429	77	10165.46	480.65	48.52	588.32	541.52	207.14
海　南　Hainan	17191	272	13	201.34	59.97	6.87	91.40	99.44	29.92
重　庆　Chongqing	56788	1754	102	2132.26	303.74	50.62	290.52	264.30	90.08
四　川　Sichuan	435084	5617	96	9624.03	915.19	78.39	995.18	954.68	301.28
贵　州　Guizhou	151785	3204	101	2434.41	428.94	44.30	478.22	481.51	202.12
云　南　Yunnan	333959	3324	101	1731.36	495.70	68.12	653.54	537.20	220.07
陕　西　Shaanxi	180327	2569	102	1642.82	537.59	81.14	701.70	600.81	234.48
甘　肃　Gansu	377700	1827	57	735.37	275.60	27.91	399.00	337.07	124.54
青　海　Qinghai	394480	387	26	586.99	98.84	17.20	188.27	130.38	53.92
宁　夏　Ningxia	38578	337	15	295.04	72.35	13.38	131.09	112.67	44.64
新　疆　Xinjiang	1416316	1246	58	1076.84	282.66	28.51	536.16	505.23	201.32
新疆兵团　Xinjiang Production and Construction Corps	83715	190	23	602.75	114.38	31.88	358.31	271.29	133.66

2-2-2 National County Seat Population and Construction Land (2011)

面积计量单位：平方公里 Area Measurement Unit：Square Kilometer
人口计量单位：万人 Population Measurement Unit：10,000persons

城市建设用地面积 Area of Urban Construction Land								本年征用土地面积	耕地	地区名称
公共设施用地 Land for Public Facilities	工业用地 Industrial Land	仓储用地 Land for Storage	对外交通用地 Land for Transportation System	道路广场用地 Land for Roads and Plazas	市政公用设施用地 Land for Municipal Utilities	绿地 Greenland	特殊用地 Land for Special Purposes	本年征用土地面积 Area of Land Requisition This Year	耕地 Arable Land	地区名称 Name of Regions
1888.29	2623.39	562.25	608.72	1743.55	620.72	2024.98	207.15	789.56	344.26	全 国
6.66	16.12	2.14	3.01	7.56	1.79	2.96	1.51	17.74	10.45	天 津
144.30	172.69	37.04	50.55	173.24	49.58	173.37	13.66	28.53	11.30	河 北
70.11	54.57	16.42	15.01	43.80	16.82	78.99	4.91	6.97	2.32	山 西
97.39	106.66	29.75	20.38	124.71	38.35	98.31	9.54	22.04	2.73	内 蒙 古
24.45	44.61	9.20	8.88	26.74	8.54	30.79	2.72	8.44	2.87	辽 宁
18.17	30.81	8.85	3.71	21.77	5.62	16.06	1.66	4.32	1.57	吉 林
42.90	62.60	27.17	17.51	36.95	11.19	35.41	6.31	7.15	4.86	黑 龙 江
69.79	111.74	24.81	29.84	73.34	32.51	81.14	8.19	42.34	19.84	江 苏
64.28	142.37	16.72	17.11	59.35	16.92	80.72	3.88	27.29	11.53	浙 江
84.23	198.86	27.78	26.70	82.27	28.93	120.68	5.93	64.03	20.91	安 徽
47.35	68.13	12.92	12.40	45.14	13.07	57.45	6.39	22.63	7.95	福 建
99.41	150.08	21.77	28.61	93.80	32.85	125.38	9.17	52.57	14.95	江 西
140.71	283.28	49.39	50.72	123.76	34.18	155.86	7.52	60.18	25.67	山 东
166.51	205.66	45.04	64.86	168.98	58.46	143.75	21.71	38.86	21.40	河 南
52.92	76.23	16.55	19.28	38.84	18.89	54.50	7.22	14.90	3.69	湖 北
111.02	133.97	31.21	40.36	94.61	39.28	100.03	10.54	55.30	16.05	湖 南
47.65	85.94	17.61	20.25	41.20	21.58	58.95	10.57	10.82	3.51	广 东
64.06	90.39	19.43	21.39	55.65	16.12	58.10	9.24	18.02	8.59	广 西
11.46	17.66	6.44	3.16	10.97	4.87	14.03	0.93	0.18	0.06	海 南
28.83	45.31	4.89	11.24	35.61	8.85	35.74	3.75	32.10	15.73	重 庆
119.02	170.89	31.70	42.78	114.63	39.76	119.36	15.26	71.33	33.19	四 川
61.53	58.04	13.29	22.07	46.04	18.03	53.41	6.98	29.62	11.87	贵 州
80.51	54.25	18.73	11.60	46.60	18.30	80.89	6.25	49.43	27.33	云 南
75.72	75.09	22.63	21.50	51.63	28.00	84.26	7.50	35.84	26.26	陕 西
53.03	36.59	12.29	10.27	33.86	21.43	38.76	6.30	17.81	9.11	甘 肃
20.21	15.06	5.39	5.57	9.09	3.87	14.91	2.36	7.04	4.30	青 海
16.52	9.32	1.22	2.94	13.85	6.50	17.20	0.48	8.56	4.40	宁 夏
52.87	68.19	15.82	17.86	54.88	21.16	60.27	12.86	27.67	18.72	新 疆
16.68	38.28	16.05	9.16	14.68	5.27	33.70	3.81	7.85	3.10	新 疆 兵 团

2-2-3 全国县城维护建设资金（财政性资金）收支（2011 年）

地区名称		城市维护建设资金收入 Revenue of Urban Maintenance							
		合计	中央财政拨款	省级财政拨款	小计	市（县）财政专项拨款	城市维护建设税	城市公用事业附加	市（县）财政资金	
									市政公用设施配套费	市政公用设施有偿使用费
Name of Regions		Total	Financial Allocation from Central Government Budget	Financial Allocation from Provincial Government Budget	Subtotal	Special Financial Allocation from City and County Government Budget	Urban Maintenance and Construction Tax	Extra-Charges for Municipal Utilities	Fee for Expansion of Municipal Utilities Capacity	Fee for Use of Municipal Utilities
全　　国	National Total	26240827	1878689	816965	22358389	6442491	1989632	393902	1182177	574093
天　　津	Tianjin	95892		10536	85356	65184	8444		7500	1021
河　　北	Hebei	2808639	192798	28873	2242922	718502	148079	60967	64322	40877
山　　西	Shanxi	802048	31079	22653	646743	272650	167696	18544	42025	13265
内　蒙　古	Inner Mongolia	1483692	49180	31034	1286584	381978	94692	24258	36705	26562
辽　　宁	Liaoning	525502	12644	14345	497063	55153	43118	6592	39154	3415
吉　　林	Jilin	225387	24072	11561	188570	61906	25393	6571	7336	2644
黑　龙　江	Heilongjiang	314175	38744	7520	267911	113978	34514	4264	12305	1220
江　　苏	Jiangsu	1191200	13941	8608	1154151	164959	119698	17114	66070	28676
浙　　江	Zhejiang	1230437	21638	9606	1183225	279144	147693	16302	42973	87635
安　　徽	Anhui	1912916	74900	19798	1799239	513163	100511	13683	70740	25933
福　　建	Fujian	661617	28573	8208	587966	142536	54449	7186	25604	22081
江　　西	Jiangxi	2224535	12380	61350	2021203	444476	110234	28802	49913	34043
山　　东	Shandong	2106550	30156	18881	1992405	404595	192681	36585	149047	26239
河　　南	Henan	939844	23155	4758	909057	234153	63075	12682	36459	31565
湖　　北	Hubei	415551	39859	6765	342733	58602	28017	5329	32487	16986
湖　　南	Hunan	1367359	88802	54532	1174307	214042	85756	20525	35848	51908
广　　东	Guangdong	545509	1660	21949	510918	28126	63168	19022	18863	15297
广　　西	Guangxi	731500	41421	22723	656428	311810	58157	6494	31018	44097
海　　南	Hainan	233256	7098	2938	208979	50632	36936	5174	13828	1701
重　　庆	Chongqing	596950	31793	42773	522384	24803	43695	10801	139801	12709
四　　川	Sichuan	1312168	129418	78843	1051426	456447	76707	13388	66864	28724
贵　　州	Guizhou	776806	112218	47183	609837	324916	53596	11032	12671	15161
云　　南	Yunnan	762059	200799	82239	443177	154414	50659	8800	23636	10527
陕　　西	Shaanxi	1154933	115581	50563	938520	625258	64476	14212	70078	14632
甘　　肃	Gansu	412386	92116	33042	256887	135331	16266	5399	18480	4335
青　　海	Qinghai	239034	172311	9937	56786	29918	9367	2130	4343	1604
宁　　夏	Ningxia	414249	52349	52700	296426	21760	18588	6835	15785	603
新　　疆	Xinjiang	547148	130362	51753	337168	123265	69270	10037	39532	8933
新疆兵团	Xinjiang Production and Construction Corps	209485	109642	1294	90018	30790	4697	1174	8790	1700

计量单位：万元　Measurement Unit：10,000 RMB

过桥过路费 Tolls on Roads and Bridges	污水处理费 Wastewater Treatment Fee	垃圾处理费 Garbage Treatment Fee	土地出让转让收入 Land Transfer Revenue	水资源费 Water Resource Fee	其他收入 Other Revenues	其他财政资金 Others	合计 Total	维护支出 Maintenance Expenditure	固定资产投资支出 Expenditure from Investment in Fixed Assets	其他支出 Other Expenditures	偿还贷款 Payment for Loans	地区名称 Name of Regions
21290	312329	122597	10059793	267072	1449229	1186784	24246084	3240910	18101051	2904123	748209	全　　国
	1021		2371	471	365		88631	16398	72233			天　　津
5102	26438	7306	782039	29012	399124	344046	2855734	259692	2290892	305150	33501	河　　北
	4028	1309	64523	4337	63703	101573	883205	103651	709660	69894	3208	山　　西
537	6488	5771	620220	2666	99503	116894	1172206	225391	683354	263461	65482	内　蒙　古
	1108	556	347598	1464	569	1450	430445	79025	293852	57568	251	辽　　宁
	303	716	81773	784	2163	1184	208541	35149	152130	21262		吉　　林
	909	60	88248	2404	10978		312202	60415	225698	26089	3344	黑　龙　江
	18147	6885	675372	7131	75131	14500	1213692	110724	795946	307022	117186	江　　苏
3368	77412	6984	565314	14287	29877	15968	1160985	211700	571821	377464	176409	浙　　江
50	15930	4947	1037904	2609	34696	18979	1726888	105690	1502576	118622	7334	安　　徽
	13563	7275	307305	18220	10585	36870	497929	60187	412110	25632	4535	福　　建
2164	16375	3682	1096140	12998	244597	129602	2253789	225354	1875542	152893	23741	江　　西
100	18917	5333	1049854	20053	113351	65108	1944898	214176	1513559	217163	74220	山　　东
20	17680	8917	519657	5020	6446	2874	805916	108889	669816	27211	4778	河　　南
850	10287	3671	166934	4895	29483	26194	361836	41709	296098	24029	7214	湖　　北
3516	17223	7132	664961	14085	87182	49718	1242116	387082	710925	144109	42454	湖　　南
1110	9479	3213	341325	2261	22856	10982	225612	77347	112008	36257	10807	广　　东
1561	24044	17100	179039	3827	21986	10928	688129	80236	584581	23312	12739	广　　西
	582	1074	99617		1091	14241	158308	33775	104671	19862	5542	海　　南
	5410	4583	283476	4826	2273		581854	117399	422005	42450	37414	重　　庆
537	5430	5602	392725	4116	12455	52481	1238867	177364	826884	234619	21359	四　　川
120	8239	6365	94802	92879	4780	7568	637947	59153	488004	90790	39844	贵　　州
612	3883	4061	150442	5799	38900	35844	514569	94577	358276	61716	13547	云　　南
242	5231	3947	83200	3132	63532	50269	1370593	147910	1130819	91864	16915	陕　　西
5	1250	1924	64736	725	11615	30341	393504	28483	323847	41174	9145	甘　　肃
722	232	418	7858	1323	243		242986	14717	223789	4480	4127	青　　海
30	309	43	218514	238	14103	12774	257915	61139	170004	26772	730	宁　　夏
562	2007	3241	60302	6536	19293	27865	489900	74922	369863	45115	5177	新　　疆
82	404	482	13544	974	28349	8531	286887	28656	210088	48143	7206	新疆兵团

and Construction Fund

City and County Financial Fund

城市维护建设资金支出

2-2-4 按行业分全国县城市政公用设施建设固定资产投资 (2011 年)

地区名称 Name of Regions	本年完成投资 Completed Investment of This Year	供水 Water Supply	燃气 Gas Supply	集中供热 Central Heating	道路桥梁 Road and Bridge	排水 Sewerage	污水处理 Wastewater Treatment
全 国 National Total	28596441	1276261	1126684	1557213	13933616	2015738	1039387
天 津 Tianjin	83676	1168	76		5785	3173	
河 北 Hebei	3571538	183414	243263	324473	1473286	249458	123985
山 西 Shanxi	1069365	35510	137452	231961	352484	60174	22218
内 蒙 古 Inner Mongolia	1794475	66181	68606	290767	919304	133572	60514
辽 宁 Liaoning	390781	35281	17182	55082	107265	53570	11322
吉 林 Jilin	180233	36122	4048	28778	51196	31880	22911
黑 龙 江 Heilongjiang	400674	17809	24991	141335	97276	46357	34604
江 苏 Jiangsu	923231	85695	18418		341218	98744	53653
浙 江 Zhejiang	914974	63163	41730	10873	491190	63343	22449
安 徽 Anhui	2039534	100295	77584		1195928	109567	31253
福 建 Fujian	719769	26542	12579		438007	39836	20102
江 西 Jiangxi	2575782	108639	47154		1286389	170053	114528
山 东 Shandong	1615754	54688	53062	137982	532925	138945	55619
河 南 Henan	778552	67146	46122	15200	449385	71333	26434
湖 北 Hubei	1380030	29151	18918		552340	54769	37566
湖 南 Hunan	1518662	36934	69702		918268	36480	10335
广 东 Guangdong	160590	6189	586		81589	6666	2200
广 西 Guangxi	956679	42324	7204		695323	45327	34946
海 南 Hainan	134653	4445	700		111192	5565	
重 庆 Chongqing	1411655	26695	45714		842965	39035	8147
四 川 Sichuan	1638963	42924	31009	1200	1019204	105174	60684
贵 州 Guizhou	752230	11523	3000		546751	39071	12548
云 南 Yunnan	951026	31958	13159	10760	395593	131795	102093
陕 西 Shaanxi	1411488	48604	90180	100693	582249	135670	96732
甘 肃 Gansu	394127	38356	4224	39906	162889	68862	55077
青 海 Qinghai	200105	15061	6643	13081	135371	12054	4196
宁 夏 Ningxia	104206	5721	320	32738	40659	10103	2790
新 疆 Xinjiang	395128	43922	42088	76042	82558	39533	10564
新疆兵团 Xinjiang Production and Construction Corps	128561	10801	970	46342	25027	15629	1917

2-2-4 National Investment in Fixed Assets of County Seat Service Facilities by Industry (2011)

计量单位：万元　Measurement Unit：10,000 RMB

污泥处置 Sludge Disposal	再生水利用 Wastewater Recycled and Reused	防洪 Flood Control	园林绿化 Landscaping	市容环境卫生 Environmental Sanitation	垃圾处理 Domestic Garbage Treatment	其他 Other	本年新增固定资产 Newly Added Fixed Assets of This Year	地区名称 Name of Regions
14967	34132	493398	4456967	1721663	672101	2014901	23536278	全　国
			64375	9099	9099		71651	天　津
200	6430	47199	911702	74075	9980	64668	2826896	河　北
	5651	9182	126973	70804	63092	44825	838051	山　西
56	2600		244828	71217	28342		1374318	内　蒙　古
		4318	94328	23755	22284		388051	辽　宁
		2867	12716	12228	3478	398	174886	吉　林
		39987	24519	13870		8400	351008	黑　龙　江
		359643	9868	7140	9645		888012	江　苏
4255		18136	150333	15658	3489	60548	711791	浙　江
	4800	93601	312760	53425	33184	96374	1492106	安　徽
614		5570	99440	29198	15468	68597	452452	福　建
681	396	78042	408031	57330	28137	420144	2383906	江　西
	348	27660	454478	79948	71761	136066	1562713	山　东
106	4460	7823	110370	11063	3861	110	750828	河　南
	200	7510	17497	664114	10809	35731	1316729	湖　北
7730		47284	36834	118989	96555	254171	1023640	湖　南
		6729	11707	10262	6710	36862	121440	广　东
		24343	69299	53474	39102	19385	766826	广　西
		2653	3610	680		5808	109926	海　南
		37525	385330	19273	5586	15118	1128337	重　庆
25	4447	21157	130437	46576	24249	241282	1129313	四　川
		2900	45081	89857	57924	14047	589315	贵　州
		2192	113444	37976	33829	214149	801536	云　南
1300		39642	141021	84753	50531	188676	1218865	陕　西
	4800	2270	39381	17531	7579	20708	304730	甘　肃
			8566	699		8630	189996	青　海
		1141	11062	662		1800	94711	宁　夏
		2000	51437	31700	23442	25848	365028	新　疆
		1654	2297	2930	2600	22911	109217	新疆兵团

2-2-5　按资金来源分全国县城市政公用设施建设
固定资产投资（2011 年）

地区名称 Name of Regions	合计 Total	上年末结余 资　　金 The Balance of The Previous Year	小计 Subtotal	中央财政 拨　　款 Financial Allocation from The Central Government Budget	地方财政 拨　　款 Financial Allocation from Local Government Budget	国内贷款 Domestic Loan
全　国 National Total	28725710	316989	28408721	1523688	15238215	2779963
天　津 Tianjin	83676		83676		72233	
河　北 Hebei	3584923	57	3584866	49879	1614591	272723
山　西 Shanxi	1108530	1438	1107092	19054	705672	26657
内　蒙古 Inner Mongolia	1806435	1230	1805205	21156	648844	59945
辽　宁 Liaoning	401235	200	401035	5081	279181	18446
吉　林 Jilin	184834		184834	18998	115683	10820
黑龙江 Heilongjiang	419607	2400	417207	21278	194948	33233
江　苏 Jiangsu	910211	100	910111	2138	612790	49181
浙　江 Zhejiang	883712	19435	864277	13195	380168	104668
安　徽 Anhui	2014336	10671	2003665	85636	1214288	243429
福　建 Fujian	712158	7000	705158	99470	384706	34320
江　西 Jiangxi	2659173	8008	2651165	17907	1826760	179783
山　东 Shandong	1603410	30988	1572422	28140	1246975	18000
河　南 Henan	756912	250	756662	15425	573410	11145
湖　北 Hubei	1367031	6963	1360068	33297	1142638	30626
湖　南 Hunan	1533719	55726	1477993	84837	522007	208187
广　东 Guangdong	173860	2358	171502	3169	103275	5983
广　西 Guangxi	965855	10899	954956	37533	434445	215763
海　南 Hainan	145112	440	144672	21857	83615	36200
重　庆 Chongqing	1367640	1866	1365774	31507	395043	690714
四　川 Sichuan	1560869	72445	1488424	199588	800481	79532
贵　州 Guizhou	868721	7520	861201	37339	449294	185750
云　南 Yunnan	875592	44030	831562	111058	186655	142400
陕　西 Shaanxi	1445202	10625	1434577	140917	815179	55998
甘　肃 Gansu	417712	15112	402600	117805	179587	12910
青　海 Qinghai	236334	220	236114	168804	33071	29292
宁　夏 Ningxia	95357		95357	19288	44055	3206
新　疆 Xinjiang	407509	3500	404009	66329	169130	19472
新疆兵团 Xinjiang Produc- tion and Constru- ction Corps	136045	3508	132537	53003	9491	1580

2-2-5 National Investment in Fixed Assets of County Seat Service Facilities by Capital Source (2011)

计量单位：万元　Measurement Unit：10,000 RMB

债券	利用外资	外商直接投资	自筹资金	单位自有资金	其他资金	各项应付款	地区名称
Securities	Foreign Investment	Foreign Direct Investment	Self-Raised Funds	Self-Owned Funds	Other Funds	Sum Payable This Year	Name of Regions
31529	318068	99543	6445533	644152	2071725	2394510	全　国
			1244	76	10199		天　津
2800			1224898	100391	419975	234249	河　北
	15300	7550	170485	52506	169924	54853	山　西
			1053538	12670	21722	14823	内　蒙　古
1134			87808	7228	9385	4100	辽　宁
808			28545	9113	9980	35814	吉　林
	1516		146350	10563	19882	19995	黑　龙　江
			151323	54986	94679	124788	江　苏
5890	2080	2080	277180	24429	81096	117692	浙　江
2340	31489	15237	339572	61568	86911	164294	安　徽
	3417	3417	136935	11633	46310		福　建
1000	50902	20480	446072	53473	128741	252933	江　西
	1200	500	210457	16851	67650	147746	山　东
	50	50	113257	23566	43375	26181	河　南
	2115		96047	5694	55345	37066	湖　北
	21687	17086	415352	31726	225923	107910	湖　南
	120		42098	4394	16857	26351	广　东
5977	9300	9300	211111	9936	40827	53008	广　西
3000							海　南
			216976	32393	31534	122455	重　庆
	49598	5600	237420	32026	121805	278231	四　川
	83800	1800	50427	720	54591	61414	贵　州
100	28258	11270	183485	12803	179606	196331	云　南
1600	14163	5100	338496	28083	68224	130501	陕　西
			81115	642	11183	26762	甘　肃
	73	73	2074		2800	34724	青　海
5700			21208		1900	9366	宁　夏
1180			99614	24189	48284	83680	新　疆
	3000		62446	22493	3017	29243	新疆兵团

2-2-6 全国县城市政公用设施建设施工规模和新增生产能力（或效益）（2011年）

指标名称		计量单位	
Index		Measurement Unit	
1. 供水综合生产能力	1. Integrated Water Production Capacity	万立方米/日	10,000 m³/day
2. 供水管道长度	2. Length of Water Pipelines	公里	Kilometer
3. 人工煤气生产能力	3. Production Capacity of Man-made Coal Gas	万立方米/日	10,000 m³/day
4. 人工煤气储气能力	4. Storage Capacity of Man-made Coal Gas	万立方米	10,000 m³
5. 人工煤气供气管道长度	5. Length of Man-made Gas Pipelines	公里	Kilometer
6. 天然气储气能力	6. Storage Capacity of Natural Gas	万立方米	10,000 m³
7. 天然气供气管道长度	7. Length of Natural Gas Pipelines	公里	Kilometer
8. 液化石油气储气能力	8. LPG Storage Capacity	吨	Ton
9. 液化石油气供气管道长度	9. Length of LPG Pipelines	公里	Kilometer
10. 集中供热能力：蒸汽	10. Central Heating Capacity (Steam)	吨/小时	Ton/Hour
11. 集中供热能力：热水	11. Central Heating Capacity (Hot Water)	兆瓦	Mega Watts
12. 集中供热管道长度：蒸汽	12. Length of Central Heating Pipelines (Steam)	公里	Kilometer
13. 集中供热管道长度：热水	13. Length of Central Heating Pipelines (Hot Water)	公里	Kilometer
14. 轨道交通运营线路长度	14. Length of Operational Lines for Rail Transit	公里	Kilometer
15. 桥梁座数	15. Number of Bridges	座	Unit
16. 道路新建、扩建长度	16. Length of Extension of Roads and New Roads	公里	Kilometer
17. 道路新建、扩建面积	17. Surface Area of Extension of Roads and New Roads	万平方米	10,000 m²
18. 排水管道长度	18. Length of Sewerage Piplines	公里	Kilometer
19. 污水处理厂处理能力	19. Wastewater Treatment Capacity	万立方米/日	10,000 m³/day
20. 再生水管道长度	20. Length of Recycled Water Piplines	公里	Kilometer
21. 再生水生产能力	21. Recycled Water Production Capacity	万立方米/日	10,000 m³/day
22. COD 削减能力	22. COD Reduction Ability	万吨/年	10,000 ton/year
23. 绿地面积	23. Area of Green Space	公顷	Hectare
24. 垃圾无害化处理能力	24. Garbage Treatment Capacity	吨/日	Ton/day

2-2-6 National County Seat Service Facilities Construction Scale and Newly Added Production Capacity (or Benefits) (2011)

建设规模 Construction Scale	本年施工规模 Construction Scale This Year	本年新开工 Newly Started This Year	累计新增 生产能力 （或效益） Accumulated Newly Added Productivity (or Benefits)	本年新增 Newly Added This Year
458	386	333	326	317
10638	9152	8648	7893	7578
4	4	4	1	1
4	1	1	1	1
155	149	149	149	149
4680	952	947	918	917
8468	6787	6072	6038	5658
2494	2419	2340	2419	2369
238	234	134	117	117
1336	1336	716	1261	661
20823	19298	10835	10432	8319
563	532	528	501	501
5874	4735	3145	4557	4099
1918	1637	1571	429	421
14533	8893	8248	6746	6507
18649	16166	14669	12770	12572
14688	12487	11314	10895	10462
5316	2275	213	181	164
301	246	246	233	233
43	41	41	41	41
2	1	1	1	1
32283	28218	26927	25818	25644
117588	74869	49338	17181	15343

2-2-7 县城供水（2011年）

地区名称 Name of Regions	综合生产能力（万立方米/日）Integrated Production Capacity (10,000 m³/day)	地下水 Underground Water	供水管道长度（公里）Length of Water Supply Pipelines (km)	供水总量（万立方米）			
				合计 Total	生产运营用水 The Quantity of Water for Production and Operation	公共服务用水 The Quantity of Water for Public Service	居民家庭用水 The Quantity of Water for Household Use
全　国 National Total	5173.6	1802.3	173452	977115	277586	102758	428813
天　津 Tianjin	8.1	6.5	715	1334	239	88	562
河　北 Hebei	341.0	280.5	12102	75424	25847	8269	31214
山　西 Shanxi	128.8	95.7	6921	30002	8984	4267	12459
内蒙古 Inner Mongolia	123.8	119.7	7806	21163	6698	2986	8169
辽　宁 Liaoning	66.9	36.7	4061	13297	2922	2473	4720
吉　林 Jilin	58.7	19.9	1919	11230	2770	1158	4697
黑龙江 Heilongjiang	90.0	75.3	4852	13732	3734	2081	5519
江　苏 Jiangsu	185.9	46.4	9129	45057	14038	4398	18455
浙　江 Zhejiang	329.0	2.5	11179	66312	30532	3893	20279
安　徽 Anhui	242.7	81.9	9298	48603	12811	5318	22494
福　建 Fujian	169.8	12.0	5651	31307	5313	2360	17223
江　西 Jiangxi	263.4	15.8	7913	50624	10339	6191	23556
山　东 Shandong	426.7	249.8	9186	87994	39176	10150	29380
河　南 Henan	331.0	258.4	8057	70254	24296	8860	27298
湖　北 Hubei	208.6	5.7	3997	35608	9868	3340	15495
湖　南 Hunan	360.9	32.5	9161	65333	11767	5914	32657
广　东 Guangdong	342.0	7.0	7721	39897	9251	3446	19143
广　西 Guangxi	232.8	35.3	5806	45248	11445	2772	24018
海　南 Hainan	50.8	0.5	625	11436	6440	560	2778
重　庆 Chongqing	102.3	0.1	3474	17814	2888	1771	9809
四　川 Sichuan	301.9	40.3	10425	64748	13020	7061	32273
贵　州 Guizhou	119.6	27.6	3983	21072	2780	1578	13355
云　南 Yunnan	151.7	24.0	7421	29475	4286	3131	15950
陕　西 Shaanxi	161.0	89.4	4726	26327	5248	3261	13710
甘　肃 Gansu	56.3	37.9	3281	10382	2485	1276	4996
青　海 Qinghai	59.1	14.6	1714	6383	1394	959	2936
宁　夏 Ningxia	27.0	23.8	1043	6051	2754	386	1800
新　疆 Xinjiang	114.5	84.1	4865	18446	3109	2868	7965
新疆兵团 Xinjiang Production and Construction Corps	119.4	78.7	6420	12564	3156	1944	5902

The Quantity of Water for Fire Control and Other Purposes	The Quantitiy of Free Water Supply	Domestic Water Use	The Lossed Water	Number of Households with Access to Water Supply（unit）	Household User	Population with Access to Water Supply（10,000persons）	Name of Regions
其他用水	免费供水量	生活用水	漏损水量	用水户数（户）	家庭用户	用水人口（万人）	地区名称
41112	**22028**	**3348**	**104818**	**31652618**	**28197982**	**12344.60**	全　国
	182	16	262	61361	56172	38.54	天　津
3142	781	112	6171	2841900	2528450	969.04	河　北
1582	374	129	2337	1096016	906388	531.27	山　西
714	614	200	1982	1259240	1092632	397.67	内　蒙　古
655	281	115	2245	611238	522199	181.31	辽　宁
456	226	13	1922	552762	492198	146.48	吉　林
525	327	30	1546	913127	829252	277.06	黑　龙　江
1635	1742	99	4789	1386526	1299311	514.04	江　苏
1937	899	27	8772	1359579	1204606	451.50	浙　江
1735	668	71	5577	1808743	1666607	648.46	安　徽
1117	1233	145	4062	806908	725509	339.78	福　建
3125	1447	183	5966	1613854	1437392	712.91	江　西
3990	942	108	4356	2091380	1934336	891.19	山　东
3211	1609	99	4980	2005498	1837870	804.31	河　南
1071	1023	223	4812	934471	866784	415.62	湖　北
2550	2920	765	9525	1716379	1472027	731.36	湖　南
2710	450	142	4896	1053610	877435	412.50	广　东
981	626	42	5405	1004575	938360	452.06	广　西
209	13		1436	105119	86981	57.37	海　南
662	193	56	2492	837522	754188	306.89	重　庆
2368	1001	113	9027	2467793	2160047	814.64	四　川
1040	682	39	1636	725808	630287	383.73	贵　州
1064	1332	392	3713	1078206	937590	498.80	云　南
1533	345	69	2230	1291345	1109303	534.19	陕　西
406	193	11	1027	555476	505177	258.32	甘　肃
161	271	84	661	248389	235374	106.99	青　海
521	96	28	495	169356	137406	73.46	宁　夏
1372	1357	14	1776	622855	550498	277.56	新　疆
641	203	25	718	433582	403603	117.55	新疆兵团

2-2-8　县城供水（公共供水）（2011 年）

地区名称 Name of Regions	综合 生产能力 （万立方米/ 日） Integrated Production Capacity （10，000m³/ day）	地下水 Underground Water	供水 管道 长度 （公里） Length of Water Supply Pipelines （km）	合计 Total	供水总量（万立方米） 小计 Subtotal	售水量 Water Sold 生产运营 用　水 The Quantity of Water for Production and Operation	公共服务 用　水 The Quantity of Water for Public Service
全　国　National Total	**4168.2**	**1164.0**	**162074**	**807279**	**680434**	**173534**	**84252**
天　津　Tianjin	8.1	6.5	715	1334	889	239	88
河　北　Hebei	242.3	186.5	10530	53190	46237	13618	5932
山　西　Shanxi	82.6	59.8	5797	21676	18965	4018	2921
内　蒙　古　Inner Mongolia	80.4	76.7	7558	14831	12235	1938	2365
辽　宁　Liaoning	59.9	30.2	3894	11593	9067	1887	2032
吉　林　Jilin	43.3	9.6	1833	8367	6218	831	915
黑　龙　江　Heilongjiang	71.9	57.3	4796	11413	9540	2033	1670
江　苏　Jiangsu	155.8	23.6	8784	38810	32280	10117	3634
浙　江　Zhejiang	304.9	0.3	11023	59596	49925	23956	3864
安　徽　Anhui	203.5	49.0	9032	40310	34065	7886	4351
福　建　Fujian	164.5	9.8	5605	29981	24687	4644	2251
江　西　Jiangxi	250.8	11.0	7664	49228	41814	9853	6003
山　东　Shandong	261.4	120.0	7823	49525	44226	13263	6287
河　南　Henan	222.5	156.2	7080	44407	37818	9935	4860
湖　北　Hubei	187.7	1.2	3780	31352	25517	6739	3195
湖　南　Hunan	333.3	16.9	8686	61764	49318	10494	5401
广　东　Guangdong	206.2	5.8	7411	38347	33000	8842	3404
广　西　Guangxi	189.3	18.9	5225	37847	31815	6226	2697
海　南　Hainan	50.8	0.5	625	11436	9987	6440	560
重　庆　Chongqing	98.0		3384	16598	13913	2052	1698
四　川　Sichuan	273.9	33.7	10119	59987	49959	10247	6535
贵　州　Guizhou	115.0	24.9	3894	20061	17742	2425	1469
云　南　Yunnan	131.4	13.1	7234	27768	22723	3998	2965
陕　西　Shaanxi	120.3	57.3	4025	21613	19038	3454	2553
甘　肃　Gansu	50.1	34.0	3170	9104	7884	1535	1182
青　海　Qinghai	56.8	12.3	1682	6142	5209	1257	953
宁　夏　Ningxia	17.2	16.4	950	3449	2858	633	344
新　疆　Xinjiang	90.1	71.0	4566	16902	13769	2375	2513
新疆兵团　Xinjiang Production and Construction Corps	96.6	61.6	5190	10653	9732	2600	1610

2-2-8　County Seat Water Supply（Public Water Suppliers）（2011）

Total Quantity of Water Supply (10,000m³)				漏损水量	用水户数（户）	家庭用户	用水人口（万人）	地区名称
of Water of Sale		免费供水量	生活用水					
居民家庭用水 The Quantity of Water for Household Use	其他用水 The Quantity of Water for Fire Control and Other Purposes	The Quantitiy of Free Water Supply	Domestic Water Use	The Lossed Water	Number of Households with Access to Water Supply (unit)	Household User	Population with Access to Water Supply (10,000 persons)	Name of Regions
389187	33461	22028	3348	104818	29075053	26016311	11452.45	全　国
562		182	16	262	61361	56172	38.54	天　津
24608	2079	781	112	6171	2344474	2117811	811.60	河　北
10837	1189	374	129	2337	957788	796424	481.65	山　西
7333	599	614	200	1982	1149940	1008673	371.28	内　蒙古
4548	600	281	115	2245	592849	506931	176.08	辽　宁
4108	365	226	13	1922	472444	420426	130.32	吉　林
5384	453	327	30	1546	891017	809031	270.79	黑龙江
17043	1485	1742	99	4789	1333888	1254195	495.02	江　苏
20188	1916	899	27	8772	1355066	1200404	450.10	浙　江
20217	1611	668	71	5577	1639017	1505772	592.43	安　徽
16712	1080	1233	145	4062	785149	705936	331.52	福　建
22892	3066	1447	183	5966	1574523	1401038	695.67	江　西
22595	2081	942	108	4356	1742824	1631669	736.43	山　东
21074	1949	1609	99	4980	1619235	1503592	654.08	河　南
14645	937	1023	223	4812	900579	833826	398.99	湖　北
31210	2213	2920	765	9525	1654387	1418650	693.77	湖　南
18209	2546	450	142	4896	1014933	844613	399.26	广　东
22040	852	626	42	5405	918160	856798	426.18	广　西
2778	209	13		1436	105119	86981	57.37	海　南
9615	548	193	56	2492	813474	730991	300.62	重　庆
31162	2016	1001	113	9027	2429383	2125069	800.82	四　川
13009	839	682	39	1636	715301	621217	376.83	贵　州
14749	1011	1332	392	3713	1024218	894212	477.64	云　南
11809	1223	345	69	2230	1137331	997134	485.90	陕　西
4866	302	193	11	1027	537787	491753	253.75	甘　肃
2840	160	271	84	661	239979	227336	105.18	青　海
1567	314	96	28	495	147238	124222	70.30	宁　夏
7569	1312	1357	14	1776	567815	518398	263.86	新　疆
5018	505	203	25	718	349774	327037	106.47	新疆兵团

2-2-9 县城供水（自建设施供水）（2011年）

地区名称 Name of Regions		综　合 生产能力 （万立方米/日） Integrated Production Capacity （10,000m³/day）	地下水 Underground Water	供水管道 长　度 （公里） Length of Water Supply Pipelines （km）	供水总量（万立方米） 合计 Total	生产运营 用　水 The Quantity of Water for Production and Operation
全　国	National Total	1005.37	638.23	11377.95	169835.82	104052.62
河　北	Hebei	98.68	93.99	1571.67	22234.80	12228.35
山　西	Shanxi	46.24	35.83	1123.85	8325.84	4965.60
内蒙古	Inner Mongolia	43.42	42.98	248.30	6331.67	4760.45
辽　宁	Liaoning	7.07	6.49	166.90	1703.81	1035.03
吉　林	Jilin	15.42	10.31	85.70	2863.17	1939.13
黑龙江	Heilongjiang	18.07	17.97	56.40	2318.90	1700.70
江　苏	Jiangsu	30.18	22.80	344.90	6246.30	3920.47
浙　江	Zhejiang	24.17	2.24	155.76	6715.52	6576.12
安　徽	Anhui	39.19	32.87	266.66	8292.95	4924.70
福　建	Fujian	5.37	2.14	46.20	1326.00	669.00
江　西	Jiangxi	12.53	4.75	249.67	1396.00	485.72
山　东	Shandong	165.29	129.72	1363.19	38469.04	25912.46
河　南	Henan	108.52	102.18	977.03	25846.59	14360.96
湖　北	Hubei	20.93	4.44	217.15	4256.46	3128.44
湖　南	Hunan	27.56	15.63	474.67	3569.67	1273.37
广　东	Guangdong	135.79	1.18	310.00	1550.60	409.60
广　西	Guangxi	43.54	16.39	580.95	7400.99	5218.60
海　南	Hainan	4.32	0.10	90.00	1216.13	835.40
四　川	Sichuan	27.96	6.63	306.50	4761.72	2773.19
贵　州	Guizhou	4.62	2.65	89.60	1011.11	355.48
云　南	Yunnan	20.28	10.95	186.95	1707.30	287.52
陕　西	Shaanxi	40.70	32.16	701.59	4713.99	1794.10
甘　肃	Gansu	6.27	3.92	111.07	1278.51	950.04
青　海	Qinghai	2.24	2.24	32.00	241.17	137.00
宁　夏	Ningxia	9.78	7.44	92.20	2602.68	2120.97
新　疆	Xinjiang	24.36	13.10	299.00	1544.15	734.00
新疆兵团	Xinjiang Production and Construction Corps	22.87	17.13	1230.04	1910.75	556.22

2-2-9 County Seat Water Supply (Suppliers with Self-Built Facilities) (2011)

Total Quantity of Water Supply (10,000m³)			用水户数 (户)	家庭用户	用水人口 (万人)	地区名称
公共服务 用 水 The Quantity of Water for Public Service	居民家庭 用 水 The Quantity of Water for Household Use	消防及 其他用水 The Quantity of Water for Fire Control and Other Purposes	Number of Households with Access to Water Supply (unit)	Household User	Population with Access to Water Supply (10,000persons)	Name of Regions
18506. 26	**39625. 90**	**7651. 04**	**2577565**	**2181671**	**892. 15**	全　　国
2336. 66	6606. 03	1063. 76	497426	410639	157. 44	河　　北
1346. 11	1621. 42	392. 71	138228	109964	49. 62	山　　西
620. 24	835. 88	115. 10	109300	83959	26. 39	内　蒙　古
441. 28	172. 50	55. 00	18389	15268	5. 23	辽　　宁
243. 39	589. 53	91. 12	80318	71772	16. 16	吉　　林
411. 50	135. 10	71. 60	22110	20221	6. 27	黑　龙　江
764. 10	1411. 73	150. 00	52638	45116	19. 02	江　　苏
28. 61	90. 61	20. 18	4513	4202	1. 40	浙　　江
966. 75	2277. 01	124. 49	169726	160835	56. 03	安　　徽
109. 00	511. 00	37. 00	21759	19573	8. 26	福　　建
187. 38	664. 08	58. 82	39331	36354	17. 24	江　　西
3862. 19	6785. 08	1909. 31	348556	302667	154. 76	山　　东
3999. 94	6223. 85	1261. 84	386263	334278	150. 23	河　　南
144. 75	849. 87	133. 40	33892	32958	16. 63	湖　　北
513. 35	1446. 66	336. 29	61992	53377	37. 59	湖　　南
42. 60	934. 30	164. 10	38677	32822	13. 24	广　　东
75. 10	1977. 49	129. 80	86415	81562	25. 88	广　　西
73. 10	194. 13	113. 50	24048	23197	6. 27	海　　南
525. 43	1111. 40	351. 70	38410	34978	13. 82	四　　川
109. 04	345. 69	200. 90	10507	9070	6. 90	贵　　州
166. 06	1201. 09	52. 63	53988	43378	21. 16	云　　南
707. 97	1901. 37	310. 55	154014	112169	48. 29	陕　　西
94. 20	130. 37	103. 90	17689	13424	4. 57	甘　　肃
6. 00	96. 87	1. 30	8410	8038	1. 81	青　　海
42. 31	232. 74	206. 66	22118	13184	3. 16	宁　　夏
354. 90	395. 70	59. 55	55040	32100	13. 70	新　　疆
334. 30	884. 40	135. 83	83808	76566	11. 08	新疆兵团

2-2-10 县城节约用水 (2011 年)

地区名称		计划用水户实际用水量				
		计划用水户数（户）	自备水计划用水户数	合计		新水取用量	
					工业		工业
Name of Regions		Planned Water Consumers (unit)	Planned self-Produeed Water Consumers	Total	Industry	Fresh Water Used	Industry
全 国	National Total	1489145	255480	215855	121706	119923	43122
河 北	Hebei	102519	36450	16793	2856	13588	1925
山 西	Shanxi	112807	20831	11388	4332	8128	2114
内 蒙 古	Inner Mongolia	3831	1608	556	297	440	195
辽 宁	Liaoning	36478		1088	299	863	257
吉 林	Jilin	1625	160	3452	1123	2774	841
黑 龙 江	Heilongjiang	112	112	2941	2080	2475	1614
江 苏	Jiangsu	122272	18070	53136	44595	13714	5879
浙 江	Zhejiang	2358		3302	2469	1588	947
安 徽	Anhui			640	430	640	430
福 建	Fujian	32480		978	57	943	54
江 西	Jiangxi	1250	540	280		160	
山 东	Shandong	166642	33135	45943	34475	19176	9643
河 南	Henan	157185	48665	17823	7473	13529	5231
湖 北	Hubei	22040	5672	1351	198	1001	138
湖 南	Hunan	7197	7015	67	16	35	9
广 东	Guangdong	720	40	2971	1169	2971	1169
海 南	Hainan	31200		9693	8495	7130	5932
重 庆	Chongqing	101403		1682	171	1664	160
四 川	Sichuan	168380	265	25814	7541	16200	4118
贵 州	Guizhou	10000		114	31	98	17
云 南	Yunnan	191833	50465	4709	213	4498	167
陕 西	Shaanxi	92808	15280	2357	508	2061	382
甘 肃	Gansu	12002	2000	819	485	574	240
宁 夏	Ningxia	3000		701	272	260	251
新 疆	Xinjiang	43484	1330	2858	317	2391	192
新疆兵团	Xinjiang Produc-tion and Constru-ction Corps	65519	13842	4399	1804	3022	1217

Water Reused	Industry	Water Quantity Consumed in Excess of Quota	Reuse Rate (%)	Industry	Water Saved	Industry	Total Investment in Water-Saving Measures (10,000 RMB)	Name of Regions
95932	78584	4720	44.44	64.57	26165	13113	38992	全　国
3205	931		19.09	32.60	983	857	565	河　北
3260	2218	415	28.63	51.20	1093	595	2920	山　西
116	102		20.86	34.34	42	39	7800	内　蒙　古
225	42		20.68	14.05	126	77	15	辽　宁
678	282		19.64	25.11	159	89	41	吉　林
466	466		15.84	22.40	513	503	220	黑　龙　江
39422	38716	1016	74.19	86.82	1940	1628	4156	江　苏
1714	1522	309	51.91	61.64	1188	122	1450	浙　江
								安　徽
35	3		3.58	5.26	75		6	福　建
120			42.86					江　西
26767	24832	109	58.26	72.03	3236	2648	11335	山　东
4294	2242	531	24.09	30.00	3450	2336	255	河　南
350	60	90	25.91	30.30	84	61	101	湖　北
32	7		47.76	43.75				湖　南
								广　东
2563	2563	2000	26.44	30.17	2900	450		海　南
18	11		1.07	6.43	26	21		重　庆
9614	3423	199	37.24	45.39	9442	3112	1239	四　川
16	14		14.04	45.16	22	14		贵　州
211	46		4.48	21.60	30	11	76	云　南
296	126	39	12.56	24.80	248	104	5942	陕　西
245	245		29.91	50.52	150	150	500	甘　肃
441	21		62.91	7.72	135	135	1900	宁　夏
467	125		16.34	39.43	126	8	40	新　疆
1377	587	12	31.30	32.54	197	153	431	新疆兵团

2-2-11 县城人工煤气 (2011 年)

地区名称 Name of Regions		生产能力 （万立方米/日） Production Capacity （10,000m^3）	储气能力 （万立方米） Gas Storage Capacity （10,000m^3）	供气管道 长　度 （公里） Length of Gas Supply Pipeline （km）	自制气量 （万立方米） Self-Produced Gas （10,000m^3）	合计 Total
全　国	**National Total**	**647.40**	**734.80**	**1458.19**	**124000.00**	**95061.87**
河　北	Hebei		7.00	136.43		5609.40
山　西	Shanxi	103.90	118.80	793.95	12665.00	13326.00
黑龙江	Heilongjiang	0.50	0.60	17.00		
山　东	Shandong	430.00	3.50	147.94	111335.00	58073.00
河　南	Henan			86.87		15065.80
湖　南	Hunan	100.00	500.40	78.00		587.67
海　南	Hainan		100.00	20.00		250.00
四　川	Sichuan	13.00	4.50	178.00		2150.00

2-2-11 County Seat Man-Made Coal Gas（2011）

供气总量（万立方米）Total Gas Supplied（10,000m³）		燃气损失量	用气户数	家庭用户	用气人口（万人）	地区名称
销售气量	居民家庭		（户）			
Quantity Sold	Households	Loss Amount	Number of Household with Access to Gas（unit）	Household User	Population with Access to Gas（10,000 persons）	Name of Regions
92414.37	**11385.08**	**2647.50**	**188829**	**180102**	**66.53**	全　国
5536.94	2693.40	72.46	40550	39992	13.97	河　北
12140.00	6134.96	1186.00	89273	83884	31.08	山　西
						黑 龙 江
57839.00	461.00	234.00	17771	17692	7.03	山　东
14463.80	214.20	602.00	9001	8925	2.57	河　南
584.63	351.52	3.04	6824	5349	2.18	湖　南
250.00	230.00		9200	8100	4.50	海　南
1600.00	1300.00	550.00	16210	16160	5.20	四　川

2-2-12 县城天然气 (2011 年)

地区名称 Name of Regions		储气能力 （万立方米） Gas Storage Capacity （10,000m³）	供气管道 长 度 （公里） Length of Gas Supply Pipeline （km）	供气总量（万立方米） Total Gas Supplied（10,000m³）		
				合计 Total	销售气量 Quantity Sold	居民家庭 Households
全 国	National Total	3296.70	52449.93	538696.09	525979.53	228344.60
天 津	Tianjin		87.49	131.54	131.54	14.40
河 北	Hebei	341.71	2960.21	23519.24	22963.39	15720.99
山 西	Shanxi	185.82	2597.42	33237.32	32642.95	13814.12
内 蒙 古	Inner Mongolia	16.88	645.90	7289.98	6985.23	1750.36
辽 宁	Liaoning	10.50	509.96	1051.20	982.61	833.66
吉 林	Jilin	15.03	337.95	1925.29	1905.53	1550.63
黑 龙 江	Heilongjiang		16.78			
江 苏	Jiangsu	118.38	2622.61	10787.06	10638.84	3649.33
浙 江	Zhejiang	80.12	2207.31	10110.57	10068.11	1420.49
安 徽	Anhui	134.96	2551.90	17432.27	17107.95	5931.20
福 建	Fujian	185.00	280.07	12142.86	12032.17	5365.23
江 西	Jiangxi	454.38	1136.35	5454.46	5428.18	2468.27
山 东	Shandong	238.96	4871.18	74701.07	73464.40	17529.37
河 南	Henan	116.29	2194.67	12148.28	11913.59	6558.40
湖 北	Hubei	58.67	1814.91	6751.49	6625.82	3500.27
湖 南	Hunan	101.79	2053.34	15462.14	15192.89	6771.89
广 东	Guangdong	83.88	199.31	1271.38	1186.36	949.66
广 西	Guangxi	18.00	85.50	50.80	49.92	48.40
海 南	Hainan	80.00	165.00	6800.00	6800.00	340.00
重 庆	Chongqing	32.10	5893.20	45564.08	44065.63	21384.89
四 川	Sichuan	200.81	13293.55	130162.30	125561.38	66826.05
贵 州	Guizhou	0.45	10.00	12.00	11.99	11.80
云 南	Yunnan	49.83	207.09	2796.25	2793.90	2731.23
陕 西	Shaanxi	267.70	2584.70	42179.46	41526.13	17810.44
甘 肃	Gansu	21.39	168.46	2925.05	2919.75	690.30
青 海	Qinghai	86.21	323.47	12102.97	12070.60	8178.00
宁 夏	Ningxia	0.16	461.97	16276.30	15875.50	5662.00
新 疆	Xinjiang	286.38	2003.96	37592.48	36835.77	11421.38
新疆兵团	Xinjiang Production and Construction Corps	111.30	165.67	8818.25	8199.40	5411.84

2-2-12 County Seat Natural Gas (2011)

燃气损失量 Loss Amount	用气户数 （户） Number of Household with Access to Gas （unit）	家庭用户 Household User	用气人口 （万人） Population with Access to Gas （10,000 persons）	天然气汽车 加 气 站 （座） Gas Stations for CNG- Fueled Motor Vehicles （unit）	地区名称 Name of Regions
12716.56	7264558	6760266	2414.02	374	全　　国
	3323	3313	0.73		天　　津
555.85	495665	485215	184.62	22	河　　北
594.37	251030	231207	123.79	4	山　　西
304.75	99484	89073	30.06	14	内　蒙　古
68.59	95226	94925	29.45		辽　　宁
19.76	72719	71037	20.96	4	吉　　林
					黑　龙　江
148.22	381842	374958	137.02	8	江　　苏
42.46	158992	158167	60.95	1	浙　　江
324.32	275870	256943	99.74	21	安　　徽
110.69	16685	14439	5.12		福　　建
26.28	96670	94190	30.65	1	江　　西
1236.67	889709	699650	266.09	57	山　　东
234.69	212754	197704	75.52	20	河　　南
125.67	174137	160695	87.64	7	湖　　北
269.25	224684	217510	84.39	12	湖　　南
85.02	10479	10341	9.74		广　　东
0.88	7137	7046	5.41		广　　西
	3200	3000	1.60		海　　南
1498.45	703533	676936	227.66	16	重　　庆
4600.92	2171145	2040538	567.74	62	四　　川
0.01	450	449	0.18		贵　　州
2.35	28455	27136	15.50	2	云　　南
653.33	384720	363877	170.13	41	陕　　西
5.30	21091	20420	8.34	6	甘　　肃
32.37	38564	36591	13.74	7	青　　海
400.80	120232	116377	24.50	9	宁　　夏
756.71	285803	269392	117.62	56	新　　疆
618.85	40959	39137	15.13	4	新疆兵团

2-2-13 县城液化石油气 (2011 年)

地区名称 Name of Regions		储气能力 (吨) Gas Storage Capacity (ton)	供气管道 长 度 (公里) Length of Gas Supply Pipeline (km)	供气总量 (吨) Total Gas Supplied (Ton)		
				合计 Total	销售气量 Quantity Sold	居民家庭 Households
全 国	**National Total**	**297357. 40**	**2593. 64**	**2446747. 99**	**2421747. 38**	**2052391. 24**
天 津	Tianjin	940. 80		24728. 00	24728. 00	24728. 00
河 北	Hebei	9880. 16	159. 64	135200. 31	134528. 36	124917. 34
山 西	Shanxi	7167. 00	29. 08	43374. 05	42484. 00	39154. 00
内 蒙 古	Inner Mongolia	3902. 45	22. 65	54812. 50	54638. 62	50441. 62
辽 宁	Liaoning	6338. 00	54. 87	32151. 01	31990. 15	27843. 81
吉 林	Jilin	4342. 96	42. 50	73566. 90	73515. 00	70826. 00
黑 龙 江	Heilongjiang	6160. 00	1. 00	43105. 30	42986. 31	38406. 41
江 苏	Jiangsu	21573. 70	310. 72	148033. 55	146987. 88	122062. 00
浙 江	Zhejiang	15253. 00	549. 45	199576. 86	199065. 46	146923. 52
安 徽	Anhui	17240. 30	507. 41	173912. 48	173081. 94	133323. 03
福 建	Fujian	11667. 40	244. 44	136605. 01	136064. 12	116059. 39
江 西	Jiangxi	16794. 66	122. 59	223226. 70	221904. 55	198690. 03
山 东	Shandong	32266. 90	264. 86	202219. 87	201584. 09	118791. 05
河 南	Henan	12090. 55	1. 55	106073. 62	104659. 59	93490. 52
湖 北	Hubei	9803. 48	41. 00	64428. 10	63659. 30	57913. 50
湖 南	Hunan	29997. 90		159320. 18	148771. 97	149733. 79
广 东	Guangdong	21376. 36	45. 93	202182. 42	200644. 92	168576. 91
广 西	Guangxi	10086. 28	58. 06	130390. 30	130203. 28	119183. 30
海 南	Hainan	2808. 00		14092. 00	14085. 00	13328. 00
重 庆	Chongqing	4187. 38		30987. 00	30884. 00	22035. 12
四 川	Sichuan	4829. 30	12. 75	40340. 87	38971. 00	33203. 51
贵 州	Guizhou	2696. 95	50. 00	34021. 33	33919. 00	30596. 40
云 南	Yunnan	16030. 42	34. 00	46351. 31	46060. 60	40208. 60
陕 西	Shaanxi	12954. 30	3. 55	53748. 67	53022. 42	47528. 25
甘 肃	Gansu	3383. 80		19226. 60	18884. 90	17055. 17
青 海	Qinghai	496. 50		1121. 97	1114. 87	1087. 57
宁 夏	Ningxia	4395. 00	11. 68	6561. 40	6513. 00	5123. 00
新 疆	Xinjiang	7746. 40	25. 41	32672. 50	32103. 71	26684. 35
新疆兵团	Xinjiang Produc- tion and Constru- ction Corps	947. 45	0. 50	14717. 18	14691. 34	14477. 05

2-2-13 County Seat LPG Supply (2011)

燃气损失量 Loss Amount	用气户数 （户） Number of Household with Access to Gas （unit）	家庭用户 Household User	用气人口 （万人） Population with Access to Gas （10,000persons）	液化石油气 汽　车 加气站 LPG （座） Gas Stations for LPG-Fueled Motor Vehicles （unit）	地区名称 Name of Regions
25000.61	17750856	15727817	7057.59	104	全　国
	107900	107900	37.81		天　津
671.95	1351585	1250082	569.05	4	河　北
890.05	463254	317184	195.72		山　西
173.88	575244	494595	235.67	3	内　蒙　古
160.86	375740	298351	113.20	15	辽　宁
51.90	333351	236517	108.51	3	吉　林
118.99	482861	387342	157.53	11	黑　龙　江
1045.67	1035741	969025	366.14	1	江　苏
511.40	1144159	991570	383.53		浙　江
830.54	1387565	1234568	470.69	4	安　徽
540.89	797670	769600	324.15		福　建
1322.15	1278225	1158873	571.69		江　西
635.78	1298791	1115611	534.18	13	山　东
1414.03	892574	859427	320.85	4	河　南
768.80	637296	549574	261.77		湖　北
10548.21	1154524	1074419	482.38	4	湖　南
1537.50	955609	876972	403.54	19	广　东
187.02	904123	861066	382.62		广　西
7.00	114613	112086	49.49		海　南
103.00	237495	184740	77.28		重　庆
1369.87	256793	215745	90.99	5	四　川
102.33	349657	296468	162.90		贵　州
290.71	458993	391813	233.16		云　南
726.25	487441	369258	224.98	1	陕　西
341.70	247537	217084	123.23		甘　肃
7.10	15051	14705	9.06		青　海
48.40	82733	71905	33.20		宁　夏
568.79	218363	200152	106.12	16	新　疆
25.84	105968	101185	28.15	1	新疆兵团

2-2-14 县城集中供热（2011年）

地区名称 Name of Regions		蒸汽 Steam						
		供热能力 （吨/小时） Heating Capacity (ton/hour)	热电厂 供热 Heating by Co- Generation	锅炉房 供热 Heating by Boilers	供热总量 （万吉焦） Total Heat Supplied (10,000 gcal)	热电厂 供热 Heating by Co- Generation	锅炉房 供热 Heating by Boilers	管道长度 （公里） Length of Pipelines (km)
全　国	National Total	14738.13	9924.36	2182.47	8475.02	7002.77	1287.30	1664.81
天　津	Tianjin	236.00	200.00	36.00	22.30	6.30	16.00	2.12
河　北	Hebei	3296.80	758.00	771.00	940.05	438.45	445.50	271.25
山　西	Shanxi	812.50	366.00	84.50	328.56	231.00	97.56	127.96
内　蒙　古	Inner Mongolia							
辽　宁	Liaoning	614.36	309.36	245.00	348.00	205.00	143.00	32.48
吉　林	Jilin							
黑　龙　江	Heilongjiang	330.00	205.00	125.00	158.53	113.53	45.00	49.20
浙　江	Zhejiang	3177.00	2927.00	25.00	3651.79	3639.79	12.00	339.76
山　东	Shandong	4864.00	4562.00	302.00	2144.60	1948.60	196.00	602.33
河　南	Henan	300.00	160.00	140.00	231.40	80.20	150.10	41.90
陕　西	Shaanxi	393.00	120.00	115.00	109.80	57.00	11.54	50.84
甘　肃	Gansu							
青　海	Qinghai	1.00						
宁　夏	Ningxia	90.50	35.00		26.80	26.80		
新　疆	Xinjiang	144.00		144.00	103.10		103.10	74.50
新疆兵团	Xinjiang Production and Construction Corps	478.97	282.00	194.97	410.09	256.10	67.50	72.47

2-2-14 County Seat Central Heating (2011)

| 热水 Hot Water | | | | | | | 供热面积（万平方米） | 住宅 | 地区名称 |
| 供热能力（兆瓦） | 热电厂供热 | 锅炉房供热 | 供热总量（万吉焦） | 热电厂供热 | 锅炉房供热 | 管道长度（公里） | | | |
Heating Capacity (mega watts)	Heating by Co-Generation	Heating by Boilers	Total Heat Supplied (10,000gcal)	Heating by Co-Generation	Heating by Boilers	Length of Pipelines (km)	Heated Area (10,000m²)	Housing	Name of Regions
81348.23	21676.50	56151.50	63264.40	8288.62	50526.15	28576.94	78069.43	56484.69	全　国
771.40		771.40	563.90	123.30	440.60	1254.24	1481.21	1263.03	天　津
13684.89	1155.65	10944.14	8735.60	424.32	7373.75	4111.90	15404.93	11192.31	河　北
7577.72	1327.35	5752.10	5762.28	757.65	4638.63	3218.17	10935.10	7702.66	山　西
12411.34	2271.80	10006.16	6194.28	1089.31	5094.87	4120.50	10368.19	7301.78	内　蒙　古
5502.04	1406.00	3900.60	3252.66	494.00	2713.46	2465.76	4756.55	3448.94	辽　宁
4357.82		4357.82	2677.50		2677.50	1943.40	4398.38	3225.59	吉　林
6287.15	1996.90	4250.25	4985.55	1877.19	2988.36	2270.66	7617.84	5551.86	黑　龙　江
4.00		4.00	13.00		13.00	6.00	315.30	52.70	浙　江
13430.20	11562.20	1137.00	2704.73	1952.68	284.30	2385.45	7190.06	5978.37	山　东
327.00	316.00	11.00	238.00	172.00	61.00	146.00	402.40	295.40	河　南
1508.00	571.00	835.00	1973.90	1046.10	840.30	440.69	1974.65	1489.23	陕　西
3713.51	142.00	3492.57	2109.49		2040.79	1143.43	3361.92	2332.62	甘　肃
973.64	103.00	805.64	683.05	19.00	664.05	356.75	818.88	471.65	青　海
1984.60		1984.60	889.43		889.43	555.56	1583.78	1131.58	宁　夏
5493.99	200.60	5252.99	5218.92	120.00	3778.02	1973.13	4883.34	3121.20	新　疆
3320.93	624.00	2646.23	17262.11	213.07	16028.09	2185.30	2576.90	1925.77	新疆兵团

2-2-15 县城道路和桥梁（2011 年）

2-2-15 County Seat Roads and Bridges（2011）

地区名称 Name of Regions		道路 长度 （公里） Length of Roads （km）	道路 面积 （万平 方米） Surface Area of Roads （10,000 m²）	人行道 面积 Surface Area of Sidewalks	桥梁数 （座） Number of Bridges （unit）	立交桥 Interse- ction	道路 照明 灯盏数 （盏） Number of Road Lamps （unit）	安装 路灯 道路 长度 （公里） Length of The Road with Street Lamp （km）	防洪堤 长度 （公里） Length of Flood Control Dikes （km）	百年 一遇 Length of Dikes to Withstand The Biggest Floods Every A Century	五十年 一遇 Length of Dikes to Withstand The Biggest Floods Every 50 Years
全 国	National Total	**108648**	**192375**	**47900**	**14950**	**530**	**5648582**	**71077**	**13705**	**1813**	**5463**
天 津	Tianjin	278	837	111	30	3	15373	251			
河 北	Hebei	9661	19120	5354	898	87	350768	5893	744	30	286
山 西	Shanxi	3829	6894	1735	394	34	233254	2516	379	59	169
内 蒙 古	Inner Mongolia	4073	7649	1921	278	10	280882	2492	828	175	242
辽 宁	Liaoning	1619	2594	601	242	6	125429	1163	219	8	95
吉 林	Jilin	1141	1696	424	111	8	92342	660	191	36	135
黑 龙 江	Heilongjiang	3745	4131	804	257	16	148337	1756	433	108	226
江 苏	Jiangsu	4831	9064	1985	756	14	255650	3641	705	68	280
浙 江	Zhejiang	5098	8044	1912	1403	20	235764	4688	785	40	544
安 徽	Anhui	5215	10768	2707	808	24	247211	3493	615	80	182
福 建	Fujian	2672	4045	865	454	14	180835	2073	442	25	162
江 西	Jiangxi	6249	11013	2664	740	34	326195	4319	1570	81	296
山 东	Shandong	8850	18326	3820	1504	51	389502	6270	427	72	163
河 南	Henan	7179	14737	3497	1462	22	316663	4904	740	141	322
湖 北	Hubei	3016	5999	1445	407	8	101822	2012	635	89	163
湖 南	Hunan	5892	10149	2818	472		224660	3439	691	110	351
广 东	Guangdong	3645	5966	1404	362	3	244102	2497	547	93	298
广 西	Guangxi	3784	6342	1566	695	7	329139	2380	266	13	90
海 南	Hainan	512	1177	310	41		34613	449	57	2	9
重 庆	Chongqing	1723	3063	952	311	48	122251	1263	165	38	104
四 川	Sichuan	5506	9406	2823	818	14	443841	4086	710	75	286
贵 州	Guizhou	2069	3170	842	368	9	139493	1327	228	60	132
云 南	Yunnan	3693	6078	1506	557	12	225060	2639	584	129	168
陕 西	Shaanxi	3857	6673	1980	524	61	219982	2566	683	159	278
甘 肃	Gansu	1967	3458	962	317	12	71865	1174	323	16	162
青 海	Qinghai	952	1313	398	144		34967	341	141	36	98
宁 夏	Ningxia	958	2153	488	41	2	43665	736	66	32	98
新 疆	Xinjiang	2953	4834	1156	379	5	189728	1493	251	27	123
新疆兵团	Xinjiang Produc- tion and Const- ruction Corps	3682	3676	849	177	6	25189	556	280	11	99

2-2-16 县城排水和污水处理（2011 年）

地区名称 Name of Regions		污水排放量 （万立方米） Annual Quantity of Wastewater Discharged（10,000 m³）	排水管道长度 （公里） Length of Drainage Piplines（km）	污水管道 Sewers	雨水管道 Rainwater	雨污合流管道 Combined	座数 （座） Number of Wastewater Treatment Plant（unit）	二、三级处理 Secondary and Tertiary Treatment	污水处理厂 Wastewater 处理能力 （万立方米/日） Treatment Capacity（10,000 m³/day）	二、三级处理 Secondary and Tertiary Treatment
全 国	National Total	795180.58	121817.75	45565.36	27060.50	49191.89	1303	954	2409.2	1792.9
天 津	Tianjin	3679.00	459.88	122.32	124.56	213.00	7	7	10.9	10.9
河 北	Hebei	62466.87	9591.09	3008.44	2143.00	4439.65	108	64	272.8	162.4
山 西	Shanxi	23528.26	4645.39	2279.98	375.50	1989.91	84	44	101.2	54.8
内 蒙 古	Inner Mongolia	17396.28	4931.78	2883.10	1039.56	1009.12	47	34	75.8	52.8
辽 宁	Liaoning	10337.08	1865.57	585.46	379.55	900.56	21	16	46.8	38.2
吉 林	Jilin	9083.04	1079.16	288.60	134.77	655.79	11	5	18.9	9.9
黑 龙 江	Heilongjiang	10687.10	2246.60	587.10	397.00	1262.50	12	6	18.0	9.0
江 苏	Jiangsu	36583.12	6470.99	1663.93	2827.60	1979.46	30	28	86.8	81.3
浙 江	Zhejiang	48440.68	6900.08	3655.56	2327.22	917.30	37	33	178.3	176.2
安 徽	Anhui	40746.04	7171.33	2702.26	1870.05	2599.02	56	39	127.0	88.5
福 建	Fujian	24486.60	3304.08	1458.98	585.43	1259.67	44	44	64.2	64.2
江 西	Jiangxi	38516.53	6939.23	1893.70	1389.75	3655.78	71	71	83.5	83.5
山 东	Shandong	74608.45	9592.64	3266.13	3614.26	2712.25	64	38	241.5	127.3
河 南	Henan	57155.90	8786.79	2602.55	1186.69	4997.55	83	65	199.5	161.0
湖 北	Hubei	30428.33	3140.90	821.69	616.67	1702.54	38	25	86.3	57.4
湖 南	Hunan	60109.61	7288.26	1976.57	1088.81	4222.88	77	75	167.2	162.2
广 东	Guangdong	36563.18	3031.48	602.68	487.94	1940.86	40	33	83.5	68.9
广 西	Guangxi	35322.61	4363.16	1196.90	497.80	2668.46	69	38	112.9	65.0
海 南	Hainan	8418.00	483.70	261.20	168.50	54.00	9	8	20.1	10.7
重 庆	Chongqing	14591.09	3048.32	1535.52	658.08	854.72	25	18	51.0	36.5
四 川	Sichuan	53771.89	7165.32	2874.87	1930.13	2360.32	64	47	98.4	67.6
贵 州	Guizhou	17387.28	2282.19	1356.94	309.91	615.34	71	53	47.7	38.2
云 南	Yunnan	25055.91	4924.22	1543.88	1289.70	2090.64	53	43	61.8	49.3
陕 西	Shaanxi	20120.61	4148.26	1578.60	792.66	1777.00	59	44	69.3	50.7
甘 肃	Gansu	7751.01	1970.26	856.67	332.55	781.04	11	8	11.1	8.9
青 海	Qinghai	4726.76	713.75	119.60	131.00	463.15	10	9	8.1	7.1
宁 夏	Ningxia	5080.50	809.85	299.90	205.60	304.35	11	9	13.3	11.3
新 疆	Xinjiang	12982.82	2746.26	2284.84	59.41	402.01	37	27	38.2	31.0
新疆兵团	Xinjiang Production and Construction Corps	5156.03	1717.21	1257.39	96.80	363.02	54	23	15.1	8.1

2-2-16 County Seat Drainage and Wastewater Treatment（2011）

处理量（万立方米）Quantity of Wastewater Treated (10,000m³)	二、三级处理 Secondary and Tertiary Treated	干污泥产生量（吨）Quantity of Dry Sludge Produced (ton)	干污泥处置量（吨）Quantity of Dry Sludge Treated (ton)	其他污水处理设施 Other Wastewater Treatment Facilities 处理能力（万立方米/日）Treatment Capacity (10,000 m³/day)	处理量（万立方米）Quantity of Wastewater Treated (10,000m³)	污水处理总量（万立方米）Total Quantity of Wastewater Treated (10,000m³)	再生水 Recycled Water 生产能力（万立方米/日）Recycled Water Production Capacity (10,000 m³/day)	利用量（万立方米）Annual Quantity of Wastewater Recycled and Reused (10,000m³)	管道长度（公里）Length of Piplines (km)	地区名称 Name of Regions
540990	408482	783625	714274	128.5	18928.11	559918.11	341.21	36807.01	1614.15	全　　国
1988	1988	1957	1957			1988.00				天　　津
54380	33045	131366	126463	4.7	309.82	54689.82	78.28	9706.06	281.84	河　　北
18936	10903	29144	29114	0.5	107.00	19043.00	27.57	2467.13	289.44	山　　西
12045	8674	15806	15328			12045.00	13.89	821.25	156.00	内　蒙　古
7879	6167	17406	16485	0.8	46.00	7925.00	9.49	600.00	3.10	辽　　宁
4124	2292	4676	4606			4124.00				吉　　林
2584	1379	3626	3368			2584.00				黑　龙　江
24820	23068	33045	31839	11.2	2090.00	26910.00	8.80	635.00	15.00	江　　苏
36315	35559	51085	50586	7.1	1513.36	37828.36	10.67	1882.00	58.80	浙　　江
33460	23472	45412	29699	7.9	1288.90	34748.90	8.70	235.00	10.00	安　　徽
17729	17729	23174	23167	3.2	526.85	18255.85	1.80	359.00	25.00	福　　建
26169	26169	33112	32396	0.2	50.00	26219.00	1.51	388.00	89.00	江　　西
65638	35507	93136	92914	8.2	216.60	65854.60	72.79	14782.17	193.92	山　　东
43637	35086	64125	35552			43637.00	5.10	1083.00	57.00	河　　南
18607	12383	18318	16325	15.8	1822.98	20429.98	18.93	312.91	39.91	湖　　北
44659	42821	64364	61578	3.0	875.00	45534.00	1.35	88.10	91.20	湖　　南
21651	17350	27658	26295	9.0	1710.56	23361.56	17.22	356.30	46.30	广　　东
22825	13514	22128	21390	22.9	1818.23	24643.23				广　　西
4661	1915	6425	6176			4661.00	2.50	32.00	1.00	海　　南
12803	8373	20164	20164			12803.00	5.93	210.79	26.15	重　　庆
22208	15738	28775	27447	17.2	3531.00	25739.00	4.50	561.43	33.30	四　　川
10941	8381	13638	9276			10941.00				贵　　州
9393	7848	8170	7732	3.8	354.10	9747.10	16.94	1036.65	60.52	云　　南
11196	8515	17022	16595			11196.00	20.98	718.10	29.60	陕　　西
1027	922	1659	1436			1027.00	1.00	222.00	11.60	甘　　肃
1471	1336	1845	899			1471.00	1.30	0.40	2.70	青　　海
2309	2105	2673	2638	1.5	492.30	2801.30	1.20	95.00	36.30	宁　　夏
6529	5739	3439	2723	7.4	1468.20	7997.20	0.49	1.00	2.00	新　　疆
1006	504	277	126	4.1	707.21	1713.21	10.27	213.72	54.47	新疆兵团

2-2-17 县城园林绿化 (2011 年)
2-2-17 County Seat Landscaping (2011)

地区名称 Name of Regions		绿化覆盖 面　积 （公顷） Green Coverage Area （hectare）	建成区 Built District	绿地面积 （公顷） Area of Park and Green Space （hectare）	建成区 Built District	公园绿地 面　积 （公顷） Area of Public Recreational Green Space （hectare）	公园个数 （个） Number of Parks （unit）	公园面积 （公顷） Park Area （hectare）
全　国	**National Total**	**646310**	**465885**	**497283**	**385636**	**121300**	**4519**	**80850**
天　津	Tianjin	2963	2963	2644	2644	484	7	224
河　北	Hebei	47690	38863	33571	32287	9123	469	5550
山　西	Shanxi	21684	19851	15500	14683	5192	186	2992
内　蒙　古	Inner Mongolia	21617	18071	15596	14142	5531	168	3459
辽　宁	Liaoning	5966	5128	5049	4451	1877	62	1324
吉　林	Jilin	6008	5295	5088	4588	1475	32	633
黑　龙　江	Heilongjiang	12212	10416	9130	8387	3331	136	2303
江　苏	Jiangsu	43754	25356	32796	23561	5247	125	2282
浙　江	Zhejiang	36747	19719	33315	17542	5022	347	3209
安　徽	Anhui	41616	23934	28476	17542	5486	227	3781
福　建	Fujian	19526	14482	15770	12945	3873	234	2854
江　西	Jiangxi	44387	33471	33083	29879	10000	318	7379
山　东	Shandong	60418	48893	44918	39840	11639	217	6487
河　南	Henan	24020	21524	16442	15532	6055	205	4295
湖　北	Hubei	14773	12266	10343	9675	3284	104	1708
湖　南	Hunan	27601	22593	21810	19446	5731	154	3170
广　东	Guangdong	21899	15149	16170	13554	4890	191	4467
广　西	Guangxi	19394	16328	15000	13652	3835	153	2084
海　南	Hainan	7830	3003	2651	2351	610	23	526
重　庆	Chongqing	13258	11805	12046	10622	5129	138	2315
四　川	Sichuan	28468	26215	23716	22616	6768	213	3961
贵　州	Guizhou	25027	7813	17503	5130	1575	87	854
云　南	Yunnan	20502	17047	15348	13362	4220	244	3854
陕　西	Shaanxi	23046	15775	15181	12492	3922	163	1954
甘　肃	Gansu	8785	5950	5199	4256	1698	102	1134
青　海	Qinghai	3314	2574	2098	1834	461	31	264
宁　夏	Ningxia	4122	3043	3387	2244	862	33	738
新　疆	Xinjiang	17143	15679	15549	13789	3005	102	1450
新疆兵团	Xinjiang Production and Construction Corps	22540	2679	29904	2590	975	48	5599

2-2-18 县城市容环境卫生 (2011 年)

地区名称 Name of Regions	道路清扫保洁面积（万平方米） Surface Area of Roads Cleaned and Maintained (10,000 m²)	机械化 Mechanization	清运量（万吨） Collected and Transported (10,000 ton)	密闭车（箱）清运量 Quantity of Garbage Transported by Air-tight Vehicle (10,000 ton)	生活垃圾处理量（万吨） Volume of Domestic Garbage Treated (10,000 ton)	无害化处理厂（场）数（座） Number of Harmless Treatment Plants/Grounds (unit)	卫生填埋 Sanitary Landfill	焚烧 Incineration	其他 other	无害化处理能力（吨/日） Harmless Treatment Capacity (ton/day)	生活垃圾 无害化 卫生填埋 Sanitary Landfill
全 国 National Total	156639	38255	6743.00	4156.06	4519.38	683	648	21	12	103583	94279
天 津 Tianjin	1010	336	23.44	23.44	10.79	2	1		1	500	200
河 北 Hebei	11897	3389	509.96	268.33	363.15	47	45		2	7350	7100
山 西 Shanxi	6279	1491	330.28	161.49	82.05	19	19			2366	2366
内 蒙 古 Inner Mongolia	6926	1836	196.19	90.54	82.66	29	29			3230	3230
辽 宁 Liaoning	2791	620	136.61	48.88	92.60	18	18			3720	3720
吉 林 Jilin	2349	360	133.79	89.34	95.33	4	4			766	766
黑 龙 江 Heilongjiang	3303	448	284.80	57.76	26.30	5	5			996	996
江 苏 Jiangsu	6759	2611	182.95	161.49	176.66	10	9	1		3085	2762
浙 江 Zhejiang	7488	2622	267.77	252.81	259.47	31	25	4	2	8015	5885
安 徽 Anhui	8283	1788	328.09	207.88	285.42	19	19			3454	3454
福 建 Fujian	3458	526	162.02	146.43	154.57	39	34	4	1	6687	4687
江 西 Jiangxi	7998	1075	323.43	215.55	316.93	5	5			625	625
山 东 Shandong	15352	6068	324.44	227.77	243.14	50	46	2	2	10612	9850
河 南 Henan	11340	1290	449.57	285.97	322.25	59	59			9532	9532
湖 北 Hubei	4121	1084	245.18	135.79	142.44	13	13			1593	1593
湖 南 Hunan	7651	1940	422.00	266.22	263.26	40	40			8066	8066
广 东 Guangdong	4652	629	164.10	75.46	101.12	9	8	1		1248	948
广 西 Guangxi	4634	527	189.66	114.27	131.12	42	38	4		4346	3826
海 南 Hainan	778	101	35.81	26.18	25.84	10	10			835	835
重 庆 Chongqing	3027	1685	153.08	138.98	149.62	21	21			3744	3744
四 川 Sichuan	8017	3276	449.18	365.03	304.01	48	44	2	2	7357	5196
贵 州 Guizhou	2741	524	213.19	87.90	96.05	3	2	1		362	310
云 南 Yunnan	5835	374	308.22	229.19	240.86	67	63	1	2	6204	5754
陕 西 Shaanxi	6183	1708	320.44	220.68	196.02	38	37			4652	4599
甘 肃 Gansu	2532	119	157.17	77.66	129.91	23	23			1537	1537
青 海 Qinghai	2878		56.91	29.11	47.18	10	10			673	673
宁 夏 Ningxia	1445	310	35.53	21.04	21.99	6	6			582	582
新 疆 Xinjiang	4698	1144	241.33	105.03	143.09	13	13			1163	1163
新疆兵团 Xinjiang Production and Construction Corps	2214	374	97.86	25.84	15.55	3	2	1		283	280

2-2-18　County Seat Environmental Sanitation （2011）

Domestic Garbage 焚烧 Incineration	其他 other	无害化处理量（万吨）Volume of Harmlessly Treated Garbage (10,000 ton)	卫生填埋 Sanitary Landfill	焚烧 Incineration	其他 other	粪便 Excrement and Urine 清运量（万吨）Quantity of Excrement Transported (10,000 ton)	处理量（万吨）Quantity of Excrement Treated (10,000 ton)	公厕数（座）Number of Latrines (unit)	三类以上 Grade Ⅲ and Above	市容环卫专用车辆设备总数（台）Number of Vehicles and Equipment Designated for Municipal Environmental Sanitation (unit)	地区名称 Name of Regions
7009	2187	2728.72	2454.58	202.55	67.75	751.34	281.05	40096	16522	28045	全国
	300	10.79	7.08		3.71	1.44		139	93	157	天津
	250	193.21	179.36	3.24	10.61	83.77	21.75	3832	985	2831	河北
		62.46	62.46			29.90	1.10	1117	410	1671	山西
		78.06	78.06			74.33	4.62	4513	698	1477	内蒙古
		72.60	72.60			26.66	7.69	1666	181	611	辽宁
		26.09	26.09			20.36	13.09	770	93	406	吉林
		26.30	26.30			77.89	82.35	2493	312	1455	黑龙江
323		87.25	58.21	29.04		41.88	32.36	1707	991	817	江苏
1550	580	238.72	160.33	51.93	26.46	28.63	17.95	1437	1196	1400	浙江
		133.80	111.10	22.70		30.29	11.12	1756	922	812	安徽
1850	150	122.32	96.72	22.65	2.95	2.25		773	603	577	福建
		72.24	72.24			11.11	5.10	1387	814	793	江西
400	362	223.58	198.44	16.16	8.98	50.62	28.24	1410	1033	2002	山东
		245.49	245.49			66.87	7.74	2904	1558	1814	河南
		48.76	48.76			10.67	4.91	828	331	605	湖北
		140.96	140.96			2.25	1.48	1526	659	1157	湖南
300		30.85	22.64	8.21		6.95	4.31	465	207	709	广东
520		107.77	88.36	19.41		7.60	1.22	643	313	734	广西
		25.70	25.70			2.37	0.20	102	53	313	海南
		149.62	149.62			14.75	1.80	799	582	651	重庆
1901	260	224.38	193.44	25.00	5.94	14.96	1.88	1824	1039	1797	四川
52		11.81	11.01	0.80		5.71	0.70	918	435	824	贵州
110	285	168.81	154.40	3.31	9.10	30.83	13.73	1521	677	1174	云南
		110.74	108.90			27.92	6.87	1752	919	1417	陕西
		40.03	40.03			15.60	2.35	1086	563	590	甘肃
		16.52	16.52			0.49	0.52	220	29	185	青海
		19.13	19.13			1.26	0.52	297	117	191	宁夏
		34.67	34.67			7.97	4.58	1164	578	675	新疆
3		6.06	5.96	0.10		56.01	2.87	1047	131	200	新疆兵团

三、村镇部分

Statistics for Villages and Small Towns

2011 年村镇部分概述

概况 2011 年末，全国共有建制镇 19683 个，乡（苏木、民族乡、民族苏木）13587 个。据 17072 个建制镇、12924 个乡（苏木、民族乡、民族苏木）、678 个镇乡级特殊区域和 266.95 万个自然村（其中村民委员会所在地 55.37 万个）统计汇总，村镇户籍总人口 9.42 亿。其中，建制镇建成区 1.436 亿，占村镇总人口的 15.2%；乡建成区 0.313 亿，占村镇总人口的 3.3%；镇乡级特殊区域建成区 0.033 亿，占村镇总人口的 0.4%；村庄 7.638 亿，占村镇总人口的 81.1%。

2011 年末，全国建制镇建成区面积 338.6 万公顷，平均每个建制镇建成区占地 198 公顷，人口密度 5021 人/平方公里（含暂住人口）；乡建成区 74.2 万公顷，平均每个乡建成区占地 57 公顷，人口密度 4540 人/平方公里（含暂住人口）；镇乡级特殊区域建成区 9.3 万公顷，平均每个镇乡级特殊区域建成区占地 137 公顷，人口密度 4043 人/平方公里（含暂住人口）。

规划管理 2011 年末，全国有总体规划的建制镇 15240 个，占所统计建制镇总数的 89.3%，其中本年编制 2140 个；有总体规划的乡 8707 个，占所统计乡总数的 67.4%，其中本年编制 1588 个；有总体规划的镇乡级特殊区域 455 个，占所统计镇乡级特殊区域总数的 67.1%，其中本年编制 100 个；有规划的行政村 291964 个，占所统计行政村总数的 52.73%，其中本年编制 41572 个。2011 年全国村镇规划编制投入达 35.46 亿元。

建设投入 2011 年，全国村镇建设总投入 11982 亿元。按地域分，建制镇建成区 5018 亿元，乡建成区 535 亿元，镇乡级特殊区域建成区 225 亿元，村庄 6204 亿元，分别占总投入的 41.9%、4.5%、1.9%、51.8%。按用途分，房屋建设投入 9430 亿元，市政公用设施建设投入 2552 亿元，分别占总投入的 78.7%、21.3%。

在房屋建设投入中，住宅建设投入 6269 亿元，公共建筑投入 1085 亿元，生产性建筑投入 2076 亿元，分别占房屋建设投入的 66.5%、11.5%、22%。

在市政公用设施建设投入中，供水 333 亿元，道路桥梁 1100 亿元，分别占市政公用设施建设总投入的 13% 和 43.1%。

房屋建设 2011 年，全国村镇房屋竣工建筑面积 10.07 亿平方米，其中住宅 7.03 亿平方米，公共建筑 0.94 亿平方米，生产性建筑 2.1 亿平方米。2011 年末，全国村镇实有房屋建筑面积 360.3 亿平方米，其中住宅 302.9 亿平方米，公共建筑 23.3 亿平方米，生产性建筑 34.1 亿平方米，分别占 84.1%、6.5%、9.5%。

2011 年末，全国村镇人均住宅建筑面积 32.15 平方米。其中，建制镇建成区人均住宅建筑面积 32.95 平方米，乡建成区人均住宅建筑面积 30.27 平方米，镇乡级特殊区域建成区人均住宅建筑面积 31.41 平方米，村庄人均住宅建筑面积 32.08 平方米。

公用设施建设 在建制镇、乡和镇乡级特殊区域建成区内，年末实有供水管道长度 45.76 万公里，排水管道长度 13.92 万公里，排水暗渠长度 6.79 万公里，铺装道路长度 34.65 万公里，铺装道路面积 24.27 亿平方米，公共厕所 13.17 万座。

2011 年末，建制镇建成区用水普及率 79.79%，人均日生活用水量 100.7 升，燃气普及率 46.12%，人均道路面积 11.7 平方米，排水管道暗渠密度 5.3 公里/平方公里，人均公园绿地面积 2.03 平方米。乡建成区用水普及率 65.73%，人均日生活用水量 82.4 升，燃气普及率 19.13%，人均道路面积 11.5 平方米，排水管道暗渠密度 3.12 公里/平方公里，人均公园绿地面积 0.9 平方米。镇乡级特殊区域建成区用水普及率 86.23%，人均日生活用水量 82.54 升，燃气普及率 52.45%，人均道路面积 14.03 平方米，排水管道暗渠密度 4.72 公里/平方公里，人均公园绿地面积 2.71 平方米。

2011 年末，全国 54.9% 的行政村有集中供水，6.7% 的行政村对生活污水进行了处理，41.9% 的行政村有生活垃圾收集点，24.5% 的行政村对生活垃圾进行处理。

Overview

General Situation

By the end of 2011, there were a total of 19,683 towns and 13,587 townships. Based on the data collected from 17,072 towns, 12,924 townships, 678 special districts at township level, and 2.6695 million natural villages among which 553.7 thousand villages accommodate villagers' committees, rural population totaled 942 million. Among the total, 143.6 million people lived in the built area of towns, constituting 15.2%; 31.3 million in the built area of townships, making up 3.3%; 3.3 million in the built area of special districts at township level, taking a share of 0.4%; and 763.8 million were village inhabitants, accounting for 81.1%.

By the end of 2011, the total built area of towns covered 3.386 million hectares with 198 hectares of built area per town on average and population density of 5021 people per square kilometer; the total built area of townships covered 0.742 million hectares with 57 hectares per township on average and population density of 4540 people per square kilometer; and the total built area of special districts at township level covered 0.093 million hectares with 137 hectares per special district at township level on average and population density of 4043 people per square kilometer.

Planning and Administration

By the end of 2011, there were 15240 towns having master plans, accounting for 89.3% of the total number of towns surveyed, and among them, 2140 towns had their plans completed or revised this year; there were 8707 townships having master plans, accounting for 67.4% of the total number of townships surveyed, and among them, 1588 townships had their plans completed or revised this year; there were 455 special districts at township level having master plans, accounting for 67.1% of the total number of special districts at township level surveyed, and among them, 100 special districts at township level had their plans completed or revised this year; there were 291,964 administrative villages having development plans, accounting for 52.73% of the total number of administrative villages surveyed, and among them, 41,572 villages had their plans completed or revised this year. The total investment in the development of village and town plans across the country in 2011 reached 3.546 billion yuan.

Construction Input

In 2011, the investment in the villages and towns development across the country totaled 1198.2 billion yuan. Divided by region, the investment in the built areas of towns, townships, special districts at township level, and villages was 501.8 billion yuan, 53.5 billion yuan, 22.5 billion yuan, and 620.4 billion yuan respectively, constituting 41.9%, 4.5%, 1.9%, and 51.8% of the total investment respectively. Broken down by purpose, the investment in the construction of buildings and public service facilities was 943 billion yuan and 255.2 billion yuan respectively, accounting for 78.7% and 21.3% of the total investment respectively.

With respect to building construction, the investment in housing, public buildings, and industrial buildings was 626.9 billion yuan, 108.5 billion yuan, and 207.6 billion yuan respectively, making up 66.5%, 11.5%, and 22% of the total investment in building construction respectively.

Regarding the development of public service facilities, the investment in water supply, roads & bridges reached 33.3 billion yuan, 110 billion yuan respectively, accounting for 13% and 43.1% of the total investment in the development of public service facilities respectively.

Building Construction

In 2011, the new building completion in the country's villages and towns covered a total of floor space of 1007 million square meters, among which, the completed floor space of housing, public buildings, and industrial buildings amounted to 703 million, 94 million, and 210 million square meters respectively. By the end of 2011, the total floor space of the building stock in the country's villages and towns covered 36. 03 billion square meters, among which, housing, public building, and industrial buildings covered 30. 29 billion, 2. 33 billion, and 3. 41 billion square meters respectively, constituting 84. 1% , 6. 5% , and 9. 5% of the total floor space respectively.

By the end of 2011, the per capita housing floor space in villages and towns nationwide was 32. 15 square meter. This per capita figure in the built areas of towns, townships, special districts at township level, and villages was 32. 95, 30. 27, 31. 41, and 32. 08 square meters respectively.

The Development of Public Service Facilities

By the end of 2011, within the boundary of the built areas of towns, townships, and special districts at township level, there were water supply pipelines, drainage pipelines and drainage ducts of which the respective length was 457. 6 thousand kilometers, 139. 2 thousand kilometers, and 67. 9 thousand kilometers; there were paved roads extending 346. 5 thousand kilometers and covering an area of 2. 427 billion square meters; and there were 1317 thousand public latrines.

By the end of 2011, in the built areas of towns, the water coverage rate was 79. 79% , daily per capita domestic water consumption was 100. 7 liters, gas coverage rate was 46. 12% , per capita area of paved roads was 11. 7 square meters, drainage pipelines&ducts density was 5. 3 kilometers per square kilometers, and per capita area of public green space was 2. 03 square meters. In the built areas of townships, the water coverage rate was 65. 73% , daily per capita domestic water consumption was 82. 4 liters, gas coverage rate was 19. 13% , per capita area of paved roads was 11. 5 square meters, drainage pipelines&ducts density was 3. 12 kilometers per square kilometers, and per capita area of public green space was 0. 9 square meters. In the built areas of special districts at township level, the water coverage rate was 86. 23% , daily per capita domestic water consumption was 82. 54 liters, gas coverage rate was 52. 45% , per capita area of paved roads was 14. 03 square meters, drainage pipelines&ducts density was 4. 72 kilometers per square kilometers, and per capita area of public green space was 2. 71 square meters.

By the end of 2011, 54. 9% of the administrative villages nationwide had access to central water supply, domestic wastewater had been treated in 6. 7% of the administrative villages, domestic garbage collection facilities had been set up in 41. 9% of the administrative villages, and domestic garbage had been treated in 24. 5% of the administrative villages.

3-1-1 全国历年建制镇及住宅基本情况

3-1-1 National Summary of Towns and Residential Building in Past Years

指标 Item 年份 Year	建制镇 个 数 （万个） Number of Towns （10,000 units）	建成区 面 积 （万公顷） Surface Area of Build Districts （10,000 hectare）	建成区户 籍人口 （亿人） Registered Permanent Population （100million persons）	非农 人口 Nonagric- ulture Population	建成区暂 住人口 （亿人） Temporary Population （100million persons）	本年建设 投 入 （亿元） Construction Input This Year （100million RMB）	住宅 Residential Building	公用 设施 Public Facilities	本年住宅 竣工建筑 面 积 （亿平 方米） Floor Space Completed of Residen- tial Building This Year （100million m²）	年末实有 住宅建筑 面 积 （亿平 方米） Total Floor Space of Residential Buildings （year-end） （100million m²）	居住人口 （亿人） Resident Population （100million persons）	人均住宅 建筑面积 （平方米） Per Capita Floor Space （m²）
1990	1.01	82.5	0.61	0.28		156	76	15	0.49	12.3	0.61	19.9
1991	1.03	87.0	0.66	0.30		192	84	19	0.54	12.9	0.65	19.8
1992	1.20	97.5	0.72	0.32		284	115	28	0.62	14.8	0.72	20.5
1993	1.29	111.9	0.79	0.34		458	189	56	0.80	15.8	0.78	20.2
1994	1.43	118.8	0.87	0.38		616	265	79	0.90	17.6	0.85	20.6
1995	1.50	138.6	0.93	0.42		721	305	104	1.00	18.9	0.91	20.7
1996	1.58	143.7	0.99	0.42		915	373	116	1.10	20.5	0.97	21.1
1997	1.65	155.3	1.04	0.44		821	382	122	1.06	21.8	1.01	21.5
1998	1.70	163.0	1.09	0.46		872	402	141	1.09	23.3	1.07	21.8
1999	1.73	167.5	1.16	0.49		980	464	160	1.20	24.8	1.13	22.0
2000	1.79	182.0	1.23	0.53		1123	530	185	1.41	27.0	1.19	22.6
2001	1.81	197.2	1.30	0.56		1278	575	220	1.47	28.6	1.26	22.7
2002	1.84	203.2	1.37	0.60		1520	655	265	1.69	30.7	1.32	23.2
2003												
2004	1.78	223.6	1.43	0.64		2373	903	437	1.82	33.7	1.40	24.1
2005	1.77	236.9	1.48	0.66		2644	1000	476	1.90	36.8	1.43	25.7
2006	1.77	312.0	1.40		0.24	3013	1139	580	2.04	39.1	1.40	27.9
2007	1.67	284.3	1.31		0.24	2950	1061	614	1.28	38.9		29.7
2008	1.70	301.6	1.38		0.25	3285	1211	726	1.33	41.5		30.1
2009	1.69	313.1	1.38		0.26	3619	1465	798	1.47	44.2		32.1
2010	1.68	317.9	1.39		0.27	4356	1828	1028	1.67	45.1		32.5
2011	1.71	338.6	1.44		0.26	5018	2106	1168	1.72	47.3		33.0

3-1-2 全国历年建制镇市政公用设施情况
3-1-2 National Municipal Public Facilities of Towns in Past Years

指标 Item / 年份 Year	年供水总量（亿立方米）Annual Supply of Water (100million m³)	生活用水 Domestic Water Consumption	用水人口（亿人）Population with Access to Water (100million persons)	用水普及率（%）Water Coverage Rate (%)	人均日生活用水量（升）Per Capita Daily Water Consumption (liter)	道路长度（万公里）Length of Roads (10,000 km)	桥梁数（万座）Number of Bridges (10,000 units)	排水管道长度（万公里）Length of Drainage Piplines (10,000 km)	公园绿地面积（万公顷）Public Green Space (10,000 hectare)	人均公园绿地面积（平方米）Public Recreational Green Space Per Capita (m²)	环卫专用车辆设备（万台）Number of Special Vehicles for Environmental Sanitation (10,000 units)	公共厕所（万座）Number of Latrines (10,000 units)
1990	24.4	10.0	0.37	60.1	74.3	7.7	2.4	2.7	0.85	1.4	0.5	4.9
1991	29.5	11.6	0.42	63.9	76.1	8.4	2.7	3.2	1.06	1.6	0.7	5.4
1992	35.0	13.6	0.48	65.8	78.1	9.6	3.1	4.0	1.22	1.7	0.8	6.1
1993	39.5	15.8	0.54	68.5	80.7	10.9	3.5	4.8	1.37	1.7	1.1	6.8
1994	47.1	17.7	0.62	71.5	78.3	12.6	3.9	5.5	1.74	2.2	1.2	7.6
1995	53.7	21.5	0.69	74.2	85.5	13.4	4.2	6.2	2.00	2.2	1.6	8.3
1996	62.2	24.7	0.74	75.0	91.7	15.5	4.8	7.5	2.27	2.3	1.7	8.7
1997	68.4	27.0	0.80	76.6	92.6	17.8	5.1	8.1	2.61	2.5	2.0	9.2
1998	72.8	30.0	0.86	79.1	95.1	18.7	5.4	8.8	2.99	2.7	2.3	9.7
1999	81.4	34.3	0.93	80.2	100.8	19.4	5.6	10.0	3.32	2.9	2.5	10.1
2000	87.7	37.1	0.99	80.7	102.7	21.0	6.1	11.1	3.71	3.0	2.9	10.3
2001	91.4	39.6	1.04	80.3	104.0	22.8	6.4	11.9	4.39	3.4	3.2	10.7
2002	97.3	42.3	1.10	80.4	105.4	24.3	6.8	13.0	4.84	3.5	3.3	11.2
2003												
2004	110.7	49.0	1.20	83.6	112.1	27.5	7.2	15.7	6.01	4.2	3.9	11.8
2005	136.5	54.2	1.25	84.7	118.4	30.1	7.7	17.1	6.81	4.6	4.2	12.4
2006	131.0	44.7	1.17	83.8	104.2	26.0	7.2	11.9	3.3	2.4	4.8	9.4
2007	112.0	42.1	1.19	76.6	97.1	21.6	8.3	8.8	2.72	1.8	5.0	9.0
2008	129.0	45.0	1.27	77.8	97.1	23.4	9.1	9.9	3.09	1.9	6.0	12.1
2009	114.6	46.1	1.28	78.3	98.9	24.5	9.9	10.7	3.14	1.9	6.6	11.6
2010	113.5	47.8	1.32	79.6	99.3	25.8	10.0	11.5	3.36	2.0	6.9	9.8
2011	118.6	49.9	1.37	79.8	100.7	27.4	9.7	12.2	3.45	2.0	7.6	10.1

注：1. 自2006年起，"公共绿地"统计为"公园绿地"。

2. 自2006年起，"人均公共绿地面积"统计为以城区人口和城区暂住人口合计为分母计算的"人均公园绿地面积"。

Note：1. Since 2006, Public Green Space is changed to Public Recreatinal Green Space.

2. Since 2006, Public recreational green space per capita has been calculated based on denominator which combines both permanent and temporary resiclents in urban areas.

3-1-3 全国历年乡及住宅基本情况

3-1-3 National Summary of Townships and Residential Building in Past Years

指标 Item 年份 Year	乡个数 （万个） Number of Town- ships （10,000 units）	建成区 面 积 （万公顷） Surface Area of Build Districts （10,000 hectare）	建成区户 籍人口 （亿人） Registered Permanent Population （100million persons）	非农 人口 Nonagri- culture Population	建成区暂 住人口 （亿人） Temporary Population （100million persons）	本年建设 投 入 （亿元） Construction Input This Year （100million RMB）	住宅 Residential Building	公用 设施 Public Facilities	本年住宅 竣工建筑 面 积 （亿平 方米） Floor Space Completed of Residen- tial Building This Year （100million m²）	年末实有 住宅建筑 面 积 （亿平 方米） Total Floor Space of Residential Buildings （year-end） （100million m²）	居住人口 （亿人） Resident Population （100million persons）	人均住宅 建筑面积 （平方米） Per Capita Floor Space （m²）
1990	4.02	110.1	0.72	0.17		121	61	7	0.52	13.8	0.72	19.1
1991	3.90	109.3	0.70	0.16		136	67	8	0.53	13.8	0.70	19.8
1992	3.72	98.1	0.66	0.15		168	76	10	0.55	13.4	0.65	20.6
1993	3.64	99.9	0.65	0.15		191	85	13	0.49	13.3	0.64	20.6
1994	3.39	101.2	0.62	0.14		234	113	16	0.51	12.8	0.63	20.3
1995	3.42	103.7	0.63	0.15		260	133	22	0.57	12.7	0.62	20.5
1996	3.15	95.2	0.60	0.14		296	151	26	0.59	12.2	0.58	21.0
1997	3.03	95.7	0.60	0.14		296	155	33	0.56	12.3	0.59	21.0
1998	2.91	93.7	0.59	0.15		316	175	37	0.57	12.3	0.58	21.4
1999	2.87	92.6	0.59	0.15		325	193	36	0.66	12.8	0.58	22.1
2000	2.76	90.7	0.58	0.14		300	175	35	0.60	12.6	0.56	22.6
2001	2.35	79.7	0.53	0.14		283	167	33	0.55	12.0	0.52	23.0
2002	2.26	79.1	0.52	0.14		325	188	39	0.57	12.0	0.51	23.6
2003												
2004	2.18	78.1	0.53	0.15		344	188	48	0.56	12.5	0.50	24.9
2005	2.07	77.8	0.52	0.14		377	186	55	0.56	12.8	0.50	25.5
2006	1.46	92.83	0.35		0.03	355	145	66	0.40	9.1	0.4	25.9
2007	1.42	75.89	0.34		0.03	352	147	75	0.26	9.1		27.1
2008	1.41	81.15	0.34		0.03	438	187	99	0.28	9.2		27.2
2009	1.39	75.76	0.33		0.03	471	212	101	0.29	9.4		28.8
2010	1.37	75.12	0.32		0.03	558	262	129	0.35	9.7		29.9
2011	1.29	74.19	0.31		0.02	535	267	122	0.32	9.5		30.3

注：2006 年以后，统计范围由原来的集镇变为乡，数据和以往年度不可对比。

3-1-4 全国历年乡市政公用设施情况
3-1-4 National Municipal Public Facilities of Townships in Past Years

指标 Item 年份 Year	年供水总量（亿立方米） Annual Supply of Water (100million m³)	生活用水 Domestic Water Consumption	用水人口（亿人） Population with Access to Water (100million persons)	用水普及率（%） Water Coverage Rate (%)	人均日生活用水量（升） Per Capita Daily Water Consumption (liter)	道路长度（万公里） Length of Roads (10,000 km)	桥梁数（万座） Number of Bridges (10,000 units)	排水管道长度（万公里） Length of Drainage Piplines (10,000 km)	公园绿地面积（万公顷） Public Green Space (10,000 hectare)	人均公园绿地面积（平方米） Public Recreatio-nal Green Space Per Capita (m²)	环卫专用车辆设备（万台） Number of Special Vehicles for Envir-onmental Sanitation (10,000 units)	公共厕所（万座） Number of Latrines (10,000 units)
1990	10.8	5.0	0.26	35.7	53.4	15.2	3.3	2.3	0.64	0.88	0.16	5.33
1991	12.3	5.1	0.27	39.3	51.1	14.9	3.5	2.3	0.83	1.19	0.26	5.74
1992	12.7	5.2	0.28	42.6	50.6	14.2	3.7	2.5	0.87	1.32	0.31	5.89
1993	12.3	5.6	0.27	40.6	58.2	14.2	3.4	2.4	0.91	1.4	0.29	5.77
1994	12.8	6.0	0.30	47.8	55.5	14.0	3.3	2.6	1.11	1.76	0.42	6.18
1995	13.7	6.4	0.32	49.9	55.4	14.4	3.4	3.7	1.09	1.73	0.50	6.42
1996	13.9	6.6	0.29	49.0	61.1	14.4	3.4	3.2	1.08	1.79	0.50	6.12
1997	16.2	7.3	0.31	52.3	63.7	14.5	3.5	3.1	1.15	1.91	0.54	6.25
1998	17.2	7.9	0.33	55.5	66.4	14.3	3.5	3.2	1.31	2.22	0.62	6.21
1999	17.3	8.8	0.35	58.2	69.7	14.4	3.5	3.2	1.32	2.23	0.65	6.04
2000	16.8	8.8	0.35	60.1	69.2	13.7	3.4	3.3	1.35	2.33	0.68	5.86
2001	15.7	8.2	0.32	61.0	69.3	12.1	2.9	3.1	1.36	2.56	0.70	5.03
2002	16.4	8.4	0.32	62.1	71.9	12.1	2.9	3.6	1.31	2.54	0.75	5.05
2003												
2004	17.4	9.5	0.35	65.8	74.8	12.6	2.8	4.3	1.41	2.57	0.77	4.58
2005	17.5	9.6	0.35	67.2	75.6	12.4	2.9	4.3	1.37	2.65	0.80	4.57
2006	25.8	6.3	0.22	63.4	78.0	7.0	2.2	1.9	0.29	0.85	0.88	2.92
2007	11.9	6.0	0.21	59.1	76.1	6.2	2.7	1.1	0.24	0.66	1.04	2.76
2008	11.9	6.3	0.23	62.6	75.5	6.4	2.6	1.2	0.26	0.72	1.30	3.34
2009	11.4	6.5	0.22	63.5	79.5	6.3	2.8	1.4	0.30	0.84	1.34	2.96
2010	11.8	6.8	0.23	65.6	81.4	6.6	2.7	1.4	0.31	0.88	1.45	2.75
2011	11.5	6.7	0.22	65.7	82.4	6.5	2.6	1.4	0.30	0.90	1.53	2.58

注：1. 自2006年起，"公共绿地"统计为"公园绿地"。
   2. 自2006年起，"人均公共绿地面积"统计为以城区人口和城区暂住人口合计为分母计算的"人均公园绿地面积"。

Note：1. Since 2006, Public Green Space is changed to Public Recreatinal Green Space.
   2. Since 2006, Public recreational green space per capita has been calculated based on denominator which combines both permanent and temporary resiclents in urban areas.

3-1-5 全国历年村庄基本情况
3-1-5 National Summary of Villages in Past Years

指标 Item / 年份 Year	村庄个数（万个）Number of Villages (unit)	村庄现状用地面积（万公顷）Area of Villages (10,000 hectare)	村庄户籍人口（亿人）Registered Permanent Population (100 million persons)	非农人口 Nonagriculture Population	村庄暂住人口（亿人）Temporary Population (100 million persons)	本年建设投入（亿元）Construction Input This Year (100 million RMB)	住宅 Residential Building	公用设施 Public Facilities	本年住宅竣工建筑面积（亿平方米）Floor Space Completed of Residential Building This Year (100 million m²)	年末实有住宅建筑面积（亿平方米）Total Floor Space of Residential Buildings (year-end) (100 million m²)	居住人口（亿人）Resident Population (100 million persons)	人均住宅建筑面积（平方米）Per Capita Floor Space (m²)	道路长度（万公里）Length of Roads (10,000 km)	桥梁数（万座）Number of Bridges (10,000 units)
1990	377.3	1140.1	7.92	0.16		662	545	33	4.82	159.3	7.84	20.3	262.1	
1991	376.2	1127.2	8.00	0.16		744	618	26	5.54	163.3	7.95	20.5	240.0	37.7
1992	375.5	1187.7	8.06	0.16		793	624	32	4.86	167.4	8.01	20.9	262.9	40.2
1993	372.1	1202.7	8.13	0.17		906	659	57	4.38	170.0	8.12	20.9	268.7	43.0
1994	371.3	1243.8	8.15	0.18		1175	885	65	4.49	169.1	7.90	21.4	263.2	43.0
1995	369.5	1277.1	8.29	0.20		1433	1089	104	4.95	177.7	8.06	22.0	275.0	44.7
1996	367.6	1336.1	8.18	0.19		1516	1176	106	4.96	182.4	8.13	22.4	279.3	44.1
1997	365.9	1366.4	8.18	0.20		1538	1175	136	4.66	185.9	8.12	22.9	283.2	44.7
1998	355.8	1372.6	8.15	0.21		1585	1220	139	4.73	189.2	8.07	23.5	290.3	43.4
1999	359.0	1346.3	8.13	0.22		1607	1245	152	4.62	192.8	8.04	24.0	287.3	45.7
2000	353.7	1355.3	8.12	0.24		1572	1203	139	4.47	195.2	8.02	24.3	287.0	46.3
2001	345.9	1396.1	8.06	0.25		1558	1145	160	4.28	199.1	7.97	25.0	283.6	46.7
2002	339.6	1388.8	8.08	0.26		2002	1288	368	4.39	202.5	7.94	25.5	287.3	47.1
2003														
2004	320.7	1362.7	7.95	0.32		2064	1243	342	4.22	205.0	7.75	26.5	285.1	57.8
2005	313.7	1404.2	7.87	0.31		2304	1374	380	4.42	208.0	7.72	26.9	304.0	58.0
2006	270.9		7.14		0.23	2723	1524	501	4.75	202.9	7.14	28.4	221.9	50.7
2007	264.7	1389.9	7.63		0.28	3544	1923	616	3.65	222.7		29.2		
2008	266.6	1311.7	7.72		0.31	4294	2558	793	4.10	227.2		29.4		
2009	271.4	1362.8	7.70		0.28	5400	3456	863	4.91	237.0		30.8		
2010	273.0	1399.2	7.69		0.29	5692	3412	1105	4.56	242.6		31.6		
2011	266.9	1373.8	7.64		0.28	6204	3773	1216	4.86	245.1		32.1		

3-2-1 建制镇市政公用设施水平 (2011 年)

3-2-1 Level of Municipal Public Facilities of Build-up Area of Towns (2011)

地区名称 Name of Regions		人口密度 （人／平方 公里） Population Density （person/ km^2）	人均日 生活 用水量 （升） Per Capita Daily Water Consumption （liter）	用水 普及率 （%） Water Coverage Rate （%）	燃气 普及率 （%） Gas Coverage Rate （%）	人均道路 面积 （平方米） Road Surface Area Per Capita （m^2）	排水管道 暗渠密度 （公里/ 平方公里） Density of Drains （km/km^2）	人均公园 绿地面积 （平方米） Public Recreati- onal Green Space Per Capita （m^2）	绿化 覆盖率 （%） Green Coverage Rate （%）	绿地率 （%） Green Space Rate （%）
全　国	National Total	5021	100.7	79.8	46.1	11.7	5.30	2.03	15.0	8.0
北　京	Beijing	3921	101.3	93.2	64.4	14.8	6.30	5.09	20.7	11.6
天　津	Tianjin	3928	85.9	94.4	68.0	15.8	6.07	1.17	17.0	6.0
河　北	Hebei	4424	77.0	75.6	36.9	10.6	2.13	0.65	9.4	3.9
山　西	Shanxi	5319	75.2	84.4	11.1	12.8	4.12	0.94	20.3	8.6
内 蒙 古	Inner Mongolia	3577	61.9	57.6	14.0	7.7	1.59	1.46	9.0	4.0
辽　宁	Liaoning	3986	79.7	71.6	34.9	11.9	3.50	1.09	11.0	2.9
吉　林	Jilin	3829	78.5	71.5	18.8	9.9	1.49	0.84	5.2	2.0
黑 龙 江	Heilongjiang	3594	65.6	81.0	15.4	15.3	1.69	1.07	4.9	2.0
上　海	Shanghai	4937	169.7	95.3	86.7	11.7	5.31	2.41	17.2	10.9
江　苏	Jiangsu	5507	105.6	95.9	84.6	17.5	9.23	5.06	23.6	16.2
浙　江	Zhejiang	5232	129.3	73.7	54.5	12.4	7.16	1.93	13.0	8.2
安　徽	Anhui	5050	100.4	64.6	43.1	11.2	6.34	1.16	17.2	8.4
福　建	Fujian	6597	112.5	86.8	61.4	11.8	5.92	5.82	21.4	13.9
江　西	Jiangxi	5151	108.5	64.1	33.2	10.0	4.95	1.44	9.5	5.0
山　东	Shandong	4396	72.3	88.4	47.4	17.0	6.58	4.26	24.9	14.6
河　南	Henan	6060	75.7	72.8	4.7	9.7	4.31	1.84	23.4	4.4
湖　北	Hubei	4959	95.5	83.2	49.2	9.3	5.19	0.96	15.4	7.8
湖　南	Hunan	5092	103.1	69.2	35.2	8.7	4.26	1.14	12.2	7.3
广　东	Guangdong	5229	142.7	84.8	70.5	12.1	7.05	1.95	15.7	9.6
广　西	Guangxi	6755	104.9	85.0	70.3	11.2	7.11	0.49	8.3	3.8
海　南	Hainan	3888	101.8	86.5	77.1	14.0	4.71	2.42	23.8	15.4
重　庆	Chongqing	6903	105.4	93.4	54.9	8.0	6.63	0.76	10.3	5.1
四　川	Sichuan	5417	96.9	76.4	45.6	8.9	4.84	0.66	7.8	3.7
贵　州	Guizhou	4951	91.9	82.0	15.0	7.6	2.48	0.35	10.4	4.1
云　南	Yunnan	5454	90.3	84.4	18.8	9.1	4.46	1.03	6.2	3.9
陕　西	Shaanxi	4836	61.6	71.3	16.1	8.6	3.96	0.48	7.1	2.8
甘　肃	Gansu	4139	52.2	68.2	4.3	11.0	2.01	0.57	6.6	2.8
青　海	Qinghai	4372	85.3	46.2	14.4	8.3	1.34	0.12	8.3	5.1
宁　夏	Ningxia	4119	75.4	79.8	26.9	10.8	3.48	0.64	6.8	3.4
新　疆	Xinjiang	2968	81.8	81.6	14.0	16.9	1.79	2.33	13.5	9.8

3-2-2　建制镇基本情况（2011 年）

地区名称 Name of Regions		建制镇 个数 （个） Number of Towns （unit）	建成区 面积 （公顷） Surface Area of Built-up Districts （hectare）	建成区 户籍人口 （万人） Registered Permanent Population （10,000 persons）	建成区 暂住人口 （万人） Temporary Population （10,000 persons）	规划建设管理		
						设有村镇 建设管理 机构的个数 （个） Number of Towns with Construction Management Institution （unit）	村镇建设 管理人员 （人） Number of Construction Management Personnel （person）	专职人员 Full-time Staff
全　　国	National Total	17072	3386000	14359.26	2640.44	15263	83152	49801
北　　京	Beijing	120	28470	67.92	43.70	116	1351	757
天　　津	Tianjin	107	26390	77.64	26.02	107	740	509
河　　北	Hebei	784	139220	547.86	68.03	536	2057	1380
山　　西	Shanxi	471	51994	248.07	28.47	357	863	346
内　蒙　古	Inner Mongolia	426	97525	300.45	48.44	373	1529	898
辽　　宁	Liaoning	533	86226	310.83	32.84	529	1682	1104
吉　　林	Jilin	395	79378	276.25	27.72	382	1285	866
黑　龙　江	Heilongjiang	404	80598	275.01	14.68	396	930	597
上　　海	Shanghai	100	102500	260.39	245.62	100	1130	724
江　　苏	Jiangsu	799	270241	1215.25	272.97	796	7907	5410
浙　　江	Zhejiang	657	216952	778.95	356.15	637	5274	3285
安　　徽	Anhui	836	200622	912.54	100.57	689	3039	1951
福　　建	Fujian	504	104090	543.24	143.46	489	1858	1230
江　　西	Jiangxi	676	106400	499.77	48.31	664	3094	1539
山　　东	Shandong	1079	293517	1144.26	146.09	1057	8513	5343
河　　南	Henan	827	172119	943.06	99.94	819	6244	3527
湖　　北	Hubei	739	200267	897.41	95.69	696	5071	3063
湖　　南	Hunan	979	177973	804.92	101.25	848	4890	2729
广　　东	Guangdong	1025	283171	1127.89	352.86	947	7324	4231
广　　西	Guangxi	598	70509	441.73	34.55	570	2240	1613
海　　南	Hainan	159	25691	90.73	9.16	135	780	391
重　　庆	Chongqing	515	61807	373.90	52.75	497	2040	1450
四　　川	Sichuan	1536	166472	776.97	124.85	1380	6139	2786
贵　　州	Guizhou	603	80428	359.81	38.38	482	1295	893
云　　南	Yunnan	465	60588	297.71	32.77	396	1583	958
陕　　西	Shaanxi	1011	103597	446.02	55.00	749	2678	1333
甘　　肃	Gansu	382	45591	174.02	14.70	271	953	501
青　　海	Qinghai	103	12769	46.53	9.30	37	54	10
宁　　夏	Ningxia	73	13009	49.04	4.54	62	194	96
新　　疆	Xinjiang	166	27885	71.10	11.66	146	415	281

3-2-2 Summary of Towns (2011)

Planning and Administer			市政公用设施建设财政性资金收入（万元） Fiscal Revenue for Municipal Public Facilities Construction (10,000RMB)					地区名称
有总体规划的建制镇个数（个） Number of Towns with Master Plans (unit)	本年编制 Compiled This Year	本年规划编制投入（万元） Input in Planning this Year (10,000 RMB)	合计 Total	中央财政 Central Goverment Financial Allocation	省级财政 Province Goverment Financial Allocation	市（县）财政 City(County) Goverment Financial Allocation	本级财政 Local Financial Allocation	Name of Regions
15240	2140	260964	7990999	483257	831465	2517830	4158448	全 国
107	8	1639	281644	2460	83272	116463	79449	北 京
92	7	4493	35459	1056	4120	8312	21971	天 津
602	55	3159	119662	32770	8895	30570	47427	河 北
357	54	3419	59924	4293	10416	18508	26707	山 西
351	48	2877	83254	4999	8323	30584	39348	内 蒙 古
489	27	2752	178968	8399	20748	47471	102350	辽 宁
307	41	1294	54407	5129	14131	14518	20630	吉 林
335	22	760	46701	4049	6790	21910	13952	黑 龙 江
82	18	4902	646853	1448	20447	184683	440274	上 海
779	132	27214	1031982	31376	91971	184989	723646	江 苏
615	95	21368	1142066	39854	41081	360241	700889	浙 江
784	108	15063	420495	29343	60943	101262	228946	安 徽
479	61	8845	509189	21649	110628	301947	74964	福 建
662	66	4251	177395	11683	17498	65868	82345	江 西
1041	91	25743	763093	25834	46737	169994	520528	山 东
788	106	10909	194150	25708	12733	26716	128993	河 南
717	71	14385	266368	26835	41155	85898	112479	湖 北
830	92	10140	282377	20006	26813	84683	150875	湖 南
823	73	24273	547994	5866	29408	174659	338061	广 东
561	151	16284	89119	14973	22565	41341	10240	广 西
140	18	1067	66150	2290	7291	48184	8386	海 南
502	21	3080	143824	7556	26733	50565	58971	重 庆
1311	291	19374	324193	77132	19575	135571	91914	四 川
522	150	10147	122208	21237	11589	48548	40835	贵 州
429	84	9017	110913	13576	15483	36146	45708	云 南
856	130	7382	160848	14775	39733	74360	31980	陕 西
371	81	4653	45812	9705	12261	16741	7106	甘 肃
83	11	1083	8395	2566	2497	2534	797	青 海
66	13	736	31401	5698	10888	12619	2195	宁 夏
159	15	658	46157	10991	6739	21944	6483	新 疆

3-2-3 建制镇供水（2011 年）

地区名称 Name of Regions		集中供水 的建制镇 个 数 （个） Number of Towns with Access to Piped Water （unit）	占全部 建制镇 的比例 （%） Percentage of Total Rate （%）	公共供水 Public Water Supply			自备水源单位 Self-built Water Supply Facilities	
				设施个数 （个） Number of Public Water Supply Facilities （unit）	其中： 水厂个数 Waterwork	综合生产 能 力 （万立方 米／日） Integrated Production Capacity （10,000 m³/day）	个数 （个） Number of Self-built Water Supply Facilities （unit）	综合生产 能 力 （万立方 米／日） Integrated Production Capacity （10,000 m³/day）
全 国	**National Total**	**15761**	**92.3**	**25798**	**13698**	**5159.3**	**43139**	**1338.8**
北 京	Beijing	120	100.0	210	117	61.2	787	39.8
天 津	Tianjin	101	94.4	331	103	66.7	636	36.5
河 北	Hebei	626	79.9	1230	180	64.9	2507	62.5
山 西	Shanxi	468	99.4	693	147	42.6	1147	22.2
内 蒙 古	Inner Mongolia	371	87.1	645	236	42.5	515	20.6
辽 宁	Liaoning	439	82.4	782	365	60.5	1021	36.0
吉 林	Jilin	344	87.1	647	284	57.7	780	19.5
黑 龙 江	Heilongjiang	370	91.6	583	214	36.8	273	8.0
上 海	Shanghai	100	100.0	116	74	267.1	30	18.3
江 苏	Jiangsu	793	99.3	1712	1315	633.0	1147	62.5
浙 江	Zhejiang	650	98.9	1102	602	587.2	2641	107.0
安 徽	Anhui	680	81.3	1181	903	244.8	1341	34.8
福 建	Fujian	498	98.8	752	475	259.5	1523	43.1
江 西	Jiangxi	618	91.4	895	565	127.7	1820	22.7
山 东	Shandong	1054	97.7	2763	1006	407.2	6365	213.3
河 南	Henan	802	97.0	1322	517	113.7	4994	78.0
湖 北	Hubei	718	97.2	987	775	318.7	1652	66.3
湖 南	Hunan	821	83.9	1143	783	244.0	2787	60.2
广 东	Guangdong	982	95.8	1405	982	802.4	1981	173.4
广 西	Guangxi	583	97.5	747	560	96.8	1236	32.0
海 南	Hainan	158	99.4	259	100	17.1	1180	7.8
重 庆	Chongqing	504	97.9	822	675	74.5	369	11.5
四 川	Sichuan	1411	91.9	1800	1375	266.6	2258	67.3
贵 州	Guizhou	577	95.7	867	363	74.0	804	12.5
云 南	Yunnan	450	96.8	617	281	59.7	765	38.0
陕 西	Shaanxi	929	91.9	1385	377	63.5	1834	26.3
甘 肃	Gansu	298	78.0	351	139	23.1	376	6.1
青 海	Qinghai	69	67.0	76	14	12.9	18	3.3
宁 夏	Ningxia	66	90.4	122	36	14.7	135	4.1
新 疆	Xinjiang	161	97.0	253	135	18.4	217	5.1

3-2-3 Water Supply of Towns （2011）

年供水总量 （万立方米）			供水管道 长　度 （公里）		用水人口 （万人）	地区名称
	年生活 用水量	年生产 用水量		本年新增		
Annual Supply of Water （10,000m³）	Annual Domestic Water Consumption	Annual Water Consumption for Production	Length of Water Supply Pipelines （km）	Added This Year	Population with Access to Water （10,000persons）	Name of Regions
1186056	**498548**	**602009**	**355256**	**24840**	**13563.4**	全　　国
10582	3843	6387	4410	233	104.0	北　京
9869	3068	5949	4482	371	97.9	天　津
30865	13076	16209	8200	556	465.6	河　北
15664	6411	8768	5662	194	233.5	山　西
12734	4537	7492	8384	519	200.8	内　蒙古
14889	7151	7053	9216	637	245.9	辽　宁
13720	6226	7089	5962	323	217.4	吉　林
8443	5617	2518	7496	96	234.6	黑　龙江
91743	29886	58314	8792	175	482.4	上　海
140312	55012	77054	49403	2608	1427.2	江　苏
110801	39493	62476	26523	1789	836.6	浙　江
44621	23976	17989	15847	1962	654.1	安　徽
63306	24466	31967	11257	1075	596.0	福　建
24955	13906	9432	8015	850	351.2	江　西
108629	30091	71895	37808	3055	1140.9	山　东
37309	20970	14431	11355	1112	759.4	河　南
58930	28808	26572	16314	1490	826.4	湖　北
45527	23600	18358	12789	1053	627.5	湖　南
175622	65364	88820	32452	1633	1255.2	广　东
24295	15495	7197	9260	592	404.8	广　西
4478	3209	1061	3291	216	86.4	海　南
27049	15328	8973	9012	459	398.6	重　庆
45376	24372	18421	15588	1424	689.3	四　川
18662	10959	6137	6773	486	326.6	贵　州
21680	9199	11301	9973	650	279.0	云　南
14150	8036	5189	7058	605	357.4	陕　西
4083	2450	1480	4354	152	128.7	甘　肃
2142	803	1310	653	41	25.8	青　海
1920	1177	624	1688	231	42.8	宁　夏
3699	2018	1542	3240	256	67.6	新　疆

3-2-4 建制镇燃气、供热、道路桥梁及防洪（2011年）
3-2-4 Gas, Central Heating, Road, Bridge and Flood Control of Towns (2011)

地区名称 Name of Regions	用气人口 （万人） Population with Access to Gas (10,000 persons)	集中供热 （万平方米） Area of Centrally Heated District (10,000 m²)	道路长度 （公里） Length of Roads (km)	本年新增 Added This Year	道路面积 （万平方米） Surface Area of Roads (10,000 m²)	本年新增 Added This Year	道路照明灯盏数 （盏） Number of Road Lamps (unit)	桥梁座数 （座） Number of Bridges (unit)	防洪堤长度 （公里） Length of Flood Control Dikes (km)
全 国 National Total	**7841.1**	**18733**	**273981**	**19404**	**198607**	**14322**	**3853874**	**97153**	**66133**
北 京 Beijing	71.8	2044	2427	74	1656	91	119024	917	605
天 津 Tianjin	70.5	1850	2517	203	1642	208	63953	903	641
河 北 Hebei	227.4	1604	10211	529	6531	352	123560	1632	1525
山 西 Shanxi	30.8	556	5147	491	3537	265	40907	867	956
内 蒙 古 Inner Mongolia	48.8	1500	3599	263	2700	211	61057	1187	1726
辽 宁 Liaoning	119.8	2420	6388	229	4078	180	67997	2241	3286
吉 林 Jilin	57.2	1626	4808	253	2997	167	34451	1304	1785
黑 龙 江 Heilongjiang	44.6	820	7291	170	4423	95	30275	688	954
上 海 Shanghai	438.5	30	5360	153	5896	202	107174	5513	885
江 苏 Jiangsu	1258.6	170	33750	1956	25966	1704	523732	19054	8148
浙 江 Zhejiang	618.1		18443	1082	14072	870	396629	10892	6116
安 徽 Anhui	436.3	53	15229	1791	11367	1361	138235	5613	4527
福 建 Fujian	421.8		10927	788	8133	649	175376	3076	2352
江 西 Jiangxi	182.1		8033	614	5497	447	65125	1861	2421
山 东 Shandong	611.6	4621	30311	2906	21937	2173	482915	13930	6031
河 南 Henan	48.7	71	13495	1188	10139	809	186118	2934	1960
湖 北 Hubei	489.0		12928	1100	9222	766	112401	2962	3862
湖 南 Hunan	318.6	14	11136	1005	7891	695	84867	2799	2514
广 东 Guangdong	1044.4		25145	1181	17899	828	515448	5856	6941
广 西 Guangxi	334.7		7157	412	5337	228	62567	1211	521
海 南 Hainan	77.0		2237	123	1395	66	25792	290	287
重 庆 Chongqing	234.3		3976	248	3398	164	75943	1479	575
四 川 Sichuan	411.6		11258	976	8038	718	166128	3657	1848
贵 州 Guizhou	59.9	84	4151	352	3007	256	48366	997	476
云 南 Yunnan	62.2		4035	258	3014	159	40652	1283	1734
陕 西 Shaanxi	80.7	227	7202	700	4320	408	53116	1919	1881
甘 肃 Gansu	8.0	304	3215	171	2078	112	17734	571	833
青 海 Qinghai	8.0	89	655	19	464	16	5098	158	60
宁 夏 Ningxia	14.4	393	898	55	576	43	12133	159	119
新 疆 Xinjiang	11.6	257	2053	111	1397	79	17101	1200	565

3-2-5 建制镇排水和污水处理（2011年）
3-2-5 Drainage and Wastewater Treatment of Towns（2011）

地区名称 Name of Regions		污水处理厂 Wastewater Treatment Plant		污水处理装置 Wastewater Treatment Facilities		排水管道 长　度 （公里）		排水暗渠 长　度 （公里）	
		个数 （个） Number of Wastewater Treatment Plants (unit)	处理能力 （万立方 米/日） Treatment Capacity (10,000 m³/day)	个数 （个） Number of Wastewater Treatment Facilities (unit)	处理能力 （万立方 米/日） Treatment Capacity (10,000 m³/day)	Length of Drainage Piplines (km)	本年 新增 Added This Year	Length of Drains (km)	本年 新增 Added This Year
全　国	National Total	1651	1112.43	8125	710.10	122052	11187	57503	5325
北　京	Beijing	72	25.07	199	21.61	1373	57	420	38
天　津	Tianjin	22	3.95	46	2.77	1097	147	505	55
河　北	Hebei	16	27.80	28	18.55	2123	225	844	100
山　西	Shanxi	4	1.40	4	1.10	1410	100	733	62
内 蒙 古	Inner Mongolia	8	9.00	35	3.86	1179	203	368	53
辽　宁	Liaoning	18	8.78	90	10.33	1997	150	1022	129
吉　林	Jilin	5	4.99	7	6.02	931	75	254	29
黑 龙 江	Heilongjiang	1	0.08	1	0.08	875	114	490	66
上　海	Shanghai	31	34.69	152	27.17	4849	141	590	9
江　苏	Jiangsu	391	258.05	1049	116.14	18392	1702	6540	575
浙　江	Zhejiang	167	142.73	2678	161.86	11905	1082	3620	324
安　徽	Anhui	31	15.19	161	7.64	6505	836	6215	581
福　建	Fujian	36	65.87	106	45.87	4450	341	1712	150
江　西	Jiangxi	10	7.76	72	3.98	3485	355	1785	169
山　东	Shandong	268	181.68	897	125.31	12083	1604	7240	970
河　南	Henan	22	12.67	43	5.87	4922	494	2497	248
湖　北	Hubei	64	30.80	172	19.18	7168	665	3219	324
湖　南	Hunan	34	17.53	26	3.67	5182	508	2402	248
广　东	Guangdong	106	171.76	285	85.97	13507	659	6446	304
广　西	Guangxi	1	0.30	6	0.37	3189	134	1822	87
海　南	Hainan	3	0.33	10	0.53	864	42	347	27
重　庆	Chongqing	126	15.54	257	7.89	2710	200	1389	128
四　川	Sichuan	168	63.33	1670	22.29	5228	526	2828	223
贵　州	Guizhou	11	2.70	50	3.62	909	119	1084	103
云　南	Yunnan	11	6.11	37	5.19	1607	137	1098	105
陕　西	Shaanxi	6	0.58	17	1.09	2498	396	1606	180
甘　肃	Gansu	1	0.12	3	0.33	713	70	205	17
青　海	Qinghai	2	0.07	7	0.05	134	14	38	3
宁　夏	Ningxia	9	2.55	8	1.15	369	59	84	14
新　疆	Xinjiang	7	1.00	9	0.62	399	34	101	4

3-2-6 建制镇园林绿化及环境卫生（2011 年）
3-2-6 Landscaping and Environmental Sanitation of Towns（2011）

地区名称 Name of Regions	园林绿化（公顷）Landscaping（hectare）				环境卫生 Environmental Sanitation		
	绿化覆盖面积 Green Coverage Area	绿地面积 Area of Parks and Green Space	本年新增 Added This Year	公园绿地面积 Public Green Space	生活垃圾中转站（座） Number of Garbage Transfer Station（unit）	环卫专用车辆设备（台） Number of Special Vehicles for Environmental Sanitation（unit）	公共厕所（座） Number of Latrines（unit）
全 国 National Total	**506706**	**269270**	**16500**	**34458**	**29972**	**76491**	**100602**
北 京 Beijing	5902	3288	96	568	450	2679	2229
天 津 Tianjin	4477	1574	135	122	284	1810	2096
河 北 Hebei	13123	5467	290	400	627	2380	2371
山 西 Shanxi	10578	4493	182	259	793	1724	1516
内 蒙 古 Inner Mongolia	8792	3870	212	510	483	807	3944
辽 宁 Liaoning	9440	2495	114	376	593	1194	2610
吉 林 Jilin	4101	1560	88	254	434	806	2188
黑 龙 江 Heilongjiang	3961	1638	98	311	176	945	2467
上 海 Shanghai	17574	11139	434	1218	1278	2300	3561
江 苏 Jiangsu	63719	43698	3810	7529	1960	9913	11692
浙 江 Zhejiang	28222	17883	1250	2191	1636	9306	12707
安 徽 Anhui	34440	16757	815	1178	888	4661	4643
福 建 Fujian	22251	14470	1602	3996	796	4231	4871
江 西 Jiangxi	10070	5367	348	790	1099	1208	2553
山 东 Shandong	73101	42766	3003	5503	1755	6007	6850
河 南 Henan	40268	7627	540	1915	1248	4981	3750
湖 北 Hubei	30900	15588	577	957	1453	2189	3438
湖 南 Hunan	21661	12906	558	1037	1209	1932	2955
广 东 Guangdong	44547	27031	832	2884	3059	6182	6924
广 西 Guangxi	5845	2688	220	235	346	1643	1979
海 南 Hainan	6110	3951	146	242	112	661	729
重 庆 Chongqing	6375	3179	249	324	967	1036	1881
四 川 Sichuan	13056	6208	352	597	4999	4067	4239
贵 州 Guizhou	8329	3297	85	139	637	869	1652
云 南 Yunnan	3766	2341	116	340	318	641	2146
陕 西 Shaanxi	7371	2901	206	241	1655	1200	2626
甘 肃 Gansu	3021	1282	39	108	425	403	713
青 海 Qinghai	1060	646	36	7	46	116	190
宁 夏 Ningxia	883	439	37	34	112	420	443
新 疆 Xinjiang	3762	2721	31	193	134	180	639

3-2-7 建制镇房屋 (2011 年)

地区名称 Name of Regions		住宅 Residential Building						
		本年建房 户 数 （户） Number of Households of Building Housing This Year （unit）	在新址上 新 建 New Constr- uction on New Site	年末实有 建筑面积 （万平方米） Total Floor Space of Buildings （year-end） （10,000m²）	混合结构 以 上 Mixed Strucure and Above	本年竣工 建筑面积 （万平方米） Floor Space Completed This Year （10,000m²）	混合结构 以 上 Mixed Strucure and Above	人均住宅 建筑面积 （平方米） Per Capita Floor Space （m²）
全 国	National Total	1110301	633908	473153.7	369356.3	17170.3	16151.4	32.95
北 京	Beijing	1833	666	3515.7	2904.8	213.9	208.2	51.76
天 津	Tianjin	3740	1718	3621.2	2637.3	379.4	303.9	46.64
河 北	Hebei	27810	14433	16304.6	10231.8	388.3	350.8	29.76
山 西	Shanxi	18073	7070	7096.0	4752.1	211.0	199.0	28.60
内 蒙 古	Inner Mongolia	25601	16169	7123.3	5827.3	195.7	186.3	23.71
辽 宁	Liaoning	49627	16098	8239.6	5197.0	550.0	511.0	26.51
吉 林	Jilin	15697	8743	6414.7	3853.3	209.4	170.3	23.22
黑 龙 江	Heilongjiang	40697	6976	6404.1	5867.4	360.2	360.2	23.29
上 海	Shanghai	15845	15061	17068.5	16421.2	1042.9	998.4	65.55
江 苏	Jiangsu	118062	82837	46014.1	38322.1	2107.2	2047.8	37.86
浙 江	Zhejiang	43493	30528	37229.4	31966.8	1148.6	1123.6	47.79
安 徽	Anhui	77536	47471	26487.4	20491.7	934.6	842.2	29.03
福 建	Fujian	25418	15381	20882.8	16190.8	568.5	540.5	38.44
江 西	Jiangxi	28293	17240	17205.3	13170.7	476.4	443.8	34.43
山 东	Shandong	189516	109313	37079.5	26953.0	2025.5	1935.8	32.40
河 南	Henan	42870	22150	29656.3	22043.4	673.2	627.8	31.45
湖 北	Hubei	42084	23911	27761.2	22611.9	699.6	662.6	30.93
湖 南	Hunan	34838	22973	27631.3	23773.9	680.7	663.8	34.33
广 东	Guangdong	44930	33428	32109.9	25818.6	1077.4	1002.5	28.47
广 西	Guangxi	22116	14349	11855.2	9764.1	418.8	411.4	26.84
海 南	Hainan	5358	2949	2542.1	1458.8	88.4	80.4	28.02
重 庆	Chongqing	33693	22413	13250.2	11358.4	491.9	466.8	35.44
四 川	Sichuan	74963	37576	28325.7	23112.6	988.3	918.1	36.46
贵 州	Guizhou	27842	13584	9788.2	7519.8	280.0	264.2	27.20
云 南	Yunnan	14556	7838	9164.6	4993.0	240.4	204.0	30.78
陕 西	Shaanxi	28659	14548	11744.0	7892.9	306.9	280.2	26.33
甘 肃	Gansu	16106	7087	4376.1	2260.9	129.0	119.9	25.15
青 海	Qinghai	21575	7321	1237.1	552.2	133.5	96.6	26.59
宁 夏	Ningxia	5727	5149	1186.7	491.8	38.2	35.4	24.20
新 疆	Xinjiang	13743	8928	1838.7	917.0	112.6	96.0	25.86

3-2-7　Building Construction of Towns（2011）

公共建筑　Public Building				生产性建筑　Industrial Building				地区名称
年末实有建筑面积（万平方米） Total Floor Space of Buildings（year-end）（10,000m²）	混合结构以上 Mixed Strucure and Above	本年竣工建筑面积（万平方米） Floor Space Completed This Year（10,000m²）	混合结构以上 Mixed Strucure and Above	年末实有建筑面积（万平方米） Total Floor Space of Buildings（year-end）（10,000m²）	混合结构以上 Mixed Strucure and Above	本年竣工建筑面积（万平方米） Floor Space Completed This Year（10,000m²）	混合结构以上 Mixed Strucure and Above	Name of Regions
105681.5	**89840.5**	**4407.8**	**4204.5**	**158532.6**	**134166.0**	**10809.6**	**9652.4**	全　国
862.2	818.1	17.9	15.9	1938.2	1857.6	67.9	61.8	北　京
631.1	531.4	63.9	55.9	2864.3	2659.1	125.2	112.4	天　津
3341.0	2513.1	106.6	92.6	5763.8	4188.8	255.6	181.6	河　北
1815.7	1558.3	61.4	56.5	1478.3	1185.7	47.7	41.9	山　西
1613.9	1306.4	62.7	62.3	1122.8	945.5	44.7	37.2	内　蒙　古
2805.0	2311.3	83.7	83.0	2774.0	2264.5	165.9	150.4	辽　宁
1702.2	1350.0	43.6	37.7	1177.7	897.3	64.6	54.2	吉　林
1738.9	1559.2	58.3	58.3	1329.9	1099.2	41.9	41.9	黑　龙　江
3013.2	2978.0	158.4	157.0	8313.4	8113.4	315.4	305.0	上　海
12334.5	10716.4	602.9	592.1	29626.5	26651.6	2221.0	2069.9	江　苏
7695.7	6957.7	343.7	339.0	24993.8	23157.2	1862.1	1802.6	浙　江
5086.4	4433.6	294.6	277.5	6099.8	4542.6	705.6	587.0	安　徽
4412.9	3772.6	172.1	168.6	6100.2	5164.1	470.8	446.8	福　建
2581.7	2095.5	109.7	100.4	2330.8	1722.7	195.9	145.8	江　西
11804.6	9818.1	602.9	571.8	18959.8	14681.4	1550.4	1380.3	山　东
3619.6	3015.6	162.6	157.1	4641.9	3855.6	247.0	213.4	河　南
5728.8	4963.0	194.7	182.3	5095.0	4199.3	387.1	340.4	湖　北
5070.4	4536.0	199.3	190.2	4293.8	3568.5	274.9	250.0	湖　南
8777.7	7380.4	311.2	292.1	15430.6	12594.9	794.0	670.6	广　东
3541.9	2842.0	81.7	80.1	1919.6	1299.3	80.5	71.9	广　西
674.0	414.7	19.1	17.2	233.5	141.9	8.5	6.0	海　南
2583.4	2329.0	71.0	68.2	1668.2	1434.6	69.9	65.8	重　庆
4499.2	3889.4	204.8	197.0	4465.6	3370.2	387.1	266.5	四　川
1804.6	1604.5	78.4	73.8	963.8	840.1	135.3	123.7	贵　州
2149.3	1688.5	79.8	75.4	1176.5	830.5	50.6	35.9	云　南
2645.6	2192.5	112.3	99.8	1732.7	1394.0	143.9	97.4	陕　西
1860.1	1252.7	65.5	59.5	1082.2	760.5	62.2	59.4	甘　肃
394.2	311.1	9.5	9.4	319.4	291.8	4.7	4.3	青　海
389.2	294.1	10.0	9.5	215.3	176.4	22.0	21.0	宁　夏
504.5	407.4	25.7	24.6	421.5	277.9	7.4	7.4	新　疆

3-2-8 建制镇建设投入 (2011 年)

地区名称 Name of Regions		合计 Total	房屋　Building				小计 Input of Municipal Public Facilities	供水 Water Supply	燃气 Gas Supply
			小计 Input of House	住宅 Residential Building	公共建筑 Public Building	生产性建筑 Industrial Building			
全　国	National Total	50180547	38499189	21061778	5795801	11641610	11681358	1173647	336031
北　京	Beijing	888698	634591	498440	32060	104091	254107	22460	8670
天　津	Tianjin	1689099	1408417	915085	285387	207945	280682	27394	19451
河　北	Hebei	1086828	808920	441337	117472	250111	277908	20500	7609
山　西	Shanxi	340560	239966	150347	55979	33640	100594	8139	2164
内 蒙 古	Inner Mongolia	730382	446339	275637	102318	68384	284043	18885	7965
辽　宁	Liaoning	1495244	1280048	958621	121503	199924	215196	15937	3366
吉　林	Jilin	448412	327330	210448	53646	63236	121082	21682	5147
黑 龙 江	Heilongjiang	536546	402790	308348	57980	36462	133756	6026	101
上　海	Shanghai	3712473	3300892	2092333	638541	570018	411581	61781	24675
江　苏	Jiangsu	7560649	5878018	2582160	842462	2453396	1682631	134031	33444
浙　江	Zhejiang	5423141	4335590	1714296	495250	2126044	1087551	130247	20039
安　徽	Anhui	2577693	2009310	927411	313779	768120	568383	77200	6643
福　建	Fujian	1769077	1240873	563409	199127	478337	528204	50857	3440
江　西	Jiangxi	834993	519647	322467	79796	117384	315346	35587	5121
山　东	Shandong	5677712	4283859	2182097	660573	1441189	1393853	91149	66997
河　南	Henan	1132167	906095	535563	145614	224918	226072	28614	8686
湖　北	Hubei	1557126	1177246	697160	166601	313485	379880	67615	12530
湖　南	Hunan	1389944	992160	540280	194433	257447	397784	54312	7365
广　东	Guangdong	3741915	3001548	1729551	370908	901089	740367	75358	11533
广　西	Guangxi	541079	449181	312774	71833	64574	91898	14429	313
海　南	Hainan	227485	140978	105543	24776	10659	86507	11936	148
重　庆	Chongqing	907960	677257	518212	79035	80010	230703	37379	19745
四　川	Sichuan	2620715	1743756	1091060	238264	414432	876959	74825	49559
贵　州	Guizhou	765241	438045	236626	73336	128083	327196	21878	2595
云　南	Yunnan	559427	438467	274949	99436	64082	120960	21908	85
陕　西	Shaanxi	905334	580213	313357	135684	131172	325121	22842	3271
甘　肃	Gansu	364723	307885	131490	83607	92788	56838	8512	816
青　海	Qinghai	352434	254758	238435	11312	5011	97676	2448	2515
宁　夏	Ningxia	126265	95179	52757	13588	28834	31086	2700	438
新　疆	Xinjiang	217225	179831	141585	31501	6745	37394	7016	1600

3-2-8　Construction Input of Towns（2011）

计量单位：万元　Measurement Unit：10,000 RMB

Construction Input of This Year									地区名称
市政公用设施　Municipal Public Facilities									
集中供热	道路桥梁	排水	污水处理	防洪	园林绿化	环境卫生	垃圾处理	其他	
Central Heating	Road and Bridge	Drainage	Wastewater Treatment	Flood Control	Lands-caping	Environ-mental Sanitation	Garbage Treatment	Other	Name of Regions
327672	**4788598**	**1550360**	**751216**	**540569**	**1204618**	**776294**	**326287**	**983569**	全　　国
25338	107589	27889	9181	2033	21240	22119	6368	16769	北　　京
26175	115947	43550	10997	1441	28230	10064	2566	8430	天　　津
22410	121541	36603	14644	14207	31571	14424	5375	9043	河　　北
9369	30743	12810	2259	3507	15031	5992	2342	12839	山　　西
58246	84148	24434	8383	13055	59048	4849	936	13413	内 蒙 古
45367	52890	18866	1001	7265	15840	19379	12663	36286	辽　　宁
16137	49138	8770	250	6847	3817	4491	1267	5053	吉　　林
9130	53609	19682	481	109	8776	6932	1387	29391	黑 龙 江
140	166141	50848	28354	2989	41175	39690	18164	24142	上　　海
1617	655719	260578	163788	41176	237615	118981	44159	199470	江　　苏
	370119	195521	125023	86736	96857	88744	42655	99288	浙　　江
20	262980	50480	12785	21705	44024	51621	27462	53710	安　　徽
	256241	50238	15780	30056	82902	31127	14698	23343	福　　建
	181766	24163	6253	12343	25559	12586	5431	18221	江　　西
95977	516718	159484	77427	39933	218369	89600	39224	115626	山　　东
847	101246	22166	5327	6318	17028	23391	8477	17776	河　　南
	151794	44861	11426	12536	27166	22303	10641	41075	湖　　北
2206	185893	51091	24660	25921	15899	22190	8634	32907	湖　　南
	225628	183551	132953	89508	57418	61188	26889	36183	广　　东
	44771	9112	642	6441	5043	7238	2645	4551	广　　西
	43474	14175	1187	2129	8671	3478	552	2496	海　　南
	68914	31853	20537	9676	18861	14015	6414	30260	重　　庆
	375837	119532	48325	51439	75022	66173	24735	64572	四　　川
1171	257617	10793	2144	6101	5898	8445	2816	12698	贵　　州
	46354	12712	2667	9972	10574	5272	2653	14083	云　　南
3499	150957	30362	3096	28283	22124	13484	3485	50299	陕　　西
2687	24105	5473	174	4798	2715	1797	416	5935	甘　　肃
56	60280	22888	20028	2620	3291	2358	1656	1220	青　　海
1761	13530	5443	1393	263	2802	2593	1190	1556	宁　　夏
5519	12909	2432	51	1162	2052	1770	387	2934	新　　疆

3-2-9 乡市政公用设施水平（2011年）

3-2-9 Level of Municipal Public Facilities of Build-up Area of Townships (2011)

地区名称 Name of Regions		人口密度 （人/平方公里） Population Density (person/km²)	人均日生活用水量 （升） Per Capita Daily Water Consumption (liter)	用水普及率 （%） Water Coverage Rate (%)	燃气普及率 （%） Gas Coverage Rate (%)	人均道路面积 （平方米） Road Surface Area Per Capita (m²)	排水管道暗渠密度 （公里/平方公里） Density of Drains (km/km²)	人均公园绿地面积 （平方米） Public Recreational Green Space Per Capita (m²)	绿化覆盖率 （%） Green Coverage Rate (%)	绿地率 （%） Green Space Rate (%)
全　国	National Total	4540	82.4	65.7	19.1	11.5	3.12	0.90	12.6	5.0
北　京	Beijing	3467	88.7	89.1	29.5	12.7	4.84	2.41	30.5	10.4
天　津	Tianjin	2839	108.7	97.4	58.6	11.1	3.50	0.06	17.2	2.2
河　北	Hebei	4193	63.9	60.6	23.2	10.7	1.14	0.43	8.3	2.7
山　西	Shanxi	4377	56.0	81.7	8.4	13.2	2.88	1.01	18.9	7.6
内　蒙古	Inner Mongolia	3037	59.2	45.3	12.4	9.2	0.57	0.92	7.5	3.2
辽　宁	Liaoning	3950	78.5	35.6	11.1	12.8	2.19	0.35	9.3	2.2
吉　林	Jilin	3136	76.9	49.7	10.4	14.1	0.99	0.31	5.0	2.5
黑龙江	Heilongjiang	3009	65.0	71.1	9.9	21.5	0.87	0.47	5.2	2.2
上　海	Shanghai	5796	122.4	49.6	49.6	15.2	12.61	5.44	36.4	27.4
江　苏	Jiangsu	5542	110.1	95.5	70.5	16.2	6.88	3.67	22.7	14.2
浙　江	Zhejiang	5045	114.1	72.1	51.9	12.6	5.89	1.20	10.1	5.7
安　徽	Anhui	4551	96.8	52.3	37.5	11.8	4.41	1.18	15.9	7.5
福　建	Fujian	7022	104.9	85.2	48.1	13.8	6.23	5.69	21.3	11.7
江　西	Jiangxi	4803	107.3	56.6	29.1	11.7	5.46	1.21	9.8	5.2
山　东	Shandong	4335	68.5	83.2	30.7	14.6	6.22	1.73	19.0	9.0
河　南	Henan	6055	68.7	65.8	3.7	10.1	4.07	0.97	23.6	4.2
湖　北	Hubei	4328	105.5	77.4	34.2	10.1	4.15	0.69	13.0	6.3
湖　南	Hunan	4289	101.3	49.3	24.2	9.3	3.15	0.57	12.2	5.7
广　东	Guangdong	3594	141.6	67.8	52.7	15.5	8.65	1.69	20.0	5.6
广　西	Guangxi	7071	98.7	84.2	54.8	10.1	5.77	0.44	10.5	5.5
海　南	Hainan	3192	86.4	92.7	74.3	13.6	2.51	0.97	29.2	17.9
重　庆	Chongqing	5983	98.0	77.4	19.0	10.1	6.64	0.46	9.1	4.6
四　川	Sichuan	4607	80.8	60.8	12.0	8.3	3.01	0.10	6.9	1.6
贵　州	Guizhou	4382	87.2	77.5	9.2	10.2	2.48	0.24	10.8	4.3
云　南	Yunnan	5177	91.9	80.1	12.6	9.7	4.26	0.37	5.0	2.8
陕　西	Shaanxi	4847	58.3	55.6	5.6	9.9	3.05	0.25	8.1	2.8
甘　肃	Gansu	3569	49.1	48.4	2.4	13.0	1.70	0.34	9.4	3.4
青　海	Qinghai	5208	73.0	41.7	—	9.4	0.12		6.2	2.4
宁　夏	Ningxia	3519	58.0	74.9	13.3	12.3	3.32	0.19	8.3	3.3
新　疆	Xinjiang	2922	76.7	74.8	4.3	20.9	0.42	1.72	17.0	11.1

3-2-10 乡基本情况 (2011 年)

地区名称 Name of Regions	乡个数 （个） Number of Townships （unit）	建成区 面 积 （公顷） Surface Area of Built-up Districts （hectare）	建成区 户籍人口 （万人） Registered Permanent Population （10,000 persons）	建成区 暂住人口 （万人） Temporary Population （10,000 persons）	规划建设管理		
					设有村镇 建设管理 机构的个数 （个） Number of Towns with Construction Management Institution （unit）	村镇建设 管理人员 （人） Number of Construction Management Personnel （person）	专职 人员 Full-time Staff
全 国 National Total	12924	741949	3132.92	235.71	8669	24214	14556
北 京 Beijing	14	892	2.00	1.09	12	79	43
天 津 Tianjin	17	2575	5.96	1.35	17	72	51
河 北 Hebei	947	70161	281.27	12.93	421	1060	691
山 西 Shanxi	616	28708	116.06	9.59	379	808	408
内 蒙 古 Inner Mongolia	190	17030	49.13	2.58	139	356	174
辽 宁 Liaoning	311	17212	64.81	3.17	311	498	398
吉 林 Jilin	174	13299	38.76	2.95	160	274	189
黑 龙 江 Heilongjiang	408	30531	87.06	4.81	397	577	411
上 海 Shanghai	2	165	0.37	0.58	2	23	16
江 苏 Jiangsu	85	10134	52.42	3.74	85	480	286
浙 江 Zhejiang	299	13875	58.34	11.66	219	595	336
安 徽 Anhui	333	32772	139.29	9.87	250	694	449
福 建 Fujian	307	14878	99.41	5.06	274	602	367
江 西 Jiangxi	605	38639	173.34	12.25	572	1948	968
山 东 Shandong	145	16052	65.48	4.10	139	847	487
河 南 Henan	885	90164	514.24	31.72	872	4561	3015
湖 北 Hubei	190	21574	84.72	8.65	169	1115	533
湖 南 Hunan	999	62492	242.86	25.19	531	2117	1031
广 东 Guangdong	13	969	3.28	0.20	13	106	91
广 西 Guangxi	419	15558	105.72	4.30	303	499	339
海 南 Hainan	21	647	2.00	0.06	16	59	33
重 庆 Chongqing	259	7274	39.27	4.25	239	502	320
四 川 Sichuan	2483	63865	263.18	31.03	1286	2140	1421
贵 州 Guizhou	754	41847	173.23	10.13	525	888	591
云 南 Yunnan	687	32864	159.57	10.58	462	1128	694
陕 西 Shaanxi	106	6113	26.48	3.15	57	186	125
甘 肃 Gansu	757	34248	114.99	7.24	348	847	429
青 海 Qinghai	219	5358	26.17	1.74	44	132	90
宁 夏 Ningxia	92	5201	17.44	0.86	73	146	87
新 疆 Xinjiang	587	46852	126.06	10.86	354	875	483

3-2-10　Summary of Townships（2011）

有总体规划的乡个数（个） Number of Townships with Master Plans（unit）	本年编制 Compiled This Year	本年规划编制投入（万元） Input in Planning This Year（10,000 RMB）	合计 Total	中央财政 Central Goverment Financial Allocation	省级财政 Province Goverment Financial Allocation	市（县）财政 City（County）Goverment Financial Allocation	本级财政 Local Financial Allocation	地区名称 Name of Regions
8707	1588	88431	1062923	175503	181455	405458	300507	全　国
12	1	60	4973	349	2551	1601	472	北　京
11	2	35	12766	340	476	4774	7176	天　津
539	73	2099	22843	254	455	8955	13179	河　北
295	50	1997	26749	6282	7128	7932	5408	山　西
116	11	379	10749	35	1112	5784	3818	内　蒙　古
256	13	566	18490	882	4292	6817	6499	辽　宁
89	13	207	6861	714	3071	2276	799	吉　林
312	9	576	13624		802	5220	7602	黑　龙　江
			4886		410	528	3948	上　海
85	12	1255	18229	90	2166	5191	10781	江　苏
221	34	2441	92746	1618	10061	52523	28545	浙　江
264	24	2894	85905	11660	15939	31986	26321	安　徽
261	36	1665	44876	5445	9132	19929	10370	福　建
567	44	2042	61811	3991	9430	18892	29498	江　西
140	11	1751	24724	1851	2031	9200	11642	山　东
800	138	8300	82441	9075	18940	17552	36873	河　南
181	8	1463	28284	3134	3249	11671	10230	湖　北
588	63	6557	75679	13031	13101	25994	23554	湖　南
10	1	19	1358		950	133	275	广　东
331	168	6747	30302	6887	6442	14250	2723	广　西
19	2	209	2325	70	482	1612	162	海　南
230	22	1272	14459	95	1574	7389	5401	重　庆
1116	308	15170	77751	30969	8820	29468	8494	四　川
575	224	12561	49842	7044	6468	23384	12946	贵　州
545	133	8945	51817	16867	8240	18664	8046	云　南
65	6	457	5951	921	1168	1836	2027	陕　西
473	118	4235	46677	8924	10814	19530	7408	甘　肃
68	14	1378	14937	8762	1507	4443	225	青　海
66	11	381	32973	15674	8531	7301	1467	宁　夏
472	39	2771	97897	20540	22115	40622	14620	新　疆

Planning and Administer

市政公用设施建设财政性资金收入（万元）
Fiscal Revenue for Municipal Public Facilities Construction（10,000RMB）

3-2-11 乡供水 (2011 年)

地区名称 Name of Regions		集中供水的乡个数（个） Number of Townships with Access to Piped Water (unit)	占全部乡的比例（％） Percentage of Total Rate (％)	公共供水 Public Water Supply				自备水源单位 Self-built Water Supply Facilities	
				设施个数（个） Number of Public Water Supply Facilities (unit)	水厂个数 Waterwork		综合生产能力（万立方米/日） Integrated Production Capacity (10,000 m³/day)	个数（个） Number of Self-built Water Supply Facilities (unit)	综合生产能力（万立方米/日） Integrated Production Capacity (10,000 m³/day)
全 国	National Total	9897	76.6	12385	5061		579.2	16093	246.0
北 京	Beijing	13	92.9	24	8		1.1	18	0.6
天 津	Tianjin	17	100.0	38	11		1.9	38	0.7
河 北	Hebei	597	63.0	822	129		30.1	1279	29.1
山 西	Shanxi	578	93.8	703	104		19.9	733	17.8
内 蒙 古	Inner Mongolia	128	67.4	151	61		5.1	103	2.0
辽 宁	Liaoning	158	50.8	286	63		11.8	250	4.4
吉 林	Jilin	118	67.8	188	57		5.6	232	4.0
黑 龙 江	Heilongjiang	339	83.1	348	133		13.7	181	8.3
上 海	Shanghai	2	100.0	3	3		0.9	1	—
江 苏	Jiangsu	85	100.0	153	118		16.0	101	3.0
浙 江	Zhejiang	272	91.0	369	78		26.2	648	9.1
安 徽	Anhui	225	67.6	380	234		34.3	350	5.8
福 建	Fujian	298	97.1	409	245		25.2	686	7.3
江 西	Jiangxi	484	80.0	645	334		34.1	974	8.9
山 东	Shandong	137	94.5	226	113		13.7	375	6.3
河 南	Henan	808	91.3	918	326		43.3	3511	43.8
湖 北	Hubei	176	92.6	296	184		27.9	274	18.8
湖 南	Hunan	687	68.8	929	412		61.1	1820	15.6
广 东	Guangdong	11	84.6	17	9		1.5	33	0.3
广 西	Guangxi	387	92.4	389	222		14.8	446	6.3
海 南	Hainan	21	100.0	21	5		0.5	7	0.1
重 庆	Chongqing	229	88.4	281	195		6.3	115	0.7
四 川	Sichuan	1602	64.5	1774	1056		53.2	1439	9.7
贵 州	Guizhou	657	87.1	804	257		25.6	664	7.4
云 南	Yunnan	632	92.0	775	175		34.6	679	8.0
陕 西	Shaanxi	80	75.5	87	14		2.4	88	1.6
甘 肃	Gansu	444	58.7	441	84		10.8	363	13.6
青 海	Qinghai	98	44.8	101			2.3	7	—
宁 夏	Ningxia	85	92.4	79	11		8.8	77	2.3
新 疆	Xinjiang	529	90.1	728	420		46.2	601	10.5

3-2-11 Water Supply of Townships (2011)

年供水总量 （万立方米） Annual Supply of Water （10,000m³）	年生活 用水量 Annual Domestic Water Consumption	年生产 用水量 Annual Water Consumption for Production	供水管道 长　度 （公里） Length of Water Supply Pipelines （km）	本年新增 Added This Year	用水人口 （万人） Population with Access to Water （10,000 persons）	地区名称 Name of Regions
114548	66617	39286	90638	6479	2214.3	全　　国
158	89	56	180	8	2.8	北　京
776	282	416	645	2	7.1	天　津
8414	4156	3754	4938	274	178.3	河　北
5178	2099	2853	3856	124	102.7	山　西
1349	507	775	1539	89	23.4	内　蒙　古
1261	694	474	1768	82	24.2	辽　宁
1136	582	510	1257	19	20.7	吉　林
2367	1550	722	2865	44	65.3	黑　龙　江
34	21	13	17		0.5	上　海
3623	2154	1254	2096	182	53.6	江　苏
4142	2103	1782	3051	215	50.5	浙　江
4390	2754	1415	3576	572	78.0	安　徽
6354	3409	2131	3262	329	89.0	福　建
6684	4115	2147	3466	409	105.0	江　西
3613	1447	1823	2436	168	57.9	山　东
15265	9014	5210	7092	1115	359.4	河　南
4284	2785	1349	2707	287	72.3	湖　北
9341	4886	3119	5442	543	132.2	湖　南
359	122	82	92	10	2.4	广　东
4299	3337	776	3078	93	92.6	广　西
79	60	12	66	5	1.9	海　南
2061	1204	564	1896	110	33.7	重　庆
8063	5272	2063	8885	485	178.8	四　川
6634	4524	1642	5431	277	142.1	贵　州
6875	4569	1758	8080	406	136.2	云　南
586	351	169	405	17	16.5	陕　西
1783	1060	580	2638	142	59.2	甘　肃
577	310	241	757	37	11.6	青　海
512	290	202	827	131	13.7	宁　夏
4351	2869	1394	8291	306	102.5	新　疆

3-2-12 乡燃气、供热、道路桥梁及防洪（2011 年）
3-2-12 Gas，Central Heating，Road，Bridge and Flood Control of Townships（2011）

地区名称 Name of Regions	用气人口 （万人） Population with Access to Gas （10,000 persons）	集中供热 （万平方米） Area of Centrally Heated District （10,000 m²）	道路长度 （公里） Length of Roads （km）	本年新增 Added This Year	道路面积 （万平方米） Surface Area of Roads （10,000 m²）	本年新增 Added This Year	道路照明灯盏数 （盏） Number of Road Lamps （unit）	桥梁座数 （座） Number of Bridges （unit）	防洪堤长度 （公里） Length of Flood Control Dikes （km）
全 国 National Total	644.4	964	64688	4860	38804	3063	515278	25995	15853
北 京 Beijing	0.9	13	85	7	39	5	3451	24	13
天 津 Tianjin	4.3	39	150	3	81	1	4637	92	37
河 北 Hebei	68.2	146	5611	370	3144	283	57180	1041	954
山 西 Shanxi	10.5	152	2836	247	1660	120	24785	760	530
内 蒙 古 Inner Mongolia	6.4	61	675	37	475	24	5748	284	281
辽 宁 Liaoning	7.6	120	1584	57	871	27	9231	702	1091
吉 林 Jilin	4.3	50	1074	39	590	26	3999	346	295
黑 龙 江 Heilongjiang	9.1	31	3601	97	1975	49	9501	367	497
上 海 Shanghai	0.5		36		15		283	16	
江 苏 Jiangsu	39.6		1485	106	912	66	13902	1175	258
浙 江 Zhejiang	36.3		1722	143	884	67	29977	1132	824
安 徽 Anhui	55.9		2838	330	1753	240	23770	2081	1312
福 建 Fujian	50.2		2339	228	1443	180	29592	1266	649
江 西 Jiangxi	54.0		3606	273	2173	169	25844	1568	1268
山 东 Shandong	21.3	70	1646	112	1017	77	27803	1652	433
河 南 Henan	20.1	20	8439	830	5511	532	100753	3696	1624
湖 北 Hubei	32.0		1588	174	945	99	10874	546	615
湖 南 Hunan	65.0		4100	436	2498	263	20831	1796	1228
广 东 Guangdong	1.8		120	5	54	3	1048	39	30
广 西 Guangxi	60.3		1760	67	1110	37	10415	442	170
海 南 Hainan	1.5		49	1	28	1	619	16	22
重 庆 Chongqing	8.3		676	40	439	23	7102	283	165
四 川 Sichuan	35.2		4213	311	2450	191	34584	1988	643
贵 州 Guizhou	16.9	9	2817	232	1866	152	16376	674	227
云 南 Yunnan	21.4		2623	215	1644	125	13969	938	489
陕 西 Shaanxi	1.6	11	619	25	293	8	1780	80	83
甘 肃 Gansu	2.9	72	2783	159	1587	87	6927	557	681
青 海 Qinghai	—		493	36	263	25	911	146	29
宁 夏 Ningxia	2.4	80	378	37	225	23	1519	60	79
新 疆 Xinjiang	5.8	91	4741	242	2860	160	17867	2228	1327

3-2-13 乡排水和污水处理 (2011 年)

3-2-13 Drainage and Wastewater Treatment of Townships (2011)

地区名称 Name of Regions		污水处理厂 Wastewater Treatment Plant		污水处理装置 Wastewater Treatment Facilities		排水管道 长 度 （公里）		排水暗渠 长 度 （公里）	
		个数 （个） Number of Wastwater Treatment Plants （unit）	处理能力 （万立方 米/日） Treatment Capacity （10,000 m³/day）	个数 （个） Number of Wastwater Treatment Facilities （unit）	处理能力 （万立方 米/日） Treatment Capacity （10,000 m³/day）	Length of Drainage Piplines （km）	本年 新增 Added This Year	Length of Drains （km）	本年 新增 Added This Year
全 国	National Total	123	17.98	1003	9.84	13845	1647	9321	1058
北 京	Beijing	4	0.06	9	0.06	25	4	18	1
天 津	Tianjin	2	0.23	2	0.24	63	6	28	3
河 北	Hebei	2	0.06			568	56	230	17
山 西	Shanxi			2	0.01	526	31	301	20
内 蒙 古	Inner Mongolia	1	0.50	11	0.03	47	12	50	2
辽 宁	Liaoning			1	—	264	27	114	9
吉 林	Jilin					84	3	48	4
黑 龙 江	Heilongjiang					135	23	131	18
上 海	Shanghai	2	0.05	6	0.04	15		6	
江 苏	Jiangsu	8	0.79	7	0.25	484	62	213	38
浙 江	Zhejiang	11	2.18	696	3.20	545	77	272	31
安 徽	Anhui	3	0.56	5	0.55	860	99	586	61
福 建	Fujian	18	4.51	21	0.24	652	48	274	33
江 西	Jiangxi	1	0.60			1362	145	748	91
山 东	Shandong	5	0.55	3	0.03	524	73	475	110
河 南	Henan	7	0.81	10	0.16	2336	273	1329	173
湖 北	Hubei	5	0.50	11	0.43	507	82	387	40
湖 南	Hunan	9	1.15	10	0.51	1185	151	782	86
广 东	Guangdong	1	0.15	1	0.05	44	1	40	
广 西	Guangxi			1	0.04	569	34	329	18
海 南	Hainan					13	—	3	
重 庆	Chongqing	1	0.03	6	0.65	213	29	270	41
四 川	Sichuan	36	2.80	159	2.07	1011	126	914	90
贵 州	Guizhou	2	2.10	11	0.14	444	62	594	46
云 南	Yunnan	1	0.20	11	0.13	677	61	724	54
陕 西	Shaanxi			7	0.24	77	10	110	11
甘 肃	Gansu					317	48	264	27
青 海	Qinghai					1		5	
宁 夏	Ningxia	2	0.03	2	0.02	131	33	41	16
新 疆	Xinjiang	2	0.12	11	0.76	165	72	34	18

3-2-14　乡园林绿化及环境卫生（2011 年）
3-2-14　Landscaping and Environmental Sanitation of Townships（2011）

地区名称 Name of Regions		园林绿化（公顷）Landscaping（hectare）				环境卫生 Environmental Sanitation		
		绿化覆盖 面　积 Green Coverage Area	绿地面积 Area of Parks and Green Space	本年新增 Added This Year	公园绿地 面　积 Public Green Space	生活垃圾 中 转 站 （座） Number of Garbage Transfer Station （unit）	环卫专用 车辆设备 （辆） Number of Special Vehicles for Environ- mental Sanitation （unit）	公共厕所 （座） Number of Latrines （unit）
全　　国	National Total	93454	36698	1936	3047	8473	15293	25797
北　京	Beijing	272	93	2	7	5	58	67
天　津	Tianjin	443	58	18	—	21	262	187
河　北	Hebei	5827	1922	77	127	443	1184	1414
山　西	Shanxi	5431	2182	120	127	506	1023	1519
内 蒙 古	Inner Mongolia	1272	541	5	47	11	87	485
辽　宁	Liaoning	1595	374	8	23	185	211	771
吉　林	Jilin	670	325	17	13	94	166	276
黑 龙 江	Heilongjiang	1590	672	57	43	77	398	1264
上　海	Shanghai	60	45		5	8	36	13
江　苏	Jiangsu	2298	1438	80	206	91	467	528
浙　江	Zhejiang	1395	792	56	84	304	874	1707
安　徽	Anhui	5208	2452	131	177	208	830	1051
福　建	Fujian	3162	1740	244	595	194	808	939
江　西	Jiangxi	3785	2015	150	225	632	743	1396
山　东	Shandong	3046	1437	99	121	139	413	575
河　南	Henan	21262	3769	321	530	934	2822	3043
湖　北	Hubei	2802	1353	68	65	193	260	404
湖　南	Hunan	7642	3538	183	152	482	880	1274
广　东	Guangdong	194	55	3	6	10	15	54
广　西	Guangxi	1636	861	11	48	125	375	607
海　南	Hainan	189	116	3	2	22	67	25
重　庆	Chongqing	663	331	30	20	137	156	256
四　川	Sichuan	4418	1049	48	29	2530	1535	2174
贵　州	Guizhou	4534	1785	40	44	301	498	1140
云　南	Yunnan	1627	906	44	63	187	318	2099
陕　西	Shaanxi	493	173	7	7	95	50	351
甘　肃	Gansu	3213	1174	27	41	255	287	624
青　海	Qinghai	334	126	4		34	15	56
宁　夏	Ningxia	432	170	17	4	31	211	275
新　疆	Xinjiang	7962	5208	67	236	219	244	1223

3-2-15 乡房屋（2011年）

地区名称 Name of Regions		住宅 Residential Building					
		本年建房 户数 （户） Number of Households of Building Housing This Year （unit）	在新址上 新 建 New Constr- uction on New Site	年末实有 建筑面积 （万平方米） Total Floor Space of Buildings （year-end） （10,000m²）	混合结构 以 上 Mixed Strucure and Above	本年竣工 建筑面积 （万平方米） Floor Space Completed This Year （10,000m²）	混合结构 以 上 Mixed Strucure and Above	人均住宅 建筑面积 （平方米） Per Capita Floor Space （m²）
全 国	National Total	259940	120744	94836.9	63967.1	3229.7	2770.5	30.27
北 京	Beijing	23	2	56.4	40.7	1.0	0.1	28.20
天 津	Tianjin	267	124	171.1	132.5	2.3	1.8	28.70
河 北	Hebei	11816	4595	7946.3	4479.5	130.5	105.3	28.25
山 西	Shanxi	8391	3403	3363.2	1931.9	87.0	74.6	28.98
内 蒙 古	Inner Mongolia	2332	825	1108.3	883.8	17.3	15.4	22.56
辽 宁	Liaoning	1977	749	1497.6	663.9	28.9	22.1	23.11
吉 林	Jilin	2623	308	906.8	476.7	28.6	20.2	23.40
黑 龙 江	Heilongjiang	13172	1950	1964.5	1732.5	114.4	114.4	22.56
上 海	Shanghai	4	2	14.7	13.1	0.1	0.1	39.27
江 苏	Jiangsu	8464	6151	1550.7	1261.0	123.9	113.5	29.58
浙 江	Zhejiang	3800	1882	2732.2	1886.8	78.4	77.3	46.83
安 徽	Anhui	9835	4942	4066.1	2966.3	125.7	102.2	29.19
福 建	Fujian	5638	3380	3833.5	2640.3	123.1	104.6	38.56
江 西	Jiangxi	11931	6530	5972.7	4462.2	198.2	180.9	34.46
山 东	Shandong	10905	6393	1951.8	1308.0	107.2	100.2	29.81
河 南	Henan	28950	12858	15770.8	11814.5	470.0	419.2	30.67
湖 北	Hubei	6409	4158	2825.3	2390.5	86.6	81.5	33.35
湖 南	Hunan	14642	9243	7892.4	6383.7	235.0	217.7	32.50
广 东	Guangdong	175	67	76.8	59.0	2.2	2.2	23.41
广 西	Guangxi	7251	3572	3036.1	2092.8	116.1	113.6	28.72
海 南	Hainan	317	48	52.7	30.7	3.8	2.5	26.33
重 庆	Chongqing	5624	3356	1352.3	1142.3	59.2	56.5	34.43
四 川	Sichuan	26091	10836	9334.2	6513.6	400.7	280.0	35.47
贵 州	Guizhou	15437	7767	4722.3	3169.6	154.1	142.8	27.26
云 南	Yunnan	12858	6982	4982.7	2358.2	157.2	126.6	31.23
陕 西	Shaanxi	2386	801	659.1	335.6	17.0	13.9	24.89
甘 肃	Gansu	16004	5158	2844.4	1273.6	104.6	86.9	24.74
青 海	Qinghai	6223	3281	745.6	198.4	44.0	21.5	28.49
宁 夏	Ningxia	2798	1423	368.4	147.3	25.1	18.7	21.12
新 疆	Xinjiang	23597	9958	3038.0	1178.4	187.5	154.2	24.10

3-2-15 Building Construction of Townships（2011）

公共建筑 Public Building				生产性建筑 Industrial Building				地区名称
年末实有建筑面积（万平方米） Total Floor Space of Buildings（year-end）（10,000m²）	混合结构以上 Mixed Strucure and Above	本年竣工建筑面积（万平方米） Floor Space Completed This Year（10,000m²）	混合结构以上 Mixed Strucure and Above	年末实有建筑面积（万平方米） Total Floor Space of Buildings（year-end）（10,000m²）	混合结构以上 Mixed Strucure and Above	本年竣工建筑面积（万平方米） Floor Space Completed This Year（10,000m²）	混合结构以上 Mixed Strucure and Above	Name of Regions
20418.4	15485.5	779.3	717.0	12519.7	8839.8	752.9	607.7	全　国
17.4	12.8	1.1	0.8	11.6	10.6	0.7	0.5	北　京
37.5	29.9	1.8	1.7	188.0	186.0	11.0	11.0	天　津
1220.0	857.6	35.5	29.2	1601.1	1073.0	62.7	52.1	河　北
612.1	453.3	30.2	25.8	542.3	394.1	28.0	18.0	山　西
248.5	203.9	10.1	9.8	142.1	86.2	4.9	4.1	内　蒙古
512.4	362.5	16.7	16.7	309.7	206.0	35.2	23.6	辽　宁
250.1	161.3	4.5	3.8	109.0	74.0	1.0	0.9	吉　林
480.0	387.3	18.0	18.0	294.1	247.9	7.4	7.4	黑龙江
9.0	9.0	0.4	0.4	8.4	8.3	0.2	0.1	上　海
531.1	421.2	25.5	24.2	454.0	335.0	69.0	64.8	江　苏
408.0	347.4	18.6	16.9	480.2	382.2	26.5	24.3	浙　江
900.6	789.5	44.7	41.5	583.2	383.7	44.1	35.5	安　徽
968.9	772.0	30.8	29.6	629.8	407.1	18.1	15.1	福　建
1340.5	1048.6	37.3	36.9	729.5	469.9	34.4	25.7	江　西
624.5	499.4	32.5	30.5	633.8	485.1	70.5	62.7	山　东
2364.6	1843.7	98.1	89.8	1733.1	1326.8	99.5	82.6	河　南
672.1	542.7	23.3	21.0	319.8	238.6	23.4	22.3	湖　北
1668.0	1329.3	74.5	68.1	1053.8	812.5	85.7	59.5	湖　南
19.1	15.6	0.4	0.4	14.9	11.4	0.5	0.5	广　东
1010.0	695.8	24.4	22.3	341.4	179.5	16.2	10.8	广　西
16.0	9.1	0.4	0.3	1.0	0.5			海　南
330.9	276.3	8.9	8.2	123.4	97.2	7.5	6.4	重　庆
1697.6	1321.2	61.6	58.1	524.9	369.1	19.1	15.8	四　川
829.4	700.1	32.2	29.1	353.3	289.3	30.2	21.6	贵　州
1247.5	900.2	49.1	43.6	371.1	220.1	8.2	5.7	云　南
126.2	96.1	4.7	3.2	92.5	64.0	8.5	5.0	陕　西
1108.0	702.2	37.7	35.2	521.7	299.2	30.3	26.1	甘　肃
122.2	77.0	3.0	2.6	18.1	9.3	0.9	0.4	青　海
180.3	89.9	7.8	7.2	70.4	38.4	4.1	1.9	宁　夏
865.8	530.9	45.7	42.4	263.8	135.1	5.2	3.7	新　疆

3-2-16 乡建设投入 (2011年)

地区名称 Name of Regions			合计 Total	房屋 Building				本年建设投入		
				小计 Input of House	住宅 Residential Building	公共建筑 Public Building	生产性 建筑 Industrial Building	小计 Input of Municipal Public Facilities	供水 Water Supply	燃气 Gas Supply
全 国		National Total	5345281	4122129	2667700	812649	641780	1223152	184691	26408
北 京		Beijing	6404	2977	667	1340	970	3427	173	90
天 津		Tianjin	33881	17148	2102	3426	11620	16733	330	160
河 北		Hebei	252613	193835	106002	33714	54119	58778	13248	4444
山 西		Shanxi	145065	107835	66965	24938	15932	37230	5638	677
内 蒙 古		Inner Mongolia	53947	40068	19745	14434	5889	13879	2455	96
辽 宁		Liaoning	122605	100616	31808	21947	46861	21989	3312	57
吉 林		Jilin	40905	31738	24002	6566	1170	9167	1196	41
黑 龙 江		Heilongjiang	151675	124819	102505	15434	6880	26856	1112	221
上 海		Shanghai	5740	2120	460	1380	280	3620		
江 苏		Jiangsu	221342	193396	110956	24682	57758	27946	3057	334
浙 江		Zhejiang	184584	122438	75424	26035	20979	62146	7503	244
安 徽		Anhui	290968	199254	113723	47247	38284	91714	13729	306
福 建		Fujian	202334	156375	100092	37038	19245	45959	8262	704
江 西		Jiangxi	241473	165541	118156	26867	20518	75932	9741	1592
山 东		Shandong	235323	192046	104959	31506	55581	43277	7644	2061
河 南		Henan	630045	519855	356458	79611	83786	110190	18638	1598
湖 北		Hubei	149697	111533	71899	23926	15708	38164	5817	1811
湖 南		Hunan	419341	323287	184427	74698	64162	96054	13810	1468
广 东		Guangdong	6118	2321	1050	385	886	3797	74	3
广 西		Guangxi	142654	125021	86094	25685	13242	17633	2321	1
海 南		Hainan	5672	4690	4299	391		982	218	
重 庆		Chongqing	85951	62910	50277	8546	4087	23041	3431	1536
四 川		Sichuan	515399	373952	274919	78734	20299	141447	18012	8153
贵 州		Guizhou	250704	193377	135133	31805	26439	57327	5993	241
云 南		Yunnan	276946	212868	146473	57420	8975	64078	6761	169
陕 西		Shaanxi	39384	30062	14891	5673	9498	9322	1375	230
甘 肃		Gansu	195335	161241	94178	41249	25814	34094	4184	44
青 海		Qinghai	81508	68355	62911	4213	1231	13153	1018	
宁 夏		Ningxia	54602	45009	29872	10723	4414	9593	1661	30
新 疆		Xinjiang	303066	237442	177253	53036	7153	65624	23978	97

3-2-16 Construction Input of Township（2011）

计量单位：万元 Measurement Unit：10,000 RMB

| Construction Input of This Year | | | | | | | | | 地区名称 |
| 市政公用设施 Municipal Public Facilities | | | | | | | | | |
集中供热 Central Heating	道路桥梁 Road and Bridge	排水 Drainage	污水处理 Wastewater Treatment	防洪 Flood Control	园林绿化 Landscaping	环境卫生 Environmental Sanitation	垃圾处理 Garbage Treatment	其他 Other	Name of Regions
15377	**469333**	**109766**	**29968**	**67369**	**92876**	**98818**	**36782**	**158514**	全　国
370	2240	45		40	236	120	39	113	北　京
130	7571	1168	220	55	1727	322	68	5270	天　津
4341	24474	2687	562	895	2879	3442	1666	2368	河　北
1578	14945	1872	171	997	6238	2863	1044	2422	山　西
1032	5999	700	380	339	685	688	335	1885	内 蒙 古
508	8381	1689	208	1153	990	2225	1253	3674	辽　宁
539	3407	430	90	1916	571	544	190	523	吉　林
409	9969	1645	70	154	2622	3267	360	7457	黑 龙 江
					640	280	125	2700	上　海
	9846	3366	671	119	4160	2675	991	4389	江　苏
	20214	7157	3956	8796	5077	6264	2454	6891	浙　江
	35857	16558	10453	3248	6290	7111	2946	8615	安　徽
	14379	3711	952	4198	6881	5486	3215	2338	福　建
	34251	6738	350	5096	6889	4877	1924	6748	江　西
853	13694	4732	828	1654	4102	4638	1434	3899	山　东
1001	36663	8251	674	4482	13202	10829	3093	15526	河　南
	13609	4954	836	4831	2068	1976	897	3098	湖　北
	41665	7923	992	7638	5794	7143	2354	10613	湖　南
	2058	679		668	70	82	47	163	广　东
	7116	2161	48	1169	617	2271	1019	1977	广　西
	458	10			199	50	7	47	海　南
	6894	2671	655	1876	1938	1741	1018	2954	重　庆
	44731	13485	5693	9075	6928	18609	6974	22454	四　川
9	28362	3467	237	1219	2610	2843	1033	12583	贵　州
	31954	3022	300	2553	4050	1820	720	13749	云　南
868	2637	669	85	483	726	962	187	1372	陕　西
874	15853	3631	660	2041	1494	1849	611	4124	甘　肃
	9650	32	12	92	372	181	50	1808	青　海
622	2538	2037	319	58	866	716	232	1065	宁　夏
2243	19918	4276	546	2524	1955	2944	496	7689	新　疆

3-2-17 镇乡级特殊区域市政公用设施水平 (2011 年)
3-2-17 Level of Municipal Public Facilities of Build-up Area of Special District at Township Level (2011)

地区名称 Name of Regions		人口密度 （人/平方公里） Population Density (person/km²)	人均日生活用水量 （升） Per Capita Daily Water Consumption (liter)	用水普及率 （%） Water Coverage Rate (%)	燃气普及率 （%） Gas Coverage Rate (%)	人均道路面积 （平方米） Road Surface Area Per Capita (m²)	排水管道暗渠密度 （公里/平方公里） Density of Drains (km/km²)	人均公园绿地面积 （平方米） Public Recreational Green Space Per Capita (m²)	绿化覆盖率 （%） Green Coverage Rate (%)	绿地率 （%） Green Space Rate (%)
全　国	**National Total**	**4043**	**82.5**	**86.2**	**52.5**	**14.0**	**4.72**	**2.71**	**22.0**	**13.7**
河　北	Hebei	3521	76.4	84.6	44.5	14.2	2.94	0.03	4.9	1.2
山　西	Shanxi	4282	72.9	84.4	1.2	9.9	2.02	0.80	17.4	9.2
内 蒙 古	Inner Mongolia	2874	83.4	69.7	8.2	11.5	3.09	2.52	15.9	7.7
辽　宁	Liaoning	3507	82.6	57.3	33.0	10.9	2.54	0.36	4.5	1.9
吉　林	Jilin	2791	74.8	81.7	4.9	12.9	1.13		5.2	0.7
黑 龙 江	Heilongjiang	4298	71.6	92.8	49.2	12.6	4.69	3.51	26.2	15.3
上　海	Shanghai	2322	97.3	87.8	86.2	28.5	4.71	0.04	25.0	21.2
江　苏	Jiangsu	5411	115.7	89.6	78.2	16.1	9.28	3.98	21.2	14.7
浙　江	Zhejiang	4536	97.1	28.2	28.1	18.1	8.94	0.90	10.5	5.3
安　徽	Anhui	5100	95.2	74.7	38.7	12.2	7.59	2.50	22.1	10.2
福　建	Fujian	5070	135.7	64.0	72.1	24.4	9.12	4.58	21.4	16.2
江　西	Jiangxi	4464	91.0	57.4	57.9	15.4	5.90	2.94	9.1	5.8
山　东	Shandong	4773	66.6	95.7	67.8	28.7	23.82	3.79	30.5	16.7
河　南	Henan	5609	51.1	33.5		8.7	2.08	0.45	22.5	2.0
湖　北	Hubei	4450	114.5	92.8	65.1	12.8	6.83	1.68	16.9	8.6
湖　南	Hunan	4906	134.0	57.5	22.4	9.5	2.93	0.84	20.2	15.0
广　东	Guangdong	4017	80.9	73.9	80.8	13.7	6.03	11.22	19.7	9.0
广　西	Guangxi	4129	105.1	93.9	82.4	13.1	7.25	0.14	7.5	3.5
海　南	Hainan	4431	94.7	90.6	79.0	12.5	4.07	2.29	23.0	16.7
四　川	Sichuan	3947				5.4			30.1	0.2
云　南	Yunnan	6118	77.4	43.8	10.5	9.7	3.43	0.41	2.4	1.2
陕　西	Shaanxi	6700	80.5	72.6		8.5	6.11		22.2	7.4
甘　肃	Gansu	6322	104.0	100.0		13.2			11.1	11.1
青　海	Qinghai	5970	32.9	93.2		30.5			15.2	15.2
宁　夏	Ningxia	3464	79.3	75.9	13.7	12.9	2.37	4.19	11.4	4.2
新　疆	Xinjiang	3045	74.3	75.5	20.1	18.9	0.51	1.59	17.1	13.0

3-2-18 镇乡级特殊区域基本情况（2011年）

地区名称 Name of Regions		镇乡级 特殊区域 个 数 （个） Number of Special District at Township Level （unit）	建成区 面 积 （公顷） Surface Area of Built-up Districts （hectare）	建成区 户籍人口 （万人） Registered Permanent Population （10,000 persons）	建成区 暂住人口 （万人） Temporary Population （10,000 persons）	规划建设管理		
						设有村镇 建设管理 机构的个数 （个） Number of Towns with Construction Management Institution （unit）	村镇建设 管理人员 （人） Number of Construction Management Personnel （person）	专职 人员 Full-time Staff
全　国	**National Total**	678	92571	328.90	45.39	518	2259	1481
河　北	Hebei	31	1996	6.55	0.48	20	56	48
山　西	Shanxi	3	175	0.67	0.08	2	2	2
内 蒙 古	Inner Mongolia	42	2129	5.18	0.94	33	79	57
辽　宁	Liaoning	31	1953	6.65	0.20	31	51	31
吉　林	Jilin	7	617	1.46	0.26	7	12	11
黑 龙 江	Heilongjiang	177	44738	175.76	16.53	155	812	566
上　海	Shanghai	7	10000	9.57	13.65	6	41	22
江　苏	Jiangsu	10	1210	5.61	0.94	7	40	20
浙　江	Zhejiang	4	487	0.70	1.51	2	9	3
安　徽	Anhui	27	1948	9.15	0.78	22	131	55
福　建	Fujian	8	527	2.13	0.55	6	9	8
江　西	Jiangxi	35	2442	10.07	0.83	29	107	60
山　东	Shandong	4	538	2.53	0.03	4	18	11
河　南	Henan	5	301	1.50	0.19	5	17	11
湖　北	Hubei	50	6545	26.59	2.53	43	251	145
湖　南	Hunan	29	779	3.67	0.15	14	59	31
广　东	Guangdong	11	618	1.87	0.62	10	24	19
广　西	Guangxi	5	347	1.28	0.15	5	12	6
海　南	Hainan	67	8349	34.31	2.69	46	376	276
四　川	Sichuan	2	6	0.02				
云　南	Yunnan	25	1339	7.78	0.41	12	25	18
陕　西	Shaanxi	2	27	0.16	0.02			
甘　肃	Gansu	1	9	0.04	0.01	1	2	
青　海	Qinghai	2	7	0.03	0.01			
宁　夏	Ningxia	20	1779	5.22	0.94	16	51	32
新　疆	Xinjiang	73	3707	10.40	0.89	42	75	49

3-2-18　Summary of Special District at Township Level（2011）

Planning and Administer			市政公用设施建设财政性资金收入（万元） Fiscal Revenue for Municipal Public Facilities Construction（10,000RMB）					地区名称
有总体规划的镇乡级特殊区域个数（个） Number of Special District at Township Level with Master Plans（unit）	本年编制 Compiled This Year	本年规划编制投入（万元） Input in Planning This Year（10,000 RMB）	合计 Total	中央财政 Central Goverment Financial Allocation	省级财政 Province Goverment Financial Allocation	市（县）财政 City（County）Goverment Financial Allocation	本级财政 Local Financial Allocation	Name of Regions
455	100	5227	352285	24932	7112	30607	289633	全　　国
17	3	96	2626			2506	120	河　　北
		6						山　　西
24		307	1108			30	1078	内　蒙　古
21		37	2807	50	446	1668	643	辽　　宁
4			376		133	50	193	吉　　林
141	64	2113	249537	18815	51	3840	226831	黑　龙　江
6	2	320	45383			2262	43121	上　　海
9	2	95	2293		67	1093	1133	江　　苏
4			45				45	浙　　江
21		118	1800	320	325	455	700	安　　徽
6		41	7563	300	930	5630	703	福　　建
28	4	77	2726	10	105	1094	1518	江　　西
4	1	28	1690			240	1450	山　　东
4			30			20	10	河　　南
45	5	852	13885	1556	748	6137	5444	湖　　北
8	2	14	787	105	83	298	300	湖　　南
6	1	31	94	16		67	12	广　　东
2		15	190	190				广　　西
33	7	866	11371	2044	1661	3547	4119	海　　南
								四　　川
10	3	105	518	90	330	48	50	云　　南
2	1							陕　　西
			216		144	72		甘　　肃
								青　　海
17	1	23	915	78	510	122	206	宁　　夏
43	4	83	6326	1359	1579	1429	1959	新　　疆

3-2-19 镇乡级特殊区域供水 (2011 年)

地区名称 Name of Regions		集中供水的镇乡级特殊区域个数（个） Number of Special District at Township Level with Access to Piped Water (unit)	占全部镇乡级特殊区域的比例（%） Percentage of Total Rate（%）	公共供水 Public Water Supply			自备水源单位 Self-built Water Supply Facilities	
				设施个数（个） Number of Public Water Supply Facilities (unit)	水厂个数 Waterwork	综合生产能力（万立方米/日） Integrated Production Capacity (10,000 m³/day)	个数（个） Number of Self-built Water Supply Facilities (unit)	综合生产能力（万立方米/日） Integrated Production Capacity (10,000 m³/day)
全 国	**National Total**	**577**	**85.1**	**920**	**378**	**81.95**	**932**	**22.23**
河 北	Hebei	25	80.7	41		0.96	34	1.40
山 西	Shanxi	3	100.0	2	2	0.08	3	0.01
内 蒙 古	Inner Mongolia	29	69.1	40	10	1.02	37	2.00
辽 宁	Liaoning	19	61.3	34	16	1.74	26	0.69
吉 林	Jilin	6	85.7	22	9	0.31	19	0.02
黑 龙 江	Heilongjiang	147	83.1	246	125	31.69	77	5.06
上 海	Shanghai	7	100.0	1		0.15		
江 苏	Jiangsu	10	100.0	18	1	0.86	7	0.29
浙 江	Zhejiang	4	100.0	4	3	1.43	1	0.02
安 徽	Anhui	26	96.3	29	18	3.09	9	0.27
福 建	Fujian	7	87.5	7	5	0.89	3	0.03
江 西	Jiangxi	29	82.9	38	15	1.55	30	0.68
山 东	Shandong	4	100.0	19	8	0.59	48	0.10
河 南	Henan	3	60.0	8	4	0.07	5	0.01
湖 北	Hubei	50	100.0	65	47	19.75	30	3.41
湖 南	Hunan	23	79.3	22	11	1.23	67	0.20
广 东	Guangdong	10	90.9	9	1	0.29	16	0.07
广 西	Guangxi	5	100.0	10	4	0.51	1	0.20
海 南	Hainan	63	94.0	158	50	5.32	441	2.68
四 川	Sichuan							
云 南	Yunnan	22	88.0	42	4	2.11	15	1.52
陕 西	Shaanxi	2	100.0	3		0.06		
甘 肃	Gansu	1	100.0	1		0.01		
青 海	Qinghai	2	100.0	2		—		
宁 夏	Ningxia	18	90.0	30	4	4.78	28	2.82
新 疆	Xinjiang	62	84.9	69	41	3.50	35	0.75

3-2-19 Water Supply of Special District at Township Level (2011)

年供水总量 （万立方米） Annual Supply of Water （10,000m³）	年生活 用水量 Annual Domestic Water Consumption	年生产 用水量 Annual Water Consumption for Production	供水管道 长　度 （公里） Length of Water Supply Pipelines （km）	本年新增 Added This Year	用水人口 （万人） Population with Access to Water （10,000 persons）	地区名称 Name of Regions
25553	9724	14259	11700	741	322.76	全　国
660	166	491	218	14	5.95	河　北
42	17	25	11		0.63	山　西
350	130	210	356	13	4.27	内　蒙古
298	118	175	157	3	3.92	辽　宁
43	38	5	39		1.41	吉　林
7063	4664	2225	5292	460	178.38	黑龙江
7904	724	6148	414	16	20.39	上　海
433	248	159	223	11	5.87	江　苏
227	22	203	54		0.62	浙　江
508	258	162	323	9	7.42	安　徽
169	85	76	101	8	1.71	福　建
406	208	176	297	17	6.25	江　西
86	60	23	68	8	2.46	山　东
11	11		21	2	0.56	河　南
3982	1130	2783	809	73	27.03	湖　北
169	108	57	95	2	2.20	湖　南
185	54	111	169	4	1.83	广　东
122	52	57	70	4	1.35	广　西
1556	1158	364	1740	60	33.50	海　南
						四　川
177	101	57	227	5	3.59	云　南
5	4	1	6	—	0.13	陕　西
2	2	—	3		0.06	甘　肃
—	—		2		0.04	青　海
852	135	687	203	11	4.67	宁　夏
304	231	64	805	20	8.52	新　疆

3-2-20 镇乡级特殊区域燃气、供热、道路桥梁及防洪(2011年)
3-2-20 Gas, Central Heating, Road, Bridge and Flood Control of Special District at Township Level (2011)

地区名称 Name of Regions		用气人口 (万人) Population with Access to Gas (10,000 persons)	集中供热 (万平方米) Area of Centrally Heated District (10,000 m²)	道路长度 (公里) Length of Roads (km)	本年新增 Added This Year	道路面积 (万平方米) Surface Area of Roads (10,000 m²)	本年新增 Added This Year	道路照明灯盏数 (盏) Number of Road Lamps (unit)	桥梁座数 (座) Number of Bridges (unit)	防洪堤长度 (公里) Length of Flood Control Dikes (km)
全 国	National Total	196.3	4134	7853	526	5251	362	114251	2263	1364
河 北	Hebei	3.1	24	221	12	100	9	2439	114	95
山 西	Shanxi	—		9		7		40		
内 蒙 古	Inner Mongolia	0.5	63	122	7	71	5	5587	136	50
辽 宁	Liaoning	2.3	15	140	9	74	5	2108	49	115
吉 林	Jilin	0.1	4	52	1	22	1	260	10	59
黑 龙 江	Heilongjiang	94.6	3941	3544	274	2425	199	53988	127	162
上 海	Shanghai	20.0		542	5	662	7	14434	317	39
江 苏	Jiangsu	5.1		201	18	106	5	1737	50	23
浙 江	Zhejiang	0.6		38	2	40	2	1490	43	5
安 徽	Anhui	3.8		227	10	121	4	2281	51	235
福 建	Fujian	1.9		75	9	65	8	1339	12	15
江 西	Jiangxi	6.3		286	19	168	9	2038	37	63
山 东	Shandong	1.7	4	99	14	74	15	1440	18	31
河 南	Henan			27	1	15	1	251	25	3
湖 北	Hubei	18.9		572	54	374	42	6541	432	164
湖 南	Hunan	0.9		67	7	36	5	509	45	15
广 东	Guangdong	2.0		62	2	34	1	1254	19	17
广 西	Guangxi	1.2		36	1	19	—	381	9	
海 南	Hainan	29.2		892	29	463	11	11656	229	45
四 川	Sichuan			—		—		—		
云 南	Yunnan	0.9		124	11	79	8	1045	43	10
陕 西	Shaanxi			3	—	2	—	28		
甘 肃	Gansu			1		1				
青 海	Qinghai			2		1				
宁 夏	Ningxia	0.8	67	153	23	80	7	1075	47	46
新 疆	Xinjiang	2.3	16	359	15	213	17	2330	450	172

3-2-21 镇乡级特殊区域排水和污水处理（2011 年）

3-2-21 Drainage and Wastewater Treatment of Special District at Township Level（2011）

地区名称 Name of Regions		污水处理厂 Wastewater Treatment Plant		污水处理装置 Wastewater Treatment Facilities		排水管道 长　度 （公里）		排水暗渠 长　度 （公里）	
		个数 （个） Number of Wastewater Treatment Plants （unit）	处理能力 （万立方 米/日） Treatment Capacity （10,000 m³/day）	个数 （个） Number of Wastwater Treatment Facilities （unit）	处理能力 （万立方 米/日） Treatment Capacity （10,000 m³/day）	Length of Drainage Piplines （km）	本年 新增 Added This Year	Length of Drains （km）	本年 新增 Added This Year
全　国	National Total	20	9.55	37	3.13	3266	513	1100	120
河　北	Hebei	1	1.00	2	1.02	37	—	22	—
山　西	Shanxi					—		3	
内 蒙 古	Inner Mongolia	3	1.41	3	0.85	65	2	1	
辽　宁	Liaoning					29		21	5
吉　林	Jilin					7			
黑 龙 江	Heilongjiang	3	0.50	16	0.39	1598	380	501	28
上　海	Shanghai			1	0.20	442	6	29	
江　苏	Jiangsu	1	0.15	2	0.03	90	5	23	2
浙　江	Zhejiang	1	1.60			42	1	1	
安　徽	Anhui	1	0.05	2	0.03	72	5	76	3
福　建	Fujian	1	1.50	1	0.15	43	4	5	1
江　西	Jiangxi					102	9	42	8
山　东	Shandong					51	22	77	39
河　南	Henan					6	1		
湖　北	Hubei	5	2.62	3	0.01	336	63	111	14
湖　南	Hunan					15	1	8	2
广　东	Guangdong					33	4	5	1
广　西	Guangxi					11		14	2
海　南	Hainan			4	0.02	220	6	120	11
四　川	Sichuan								
云　南	Yunnan					24	1	22	2
陕　西	Shaanxi					2	—	—	—
甘　肃	Gansu								
青　海	Qinghai								
宁　夏	Ningxia	2	0.22	3	0.42	35	2	7	
新　疆	Xinjiang	2	0.50			13	1	6	1

3-2-22 镇乡级特殊区域园林绿化及环境卫生（2011年）
3-2-22 Landscaping and Environmental Sanitation of Special District at Township Level（2011）

地区名称 Name of Regions		园林绿化（公顷）Landscaping（hectare）				环境卫生 Environmental Sanitation		
		绿化覆盖 面　　积 Green Coverage Area	绿地面积 Area of Parks and Green Space	本年新增 Added This Year	公园绿地 面　　积 Public Green Space	生活垃圾 中转站 （座） Number of Garbage Transfer Station （unit）	环卫专用 车辆设备 （辆） Number of Special Vehicles for Environ- mental Sanitation （unit）	公共厕所 （座） Number of Latrines （unit）
全　　国	National Total	20349	12647	1468	1014	719	2251	5315
河　　北	Hebei	98	23	1	—	28	79	209
山　　西	Shanxi	30	16		1		2	12
内 蒙 古	Inner Mongolia	339	164	—	15	1	29	135
辽　　宁	Liaoning	88	37	3	2	5	29	54
吉　　林	Jilin	32	4				5	7
黑 龙 江	Heilongjiang	11738	6837	926	675	335	1347	2961
上　　海	Shanghai	2503	2122	370	1	16	89	51
江　　苏	Jiangsu	257	177	40	26	35	19	136
浙　　江	Zhejiang	51	26	6	2	3	13	37
安　　徽	Anhui	430	199	8	25	34	46	219
福　　建	Fujian	113	86	32	12	4	21	13
江　　西	Jiangxi	222	142	11	32	45	30	92
山　　东	Shandong	164	90	9	10	1	2	9
河　　南	Henan	68	6	—	1	1	7	15
湖　　北	Hubei	1108	561	20	49	81	285	452
湖　　南	Hunan	157	117	4	3	5	11	35
广　　东	Guangdong	122	55	2	28	2	4	6
广　　西	Guangxi	26	12	2	—	20	5	36
海　　南	Hainan	1923	1394	20	85	66	173	482
四　　川	Sichuan	2	—					
云　　南	Yunnan	32	16	1	3	6	9	111
陕　　西	Shaanxi	6	2					2
甘　　肃	Gansu	1	1					1
青　　海	Qinghai	1	1					
宁　　夏	Ningxia	203	75	7	26	8	23	131
新　　疆	Xinjiang	635	482	5	18	23	23	109

3-2-23 镇乡级特殊区域房屋（2011 年）

地区名称 Name of Regions		住宅 Residential Building						
		本年建房 户 数 （户） Number of Households of Building Housing This Year （unit）	在新址上 新 建 New Constr- uction on New Site	年末实有 建筑面积 （万平方米） Total Floor Space of Buildings （year-end） （10,000m²）	混合结构 以 上 Mixed Strucure and Above	本年竣工 建筑面积 （万平方米） Floor Space Completed This Year （10,000m²）	混合结构 以 上 Mixed Strucure and Above	人均住宅 建筑面积 （平方米） Per Capita Floor Space （m²）
全　国	**National Total**	**172870**	**67496**	**10330. 11**	**9155. 90**	**1297. 02**	**1280. 23**	**31. 41**
河　北	Hebei	430	188	183. 76	117. 54	3. 11	1. 94	28. 07
山　西	Shanxi	23	4	15. 66	11. 38	0. 40	0. 40	23. 30
内　蒙　古	Inner Mongolia	818	534	127. 67	107. 37	6. 50	6. 09	24. 64
辽　宁	Liaoning	925	673	167. 86	114. 27	8. 34	7. 71	25. 24
吉　林	Jilin	44	30	45. 56	29. 53	0. 52	0. 52	31. 13
黑　龙　江	Heilongjiang	147645	54434	5149. 47	5144. 41	1052. 53	1052. 53	29. 30
上　海	Shanghai			816. 95	816. 95	25. 70	25. 70	85. 39
江　苏	Jiangsu	404	228	203. 74	145. 48	13. 73	13. 73	36. 32
浙　江	Zhejiang	28	28	20. 21	19. 47	1. 10	1. 10	28. 76
安　徽	Anhui	4364	2623	342. 37	268. 41	10. 55	10. 39	37. 42
福　建	Fujian	175	116	90. 65	70. 21	3. 49	3. 49	42. 63
江　西	Jiangxi	340	166	354. 72	313. 16	5. 05	5. 00	35. 24
山　东	Shandong	1956	1885	116. 17	82. 03	25. 59	22. 39	45. 84
河　南	Henan	379	23	38. 42	30. 43	0. 54	0. 52	25. 60
湖　北	Hubei	3003	2152	989. 01	779. 97	43. 37	41. 97	37. 20
湖　南	Hunan	202	128	140. 02	122. 59	3. 76	3. 74	38. 14
广　东	Guangdong	279	151	43. 48	36. 35	1. 18	1. 18	23. 30
广　西	Guangxi	57	25	37. 96	23. 67	0. 63	0. 63	29. 61
海　南	Hainan	6562	2176	859. 85	571. 40	51. 26	44. 57	25. 06
四　川	Sichuan			0. 41	0. 40			18. 39
云　南	Yunnan	849	481	183. 35	113. 46	7. 40	6. 61	23. 57
陕　西	Shaanxi	5	5	3. 34	2. 38	0. 05	0. 05	21. 01
甘　肃	Gansu			1. 20				27. 52
青　海	Qinghai	3	2	0. 64	0. 64	0. 06	0. 06	25. 20
宁　夏	Ningxia	2101	506	150. 03	99. 73	12. 60	12. 29	28. 74
新　疆	Xinjiang	2278	938	247. 61	134. 67	19. 56	17. 62	23. 80

3-2-23　Building Construction of Special District at Township Level（2011）

公共建筑　Public Building				生产性建筑　Industrial Building				地区名称
年末实有建筑面积（万平方米） Total Floor Space of Buildings（year-end）（10,000m^2）	混合结构以上 Mixed Strucure and Above	本年竣工建筑面积（万平方米） Floor Space Completed This Year（10,000m^2）	混合结构以上 Mixed Strucure and Above	年末实有建筑面积（万平方米） Total Floor Space of Buildings（year-end）（10,000m^2）	混合结构以上 Mixed Strucure and Above	本年竣工建筑面积（万平方米） Floor Space Completed This Year（10,000m^2）	混合结构以上 Mixed Strucure and Above	Name of Regions
2043. 11	1819. 24	132. 87	130. 61	3434. 30	3151. 90	257. 96	245. 78	全　国
31. 20	24. 86	1. 75	1. 30	59. 69	41. 11	2. 56	1. 20	河　北
7. 40	3. 45	0. 35	0. 35	7. 40	2. 25	0. 30	0. 30	山　西
53. 13	43. 10	1. 89	1. 87	28. 72	20. 97	2. 01	1. 57	内 蒙 古
62. 57	46. 63	2. 65	2. 65	98. 92	78. 90	6. 64	6. 48	辽　宁
4. 96	4. 68	0. 12	0. 12	6. 47	4. 57	0. 10	0. 10	吉　林
1027. 00	1014. 92	98. 62	98. 62	759. 30	747. 55	45. 59	45. 59	黑 龙 江
179. 42	179. 42	4. 57	4. 57	1508. 89	1489. 01	108. 95	108. 95	上　海
63. 95	45. 20	1. 60	1. 60	70. 80	63. 56	2. 80	2. 80	江　苏
1. 25	1. 20	0. 20	0. 20	64. 00	42. 10	16. 00	12. 00	浙　江
30. 45	27. 89	1. 03	1. 02	71. 25	29. 97	1. 74	0. 98	安　徽
16. 68	15. 08	2. 04	2. 04	183. 93	181. 71	20. 40	20. 40	福　建
32. 93	25. 45	1. 67	1. 37	49. 69	32. 10	8. 15	7. 28	江　西
19. 80	18. 83	1. 89	1. 89	115. 13	111. 34	9. 06	5. 66	山　东
7. 08	6. 84	0. 08	0. 08	3. 10	3. 04	0. 11	0. 11	河　南
159. 38	101. 47	5. 42	4. 83	168. 38	146. 21	29. 62	29. 40	湖　北
32. 80	27. 96	0. 57	0. 56	30. 78	20. 24	0. 77	0. 73	湖　南
14. 26	12. 66	0. 26	0. 26	8. 06	5. 90	0. 05	0. 02	广　东
10. 31	4. 10	1. 28	1. 28	9. 89	7. 94			广　西
203. 46	149. 65	2. 64	1. 83	123. 65	75. 96	1. 67	1. 07	海　南
0. 10	0. 10							四　川
16. 69	8. 92	0. 07	0. 05	13. 64	7. 43	0. 20	0. 20	云　南
1. 05	1. 00			2. 65	2. 58			陕　西
2. 75	1. 25			2. 30				甘　肃
								青　海
25. 41	23. 42	1. 20	1. 16	31. 37	26. 15	0. 63	0. 33	宁　夏
39. 08	31. 16	2. 97	2. 96	16. 29	11. 31	0. 61	0. 61	新　疆

3-2-24 镇乡级特殊区域建设投入（2011 年）

地区名称 Name of Regions			本年建设投入							
			合计 Total	房屋 Building				小计 Input of Municipal Public Facilities	供水 Water Supply	燃气 Gas Supply
				小计 Input of House	住宅 Residential Building	公共 建筑 Public Building	生产性 建筑 Industrial Building			
全 国	National Total		2252878	1799744	1231947	137148	430649	453134	38400	6091
河 北	Hebei		13877	9364	4359	2042	2963	4513	578	149
山 西	Shanxi		595	571	276	175	120	24		1
内 蒙 古	Inner Mongolia		17004	13987	7124	4038	2825	3017	165	
辽 宁	Liaoning		19099	16298	6151	3363	6784	2801	309	
吉 林	Jilin		1315	632	471	100	61	683	65	
黑 龙 江	Heilongjiang		1347435	1033852	908531	85566	39755	313583	24700	2108
上 海	Shanghai		434772	414704	91593	15749	307362	20068	4722	2228
江 苏	Jiangsu		26384	22797	17830	1165	3802	3587	283	159
浙 江	Zhejiang		20441	9020	910	110	8000	11421		
安 徽	Anhui		14686	13133	10644	757	1732	1553	297	
福 建	Fujian		32280	27483	3490	3043	20950	4797	285	2
江 西	Jiangxi		16047	10443	2688	1388	6367	5604	325	5
山 东	Shandong		36704	33380	23770	2750	6860	3324	127	
河 南	Henan		621	525	280	40	205	96	24	
湖 北	Hubei		123271	70117	42713	8004	19400	53154	1974	1297
湖 南	Hunan		4937	3758	2664	589	505	1179	128	24
广 东	Guangdong		2829	2217	1481	642	94	612	48	
广 西	Guangxi		1797	1405	471	934		392	104	
海 南	Hainan		81964	68301	64451	2424	1426	13663	2204	70
四 川	Sichuan		20					20		
云 南	Yunnan		9725	8141	7892	156	93	1584	805	
陕 西	Shaanxi		74	37	37			37	7	
甘 肃	Gansu									
青 海	Qinghai		40	40	40					
宁 夏	Ningxia		20210	17254	15672	804	778	2956	185	48
新 疆	Xinjiang		26751	22285	18409	3309	567	4466	1065	

3-2-24　Construction Input of Special District at Township Level（2011）

Construction Input of This Year									地区名称
市政公用设施　Municipal Public Facilities									
集中供热 Central Heating	道路桥梁 Road and Bridge	排水 Drainage	污水处理 Wastewater Treatment	防洪 Flood Control	园林绿化 Lands-caping	环境卫生 Environ-mental Sanitation	垃圾处理 Garbage Treatment	其他 Other	Name of Regions
114824	**143161**	**34001**	**3297**	**4561**	**56827**	**15673**	**4163**	**39596**	全　国
188	1970	434	125	21	547	522	150	104	河　北
					10	1		12	山　西
340	1779	125	110	34	236	120	22	218	内　蒙　古
362	545	80		24	202	203	118	1076	辽　宁
21	340	26	26	10	144	23	13	54	吉　林
113304	74716	24330	618	2342	35935	7886	950	28262	黑　龙　江
	6105	844	410	12	4170	1887	997	100	上　海
	767	623	65	4	1287	254	124	210	江　苏
	3559	1323	1300		6501	3	2	35	浙　江
	539	197	20	25	135	130	53	230	安　徽
	3043	477	30	180	470	211	89	129	福　建
	2147	344	26	113	2259	227	113	184	江　西
17	905	1071	16	800	200	94	·24	110	山　东
	53	12			2	5			河　南
	39579	1710	82	391	2941	2239	743	3023	湖　北
	393	79		3	118	109	37	325	湖　南
	165	80	50	5	23	32	3	259	广　东
	211	25			20	22	7	10	广　西
	3117	1838	320	390	833	1164	585	4047	海　南
	20								四　川
	587	59		5	46	28	9	54	云　南
	11	6				3		10	陕　西
									甘　肃
									青　海
471	967	178	99	136	426	175	90	370	宁　夏
121	1643	140		66	322	335	34	774	新　疆

3-2-25 村庄人口及面积（2011 年）

地区名称 Name of Regions		村庄现状 用地面积 （公顷） Area of Villages （hectare）	行政村 个 数 （个） Number of Administrative Villages（unit）	自然村 个 数 （个） Number of Natural Villages （unit）	按人口分组	
					200 人以下 Under 200 （persons）	200～600 人 200～600 （persons）
全　国	**National Total**	**13737529**	**553677**	**2669494**	**1274660**	**886804**
北　京	Beijing	95450	3788	4163	980	1354
天　津	Tianjin	68007	3185	3193	152	945
河　北	Hebei	854320	41248	55506	14551	15893
山　西	Shanxi	373727	28454	42192	16580	12730
内 蒙 古	Inner Mongolia	243210	10465	38684	16634	15684
辽　宁	Liaoning	471002	10634	50484	14833	23833
吉　林	Jilin	391475	8671	37051	9736	17413
黑 龙 江	Heilongjiang	495871	9229	35662	5883	18500
上　海	Shanghai	81042	1652	26374	17197	7221
江　苏	Jiangsu	723112	14919	151135	76330	50869
浙　江	Zhejiang	367397	23130	90386	45841	28836
安　徽	Anhui	620430	15460	228763	128791	68325
福　建	Fujian	258268	12659	65241	29589	21970
江　西	Jiangxi	483573	16834	162469	92453	50962
山　东	Shandong	1169608	66214	87718	9863	34020
河　南	Henan	994686	43863	193110	85713	57808
湖　北	Hubei	548132	25106	151074	77161	44795
湖　南	Hunan	935749	40095	157636	99660	31542
广　东	Guangdong	914443	17650	145499	66119	53229
广　西	Guangxi	514940	14807	185221	87709	60793
海　南	Hainan	126220	4206	20228	10667	7202
重　庆	Chongqing	214615	8974	70576	23769	35046
四　川	Sichuan	746680	43842	253911	154473	74137
贵　州	Guizhou	439293	17497	84678	38391	30726
云　南	Yunnan	467785	13164	131763	69577	45022
陕　西	Shaanxi	384017	24907	74788	33546	26278
甘　肃	Gansu	343163	15863	83383	36028	34573
青　海	Qinghai	57920	4137	7678	2719	3187
宁　夏	Ningxia	71406	2356	13561	4814	7255
新　疆	Xinjiang	254083	8691	15380	4544	5505
新疆兵团	Xinjiang Production and Construction Corps	27905	1977	1987	357	1151

3-2-25 Population and Area of Villages (2011)

Grouped by Population 600~1000 人 600~1000 (persons)	1000 人以上 Above 1000 (persons)	村庄户籍人口 （万人） Registered Permanent Population (10,000 persons)	村庄暂住人口 （万人） Temporary Population (10,000 persons)	地区名称 Name of Regions
334319	173711	76384.39	2755.95	全　国
972	857	337.00	219.16	北　京
880	1216	264.13	33.47	天　津
11598	13464	4290.14	53.21	河　北
7337	5545	1917.11	53.54	山　西
4323	2043	1250.47	50.62	内 蒙 古
7439	4379	1761.90	37.68	辽　宁
6677	3225	1335.86	28.44	吉　林
6850	4429	1772.53	30.78	黑 龙 江
1816	140	282.52	312.72	上　海
15618	8318	3590.45	286.82	江　苏
10049	5660	2173.46	359.58	浙　江
24025	7622	4384.27	52.56	安　徽
9463	4219	1832.03	92.96	福　建
14277	4777	2935.38	59.75	江　西
26172	17663	5522.22	128.48	山　东
32249	17340	6549.08	84.12	河　南
19436	9682	3361.55	54.77	湖　北
16782	9652	4334.01	73.61	湖　南
17368	8783	4382.80	408.05	广　东
25521	11198	3903.68	40.16	广　西
1776	583	498.34	9.66	海　南
9073	2688	2041.63	36.22	重　庆
17907	7394	5736.54	64.55	四　川
10147	5414	2789.02	29.45	贵　州
12052	5112	3267.27	49.20	云　南
9811	5153	2154.64	44.25	陕　西
8722	4060	1855.91	15.34	甘　肃
1189	583	364.81	10.05	青　海
1209	283	380.99	6.93	宁　夏
3217	2114	1008.09	20.58	新　疆
364	115	106.56	9.24	新疆兵团

3-2-26 村庄规划及整治（2011 年）

地区名称 Name of Regions		行政村 Administrative Village		村庄规划
		有建设规划的 行政村个数 （个） Number of Administrative Villages with Construction Plan （unit）	本年编制 Compiled This Year	占 全 部 行政村比例 （％） Percentage of Tatol （％）
全　　国	National Total	291964	41572	52.73
北　　京	Beijing	3057	142	80.70
天　　津	Tianjin	2233	192	70.11
河　　北	Hebei	18639	1200	45.19
山　　西	Shanxi	7231	945	25.41
内 蒙 古	Inner Mongolia	3649	229	34.87
辽　　宁	Liaoning	4671	330	43.93
吉　　林	Jilin	2582	298	29.78
黑 龙 江	Heilongjiang	4371	232	47.36
上　　海	Shanghai	821	137	49.70
江　　苏	Jiangsu	13914	645	93.26
浙　　江	Zhejiang	16283	1486	70.40
安　　徽	Anhui	10839	1775	70.11
福　　建	Fujian	8079	706	63.82
江　　西	Jiangxi	14357	486	85.29
山　　东	Shandong	48739	4068	73.61
河　　南	Henan	26683	3159	60.83
湖　　北	Hubei	18713	2376	74.54
湖　　南	Hunan	9297	1085	23.19
广　　东	Guangdong	7751	1660	43.92
广　　西	Guangxi	7707	4453	52.05
海　　南	Hainan	1142	71	27.15
重　　庆	Chongqing	3573	353	39.82
四　　川	Sichuan	15631	2964	35.65
贵　　州	Guizhou	8165	4082	46.67
云　　南	Yunnan	6916	4435	52.54
陕　　西	Shaanxi	11922	1078	47.87
甘　　肃	Gansu	6536	2022	41.20
青　　海	Qinghai	2039	442	49.29
宁　　夏	Ningxia	1638	88	69.52
新　　疆	Xinjiang	3451	297	39.71
新疆兵团	Xinjiang Production and Construction Corps	1335	136	67.53

3-2-26 Planning and Rehabilitation of Villages （2011）

Planning of Villages			村庄整治 Rehabilitation of Villages	地区名称
自然村 Natural Village			各级各类村庄 整治个数合计 （个）	
有建设规划的 自然村个数 （个） Number of Natural Villages with Construction Plan （unit）	本年编制 Compiled This Year	占 全 部 自然村比例 （%） Percentage of Tatol （%）	Tatol Number of Villages Rehabilitated （unit）	Name of Regions
612257	**108228**	**22. 94**	**163638**	全　　国
1845	65	44. 32	2780	北　　京
1148	148	35. 95	1437	天　　津
10894	748	19. 63	5678	河　　北
2778	495	6. 58	5071	山　　西
5368	311	13. 88	2018	内　蒙　古
6560	481	12. 99	3194	辽　　宁
6268	1084	16. 92	2155	吉　　林
7609	280	21. 34	2710	黑　龙　江
5541	526	21. 01	913	上　　海
45650	3351	30. 20	7821	江　　苏
32715	3211	36. 19	13470	浙　　江
34448	4419	15. 06	5700	安　　徽
7914	787	12. 13	6087	福　　建
88721	3759	54. 61	8729	江　　西
45577	3906	51. 96	31879	山　　东
50835	4984	26. 32	6951	河　　南
56916	5259	37. 67	10507	湖　　北
11229	1478	7. 12	5737	湖　　南
35014	9134	24. 06	5375	广　　东
21186	6517	11. 44	2161	广　　西
3115	120	15. 40	1534	海　　南
7351	617	10. 42	1954	重　　庆
19317	6108	7. 61	8562	四　　川
10973	5387	12. 96	3409	贵　　州
53364	41419	40. 50	4536	云　　南
24090	1939	32. 21	6809	陕　　西
6411	921	7. 69	2668	甘　　肃
746	318	9. 72	859	青　　海
5618	212	41. 43	1098	宁　　夏
2175	195	14. 14	1197	新　　疆
881	49	44. 34	639	新疆兵团

3-2-27 村庄公共设施（一）（2011 年）

地区名称 Name of Regions		年生活用水量 （万立方米） Annual Domestic Water Consumption （10,000m³）	用水人口 （万人） Population with Access to Water （10,000persons）	用水普及率 （%） Water Coverage Rate （%）	人均日生活用水量 （升） Per Capita Daily Water Consumption （liter）
全 国	National Total	1196173	44434.51	56.15	73.75
北 京	Beijing	15810	509.24	91.56	85.06
天 津	Tianjin	8471	277.54	93.26	83.62
河 北	Hebei	69732	3461.45	79.70	55.19
山 西	Shanxi	27860	1549.79	78.64	49.25
内 蒙 古	Inner Mongolia	8195	588.70	45.25	38.14
辽 宁	Liaoning	20127	770.99	42.84	71.52
吉 林	Jilin	10745	479.21	35.12	61.43
黑 龙 江	Heilongjiang	21544	945.90	52.45	62.40
上 海	Shanghai	20722	553.28	92.95	102.61
江 苏	Jiangsu	105610	3594.37	92.70	80.50
浙 江	Zhejiang	61431	1946.23	76.83	86.48
安 徽	Anhui	47055	1765.52	39.79	73.02
福 建	Fujian	47283	1383.85	71.89	93.61
江 西	Jiangxi	27568	908.98	30.35	83.09
山 东	Shandong	120995	4838.82	85.63	68.51
河 南	Henan	61244	3144.38	47.40	53.36
湖 北	Hubei	37065	1516.62	44.39	66.96
湖 南	Hunan	45374	1451.18	32.92	85.66
广 东	Guangdong	120941	2918.01	60.91	113.55
广 西	Guangxi	54322	1773.70	44.97	83.91
海 南	Hainan	13248	438.47	86.31	82.78
重 庆	Chongqing	21881	796.18	38.32	75.30
四 川	Sichuan	42259	1559.43	26.88	74.24
贵 州	Guizhou	36128	1467.47	52.07	67.45
云 南	Yunnan	69605	1956.71	59.00	97.46
陕 西	Shaanxi	32146	1426.62	64.88	61.74
甘 肃	Gansu	17162	1026.88	54.88	45.79
青 海	Qinghai	6189	286.38	76.40	59.21
宁 夏	Ningxia	5298	249.59	64.34	58.15
新 疆	Xinjiang	17174	751.92	73.10	62.58
新疆兵团	Xinjiang Production and Construction Corps	2990	97.10	83.85	84.37

3-2-27 Public Facilities of Villages Ⅰ（2011）

本年新增供水管道长度 （公里） Length of Water Supply Pipelines Added This Year （km）	本年新增排水管道沟渠长度 （公里） Length of Drains Added This Year （km）	本年新增铺装道路长度 （公里） Length of Paved Roads Added This Year （km）	地区名称 Name of Regions
74101.63	**30683.14**	**94954.30**	全　　国
245.12	152.70	611.98	北　　京
517.69	139.44	441.29	天　　津
3089.54	626.23	3386.64	河　　北
1732.93	636.95	3133.76	山　　西
1132.11	80.97	1907.67	内　蒙　古
2043.76	917.60	1884.97	辽　　宁
1266.77	312.39	956.76	吉　　林
729.40	459.82	902.23	黑　龙　江
111.80	228.29	364.68	上　　海
4993.72	2075.61	5471.26	江　　苏
3712.68	1640.88	2912.62	浙　　江
4154.70	1572.53	5423.34	安　　徽
2589.62	665.62	1797.53	福　　建
1856.49	1799.93	4519.79	江　　西
9285.28	5446.54	8946.81	山　　东
3950.71	1504.00	4700.30	河　　南
2979.61	2359.72	5631.22	湖　　北
2775.08	1362.34	6526.70	湖　　南
3106.98	1479.26	3712.04	广　　东
2497.46	434.03	3229.95	广　　西
386.83	128.19	453.74	海　　南
2326.08	808.10	3161.01	重　　庆
4431.80	1706.07	7185.74	四　　川
2333.67	482.25	3143.39	贵　　州
4131.81	1214.64	3633.14	云　　南
2120.57	1218.06	3721.76	陕　　西
1818.25	317.62	2608.29	甘　　肃
525.89	204.56	975.79	青　　海
1424.50	593.58	1311.18	宁　　夏
1603.08	78.59	2109.93	新　　疆
227.70	36.63	188.79	新疆兵团

3-2-28 村庄公共设施（二）（2011 年）

地区名称 Name of Regions		集中供水的行政村 Administrative Villages With Access to Piped Water		对生活污水进行处理的行政村 Natural Villages with Domestic Wastewater Treated	
		个数 （个） Number （unit）	比例 （%） Rate （%）	个数 （个） Number （unit）	比例 （%） Rate （%）
全　国	National Total	303908	54.9	37268	6.7
北　京	Beijing	3278	86.5	880	23.2
天　津	Tianjin	2743	86.1	463	14.5
河　北	Hebei	27157	65.8	663	1.6
山　西	Shanxi	19298	67.8	789	2.8
内 蒙 古	Inner Mongolia	4687	44.8	176	1.7
辽　宁	Liaoning	5043	47.4	303	2.9
吉　林	Jilin	4253	49.1	316	3.6
黑 龙 江	Heilongjiang	6143	66.6	10	0.1
上　海	Shanghai	1619	98.0	846	51.2
江　苏	Jiangsu	13737	92.1	3271	21.9
浙　江	Zhejiang	16459	71.2	7901	34.2
安　徽	Anhui	6207	40.2	544	3.5
福　建	Fujian	9466	74.8	1068	8.4
江　西	Jiangxi	6655	39.5	920	5.5
山　东	Shandong	57873	87.4	8066	12.2
河　南	Henan	19292	44.0	635	1.5
湖　北	Hubei	11406	45.4	1522	6.1
湖　南	Hunan	8499	21.2	1111	2.8
广　东	Guangdong	9561	54.2	2311	13.1
广　西	Guangxi	5640	38.1	113	0.8
海　南	Hainan	2493	59.3	73	1.7
重　庆	Chongqing	4215	47.0	589	6.6
四　川	Sichuan	9636	22.0	2619	6.0
贵　州	Guizhou	8181	46.8	354	2.0
云　南	Yunnan	8049	61.1	446	3.4
陕　西	Shaanxi	13342	53.6	744	3.0
甘　肃	Gansu	6846	43.2	52	0.3
青　海	Qinghai	2472	59.8	43	1.0
宁　夏	Ningxia	1581	67.1	121	5.1
新　疆	Xinjiang	6386	73.5	145	1.7
新疆兵团	Xinjiang Production and Construction Corps	1691	85.5	174	8.8

3-2-28 Public Facilities of Villages Ⅱ （2011）

有生活垃圾收集点的行政村 Natural Villages with Domestic Garbge Collected		对生活垃圾进行处理的行政村 Natural Villages with Domestic Garbge Treated		地区名称
个数 （个） Number （unit）	比例 （%） Rate （%）	个数 （个） Number （unit）	比例 （%） Rate （%）	Name of Regions
231946	**41.9**	**135464**	**24.5**	全　国
3649	96.3	3093	81.7	北　京
2373	74.5	1842	57.8	天　津
11752	28.5	3851	9.3	河　北
18049	63.4	4564	16.0	山　西
1213	11.6	352	3.4	内 蒙 古
4261	40.1	1826	17.2	辽　宁
2816	32.5	1156	13.3	吉　林
4913	53.2	151	1.6	黑 龙 江
1615	97.8	1317	79.7	上　海
11410	76.5	9201	61.7	江　苏
18875	81.6	15879	68.7	浙　江
5506	35.6	3648	23.6	安　徽
10638	84.0	8364	66.1	福　建
10079	59.9	6796	40.4	江　西
42149	63.7	30180	45.6	山　东
13407	30.6	5266	12.0	河　南
9197	36.6	4800	19.1	湖　北
7921	19.8	4686	11.7	湖　南
10231	58.0	7437	42.1	广　东
3903	26.4	1435	9.7	广　西
1234	29.3	986	23.4	海　南
2043	22.8	1237	13.8	重　庆
12726	29.0	8357	19.1	四　川
3519	20.1	1602	9.2	贵　州
3180	24.2	1699	12.9	云　南
7732	31.0	2495	10.0	陕　西
2688	17.0	793	5.0	甘　肃
436	10.5	244	5.9	青　海
1172	49.8	525	22.3	宁　夏
1941	22.3	1105	12.7	新　疆
1318	66.7	577	29.2	新疆兵团

3-2-29 村庄房屋（2011年）

地区名称 Name of Regions		住宅　Residential Building						
		本年建房 户　数 （户） Number of Households of Building Housing This Year （unit）	在新址上 新　建 New Constr- uction on New Site	年末实有 建筑面积 （万平方米） Total Floor Space of Buildings （year-end） （10,000m²）	混合结构 以　上 Mixed Strucure and Above	本年竣工 建筑面积 （万平方米） Floor Space Completed This Year （10,000m²）	混合结构 以　上 Mixed Strucure and Above	人均住宅 建筑面积 （平方米） Per Capita Floor Space （m²）
全　国	**National Total**	**4154214**	**1683173**	**2450617.4**	**1546320.9**	**48574.6**	**42971.9**	**32.08**
北　京	Beijing	15686	4064	14082.2	10380.1	171.3	151.0	41.79
天　津	Tianjin	9783	4695	8066.1	5297.9	191.3	157.3	30.54
河　北	Hebei	138650	52855	124679.2	71041.4	1507.1	1182.7	29.06
山　西	Shanxi	94917	34136	53374.7	35875.1	893.1	745.0	27.84
内　蒙　古	Inner Mongolia	62490	26942	29526.4	25844.5	390.0	359.8	23.61
辽　宁	Liaoning	48409	11728	40968.8	15704.2	521.2	392.5	23.25
吉　林	Jilin	75697	9069	29273.6	12887.4	591.4	333.2	21.91
黑　龙　江	Heilongjiang	237716	6063	35882.7	28568.9	2046.1	2046.1	20.24
上　海	Shanghai	11417	3411	15282.6	14128.2	209.1	203.9	54.09
江　苏	Jiangsu	137437	69078	149842.9	105758.6	1765.8	1705.2	41.73
浙　江	Zhejiang	85989	43393	110677.5	84561.4	1645.0	1620.6	50.92
安　徽	Anhui	193399	102890	136158.8	88158.4	2212.6	1897.2	31.06
福　建	Fujian	41955	21041	67483.4	42215.2	860.8	831.6	36.84
江　西	Jiangxi	130741	64814	112676.6	77896.1	2076.6	1976.9	38.39
山　东	Shandong	452711	220138	180252.3	110386.6	7858.0	7493.2	32.64
河　南	Henan	189432	64910	201434.2	140410.5	2568.3	2383.9	30.76
湖　北	Hubei	137624	64778	119497.3	86400.5	1740.7	1634.8	35.55
湖　南	Hunan	136233	79640	156301.7	118247.4	2108.4	1987.9	36.06
广　东	Guangdong	132451	77867	121312.7	80392.6	2376.1	2007.4	27.68
广　西	Guangxi	297109	130676	100160.6	58066.7	3561.8	3434.9	25.66
海　南	Hainan	34271	14133	12938.3	3751.7	311.0	217.1	25.96
重　庆	Chongqing	86854	45573	85509.9	60121.3	1144.3	1039.4	41.88
四　川	Sichuan	264083	112430	214370.7	131858.2	3243.1	2595.1	37.37
贵　州	Guizhou	273186	115747	70943.9	36859.2	1789.9	1542.8	25.44
云　南	Yunnan	212484	81945	107291.6	29398.6	2151.4	1486.6	32.84
陕　西	Shaanxi	132572	56982	64838.1	41639.3	1153.3	1058.2	30.09
甘　肃	Gansu	198359	49991	45034.2	17164.4	1205.8	998.7	24.27
青　海	Qinghai	64604	24771	9000.8	3088.0	467.6	240.2	24.67
宁　夏	Ningxia	41931	18723	8582.5	1473.8	221.6	121.1	22.53
新　疆	Xinjiang	205713	64232	22579.9	7562.6	1541.0	1103.5	22.40
新疆兵团	Xinjiang Produc- tion and Constru- ction Corps	10311	6458	2593.4	1182.4	51.1	24.2	24.34

3-2-29 Building Construction of Villages (2011)

公共建筑 Public Building				生产性建筑 Industrial Building				地区名称
年末实有建筑面积（万平方米） Total Floor Space of Buildings (year-end) (10,000m²)	混合结构以上 Mixed Strucure and Above	本年竣工建筑面积（万平方米） Floor Space Completed This Year (10,000m²)	混合结构以上 Mixed Strucure and Above	年末实有建筑面积（万平方米） Total Floor Space of Buildings (year-end) (10,000m²)	混合结构以上 Mixed Strucure and Above	本年竣工建筑面积（万平方米） Floor Space Completed This Year (10,000m²)	混合结构以上 Mixed Strucure and Above	Name of Regions
104869.7	75851.2	4123.1	3726.6	166466.6	124725.3	9157.8	7670.7	全　国
1955.9	1868.4	67.4	65.2	4488.2	3963.3	57.1	54.2	北　京
459.0	366.4	23.1	18.5	2521.6	2244.2	60.0	55.5	天　津
4348.3	2896.5	158.0	130.5	9385.3	6893.6	674.1	553.3	河　北
4799.5	3348.5	144.1	124.8	5102.2	3512.1	201.6	161.1	山　西
1411.7	1053.0	27.6	25.2	1449.7	1068.5	38.7	31.8	内　蒙　古
2185.3	1324.4	67.9	44.1	3822.9	2688.0	234.4	171.6	辽　宁
784.2	429.4	21.2	16.2	1261.3	756.3	38.4	29.9	吉　林
1584.9	1365.9	34.9	34.9	1861.7	1661.0	153.4	153.4	黑　龙　江
948.4	921.6	33.5	33.0	6021.7	5800.5	114.8	114.5	上　海
5603.0	4182.7	298.3	284.2	19587.9	16945.3	1314.2	1232.7	江　苏
5138.4	4486.3	198.7	195.5	20095.4	17607.2	835.2	794.9	浙　江
5119.7	3479.3	285.0	263.4	4460.2	3365.5	312.3	256.7	安　徽
4820.7	3589.7	123.0	116.2	6891.0	5204.9	363.1	322.1	福　建
4850.4	3834.5	191.0	175.2	4100.2	2920.9	233.0	140.3	江　西
11980.8	8181.2	635.7	583.3	17491.5	13312.8	1488.6	1201.9	山　东
6578.0	4751.0	232.9	209.8	9153.8	6987.6	404.1	347.6	河　南
4636.4	3609.4	193.9	177.7	4521.8	3185.7	540.6	447.4	湖　北
5036.6	4059.7	239.7	227.0	5146.0	3958.0	323.1	291.4	湖　南
6825.9	5426.5	196.1	156.4	14798.6	9192.7	658.0	511.4	广　东
3648.7	2346.1	115.5	112.4	2071.9	1147.7	110.2	82.9	广　西
543.8	342.4	16.4	12.8	324.1	134.1	15.5	8.4	海　南
2208.9	1707.0	69.9	65.8	3545.3	2508.5	82.5	71.8	重　庆
4443.3	2961.0	165.8	149.5	5228.2	3012.6	217.3	152.6	四　川
2780.0	1840.4	118.2	103.0	1260.3	870.4	144.9	108.9	贵　州
4144.2	2466.2	161.6	142.5	4043.0	1472.2	157.4	98.5	云　南
2989.2	2117.6	111.4	95.8	2332.8	1651.5	220.9	153.9	陕　西
2586.9	1396.1	90.1	72.4	2816.9	1312.2	83.9	65.9	甘　肃
285.1	161.3	14.8	12.0	166.3	111.9	18.2	9.9	青　海
440.8	271.8	21.5	18.4	512.2	291.2	29.0	17.1	宁　夏
1517.8	951.7	58.0	55.9	1491.9	738.2	22.3	18.4	新　疆
214.1	115.0	8.2	5.4	513.1	206.8	11.3	11.1	新疆兵团

3-2-30 村庄建设投入（2011年）

地区名称 Name of Regions		本年建设投入				
		合计 Total	房屋 Building			
			小计 Input of House	住宅 Residential Building	公共建筑 Public Building	生产性建筑 Industrial Building
全 国	National Total	62039053	49880487	37731971	4106210	8042306
北 京	Beijing	850220	493270	269087	138420	85763
天 津	Tianjin	508815	422814	313111	47149	62554
河 北	Hebei	1915075	1689703	1182019	119230	388454
山 西	Shanxi	1269669	960199	697889	117173	145137
内 蒙 古	Inner Mongolia	633611	475773	389860	39983	45930
辽 宁	Liaoning	1184332	919396	582425	106018	230953
吉 林	Jilin	762004	625380	558904	22640	43836
黑 龙 江	Heilongjiang	2194415	1983645	1813269	30810	139566
上 海	Shanghai	848145	549171	310868	60207	178096
江 苏	Jiangsu	4308349	3290088	1556857	354028	1379203
浙 江	Zhejiang	3725026	2880065	1786719	198162	895184
安 徽	Anhui	2713732	2214479	1696485	237402	280592
福 建	Fujian	1588187	1178695	749245	132947	296503
江 西	Jiangxi	1936912	1550452	1293381	127646	129425
山 东	Shandong	7928123	6214208	4241648	625717	1346843
河 南	Henan	2854648	2295223	1765544	205396	324283
湖 北	Hubei	2372329	1880026	1374300	151565	354161
湖 南	Hunan	2415913	1889569	1449516	196052	244001
广 东	Guangdong	3003933	2378883	1743350	198796	436737
广 西	Guangxi	2838802	2619751	2448436	98530	72785
海 南	Hainan	468657	395335	363887	19739	11709
重 庆	Chongqing	1441655	1038739	907126	67990	63623
四 川	Sichuan	3911005	3072694	2638642	202301	231751
贵 州	Guizhou	1839592	1550492	1325617	99770	125105
云 南	Yunnan	2611963	2237656	1908553	184007	145096
陕 西	Shaanxi	1670402	1368276	1061968	110600	195708
甘 肃	Gansu	1414500	1259682	1091419	87429	80834
青 海	Qinghai	609855	566079	522062	22885	21132
宁 夏	Ningxia	440177	318327	245556	27448	45323
新 疆	Xinjiang	1613638	1439215	1352250	65000	21965
新疆兵团	Xinjiang Production and Construction Corps	165369	123202	91978	11170	20054

3-2-30 Construction Input of Villages（2011）

计量单位：万元 Measurement Unit：10,000 RMB

Construction Input of This Year								地区名称
市政公用设施 Municipal Public Facilities								
小计 Input of Municipal Public Facilities	供水 Water Supply	道路桥梁 Road and Bridge	排水 Drainage	防洪 Flood Control	园林绿化 Landscaping	环境卫生 Environmental Sanitation	其他 Other	Name of Regions
12158566	1931123	5595402	1062876	688857	821453	851822	1207033	全　　国
356950	33483	112141	35144	10186	59612	75999	30385	北　京
86001	16850	23469	6494	1206	6301	9502	22179	天　津
225372	41097	113980	8311	7225	9692	15476	29591	河　北
309470	29606	199130	13884	5959	27270	17614	16007	山　西
157838	22121	99130	2034	12934	11987	4416	5216	内 蒙 古
264936	36389	133451	16231	19441	10748	22952	25724	辽　宁
136624	24267	71703	5546	13275	3710	8665	9458	吉　林
210770	11868	95811	19875	4054	14852	18195	46115	黑 龙 江
298974	28231	101225	80822	18297	16175	29780	24444	上　海
1018261	174751	384027	114572	45014	105756	100547	93594	江　苏
844961	150029	280723	103836	92622	69392	78963	69396	浙　江
499253	82554	262757	33521	40322	17716	26187	36196	安　徽
409492	53187	231824	24337	16647	24369	30358	28770	福　建
386460	44616	183608	28673	37101	29867	17317	45278	江　西
1713915	199074	605483	162796	76323	220746	139916	309577	山　东
559425	219183	246522	22454	13590	14553	17759	25364	河　南
492303	119318	202957	51325	28600	20254	26756	43093	湖　北
526344	67167	318925	32695	31825	14336	19681	41715	湖　南
625050	80766	204064	102415	111950	33721	59543	32591	广　东
219051	35579	138581	16374	6192	2867	6272	13186	广　西
73322	8900	42814	2145	4713	3008	2805	8937	海　南
402916	58607	226044	28339	11654	23470	13776	41026	重　庆
838311	126127	457791	57192	32274	25802	57749	81376	四　川
289100	29738	213495	9864	4388	2393	6824	22398	贵　州
374307	65976	203093	31131	9762	13448	10931	39966	云　南
302126	49693	161978	24750	15221	15130	15428	19926	陕　西
154818	38507	82509	6423	4241	4087	3489	15562	甘　肃
43776	14002	23913	2566	532	800	975	988	青　海
121850	18087	64903	9949	1261	13715	9157	4778	宁　夏
174423	44693	96183	5126	6500	3651	3209	15061	新　疆
42167	6657	13168	4052	5548	2025	1581	9136	新疆兵团

主要指标解释

城市和县城部分

人口密度
指城区内的人口疏密程度。计算公式：
$$人口密度 = \frac{城区人口 + 城区暂住人口}{城区面积}$$

人均日生活用水量
指每一用水人口平均每天的生活用水量。计算公式：
$$人均日生活用水量 = \frac{居民家庭用水量 + 公共服务用水量}{用水人口} \div 报告期日历日数 \times 1000 升$$

用水普及率
指报告期末城区内用水人口与总人口的比率。计算公式：
$$用水普及率 = \frac{城区用水人口}{城区人口 + 城区暂住人口} \times 100\%$$

燃气普及率
指报告期末城区内使用燃气的人口与总人口的比率。计算公式：
$$燃气普及率 = \frac{城区用气人口}{城区人口 + 城区暂住人口} \times 100\%$$

人均道路面积
指报告期末城区内平均每人拥有的道路面积。计算公式：
$$人均道路面积 = \frac{城区道路面积}{城区人口 + 城区暂住人口}$$

路网密度
指报告期末城区（建成区）内道路分布的稀疏程度。计算公式：
$$路网密度 = \frac{道路长度}{城区（建成区）面积}$$

排水管道密度
指报告期末城区（建成区）内的排水管道分布的疏密程度。计算公式：
$$排水管道密度 = \frac{排水管道长度}{城区（建成区）面积}$$

污水处理率
指报告期内污水处理总量与污水排放总量的比率。计算公式：
$$污水处理率 = \frac{污水处理总量}{污水排放总量} \times 100\%$$

污水处理厂集中处理率
指报告期内通过污水处理厂处理的污水量与污水排放总量的比率。计算公式：
$$污水处理厂集中处理率 = \frac{污水处理厂处理的污水量}{污水排放总量} \times 100\%$$

人均公园绿地面积
指报告期末城区内平均每人拥有的公园绿地面积。计算公式：

$$人均公园绿地面积 = \frac{城区公园绿地面积}{城区人口 + 城区暂住人口}$$

建成区绿化覆盖率

指报告期末建成区内绿化覆盖面积与区域面积的比率。计算公式：

$$建成区绿化覆盖率 = \frac{建成区绿化覆盖面积}{建成区面积} \times 100\%$$

建成区绿地率

指报告期末建成区内绿地面积与建成区面积的比率。计算公式：

$$建成区绿地率 = \frac{建成区绿地面积}{建成区面积} \times 100\%$$

生活垃圾处理率

指报告期内生活垃圾处理量与生活垃圾产生量的比率。计算公式：

$$生活垃圾处理率 = \frac{生活垃圾处理量}{生活垃圾产生量} \times 100\%$$

生活垃圾无害化处理率

指报告期内生活垃圾无害化处理量与生活垃圾产生量的比率。计算公式：

$$生活垃圾无害化处理率 = \frac{生活垃圾无害化处理量}{生活垃圾产生量} \times 100\%$$

在统计时，由于生活垃圾产生量不易取得，用清运量代替。

市区面积

指城市行政区域内的全部土地面积（包括水域面积）。地级以上城市行政区不包括市辖县（市）。

城区面积

指城市的城区包括：（1）街道办事处所辖地域；（2）城市公共设施、居住设施和市政公用设施等连接到的其他镇（乡）地域；（3）常住人口在3000人以上独立的工矿区、开发区、科研单位、大专院校等特殊区域。

连接是指两个区域间可观察到的已建成或在建的公共设施、居住设施、市政设施和其他设施相连，中间没有被水域、农业用地、园地、林地、牧草地等非建设用地隔断。

对于组团式和散点式的城市，城区由多个分散的区域组成，或有个别区域远离主城区，应将这些分散的区域相加作为城区。

城区人口

指划定的城区（县城）范围的人口数。按公安部门的户籍统计为准。

暂住人口

指离开常住户口地的市区或乡、镇，到本市居住一年以上的人员。一般按公安部门的暂住人口统计为准。

建成区面积

城市行政区内实际已成片开发建设、市政公用设施和公共设施基本具备的区域。对核心城市，它包括集中连片的部分以及分散的若干个已经成片建设起来，市政公用设施和公共设施基本具备的地区；对一城多镇来说，它包括由几个连片开发建设起来的，市政公用设施和公共设施基本具备的地区组成。因此建成区范围，一般是指建成区外轮廓线所能包括的地区，也就是这个城市实际建设用地所达到的范围。

城市建设用地面积

指城市用地中除水域与其他用地之外的各项用地面积，即居住用地、公共设施用地、工业用地、仓储用地、对外交通用地、道路广场用地、市政公用设施用地、绿地和特殊用地九大类用地。

城市维护建设资金

指用于城市维护和建设的资金，资金来源包括城市维护建设税、公用事业附加、中央和地方财政拨款、国内贷款、债券收入、利用外资、土地出让转让收入、资产置换收入、市政公用企事业单位自筹资金、国家和省规定收取的用于城市维护建设的行政事业性收费、集资收入以及其他收入。资金支出包括固定资产投资支出、维护支出和其他支出。

本年鉴中仅统计了用于城市维护和建设的财政性资金。

城市维护建设税

指依据《中华人民共和国城市维护建设税暂行条例》开征的一种地方性税种。现行的征收办法是以纳税人实际缴纳的增值税、消费税、营业税税额为计税依据，与增值税、消费税、营业税同时缴纳。根据纳税人所在地不同执行不同的纳税率：市区的税率为百分之七；县城、镇的税率为百分之五；不在市区、县城或镇的税率为百分之一。

城市公用事业附加

指在部分公用事业产品（服务）价外征收的用于城市维护建设的附加收入。包括工业用电、工业用水附加，公共汽车、电车、民用自来水、民用照明用电、电话、煤气、轮渡等附加。

固定资产投资

指建造和购置市政公用设施的经济活动，即市政公用设施固定资产再生产活动。市政公用设施固定资产再生产过程包括固定资产更新（局部更新和全部更新）、改建、扩建、新建等活动。新的企业财务会计制度规定，固定资产局部更新的大修理作为日常生产活动的一部分，发生的大修理费用直接在成本费用中列支。按照现行投资管理体制及有关部门的规定，凡属于养护、维护性质的工程，不纳入固定资产投资统计。对新建和对现有市政公用设施改造工程，应纳入固定资产统计。

新增固定资产

指报告期内交付使用的固定资产价值。包括报告期内建成投入生产或交付使用的工程投资和达到固定资产标准的设备、工具、器具的投资及有关应摊入的费用。

新增生产能力（或效益）

指通过固定资产投资活动而增加的设计能力。计算新增生产能力（或效益）是以能独立发挥生产能力（或效益）的工程为对象。当工程建成，经有关部门验收鉴定合格，正式移交投入生产，即应计算新增生产能力（或效益）。

供水设计综合生产能力

指按供水设施取水、净化、送水、出厂输水干管等环节设计能力计算的综合生产能力。包括在原设计能力的基础上，经挖、革、改增加的生产能力。计算时，以四个环节中最薄弱的环节为主确定能力。

供水管道长度

指从送水泵至用户水表之间所有管道的长度。在同一条街道埋设两条或两条以上管道时，应按每条管道的长度计算。

供水总量

指报告期供水企业（单位）供出的全部水量。包括有效供水量和漏损水量。

有效供水量指水厂将水供出厂外后，各类用户实际使用到的水量。包括售水量和免费供水量。售水量指收费供应的水量。免费供水量指无偿供应的水量。

漏损水量指在供水过程中由于管道及附属设施破损而造成的漏水量、失窃水量以及水表失灵少计算的水量。

按用水用途可分为生产运营用水、公共服务用水、居民家庭用水和消防及其他特殊用水四类。

生产运营用水指在城市范围内生产、运营的农、林、牧、渔业、工业、建筑业、交通运输业等单位在生产、运营过程中的用水。

公共服务用水指为城市社会公共生活服务的用水。包括行政事业单位、部队营区和公共设施服务、社会服务业、批发零售贸易业、旅馆饮食业等单位的用水。

居民家庭用水指城市范围内所有居民家庭的日常生活用水。包括城市居民、农民家庭、公共供水站用水。

消防及其他特殊用水指城市灭火以及除居民家庭、公共服务、生产运营用水范围以外的各种特殊用水。包括消防用水、深井回灌用水、其他用水。

新水取用量

指取自任何水源被第一次利用的水量。新水量就一个城市来说，包括城市供水企业新水量和社会各单位的新水量。

用水重复利用量

指各用水单位在生产和生活中，循环利用的水量和直接或经过处理后回收再利用的水量之和。

节约用水量

指报告期新节水量，通过采用各项节水措施（如改进生产工艺、技术、生产设备、用水方式、换装节水器具、加强管理等）后，用水量和用水效益产生效果，而节约的水量。

人工煤气生产能力

指报告期末燃气生产厂制气、净化、输送等环节的综合生产能力，不包括备用设备能力。一般按设计能力计算，如果实际生产能力大于设计能力时，应按实际测定的生产能力计算。测定时应以制气、净化、输送三个环节中最薄弱的环节为主。

供气管道长度

指报告期末从气源厂压缩机的出口或门站出口至各类用户引入管之间的全部已经通气投入使用的管道长度。不包括煤气生产厂、输配站、液化气储存站、灌瓶站、储配站、气化站、混气站、供应站等厂（站）内的管道。

供气总量

指报告期燃气企业（单位）向用户供应的燃气数量。包括销售量和损失量。

汽车加气站

指专门为燃气机动车（船舶）提供压缩天然气、液化石油气等燃料加气服务的站点。

供热能力

指供热企业（单位）向城市热用户输送热能的设计能力。

供热总量

指在报告期供热企业（单位）向城市热用户输送全部蒸汽和热水的总热量。

供热管道长度

指从各类热源到热用户建筑物接入口之间的全部蒸汽和热水的管道长度。不包括各类热源厂内部的管道长度。

城市道路

指城市供车辆、行人通行的，具备一定技术条件的道路、桥梁、隧道及其附属设施。城市道路由车行道和人行道等组成。在统计时只统计路面宽度在3.5米（含3.5米）以上的各种铺装道路，包括开放型工业区和住宅区道路在内。

道路长度

指道路长度和与道路相通的桥梁、隧道的长度，按车行道中心线计算。

道路面积

指道路面积和与道路相通的广场、桥梁、隧道的面积（统计时，将人行道面积单独统计）。

人行道面积按道路两侧面积相加计算，包括步行街和广场，不含人车混行的道路。

桥梁

指为跨越天然或人工障碍物而修建的构筑物。包括跨河桥、立交桥、人行天桥以及人行地下通道等。

道路照明灯盏数

指在城市道路设置的各种照明用灯。一根电杆上有几盏即计算几盏。统计时，仅统计功能照明灯，不统计景观照明灯。

防洪堤长度

指实际修筑的防洪堤长度。统计时应按河道两岸的防洪堤相加计算长度，但如河岸一侧有数道防洪堤时，只计算最长一道的长度。

污水排放总量

指生活污水、工业废水的排放总量，包括从排水管道和排水沟（渠）排出的污水量。

（1）可按每条管道、沟（渠）排放口的实际观测的日平均流量与报告期日历日数的乘积。

（2）有排水测量设备的，可按实际测量值计算。

（3）如无观测值，也可按当地供水总量乘以污水排放系数确定。

城市分类污水排放系数

城市污水分类	污水排放系数
城市污水	0.7 ~ 0.8
城市综合生活污水	0.8 ~ 0.9
城市工业废水	0.7 ~ 0.9

排水管道长度

指所有排水总管、干管、支管、检查井及连接井进出口等长度之和。

污水处理量

指污水处理厂（或污水处理装置）实际处理的污水量。包括物理处理量、生物处理量和化学处理量。

污水处理厂干污泥产生量

指报告期内污水处理厂在污水处理过程中干污泥的最终产生量。干污泥是指污水处理过程中分离出来的固体，含水率85%以下。

污水处理厂干污泥处置量

指报告期内经过污泥消化、调理、浓缩、脱水等手段进行处理后，采用土地填埋、焚烧等方法对污泥进行最终安全处置的量。

绿化覆盖面积

指城市中的乔木、灌木、草坪等所有植被的垂直投影面积。包括公园绿地、防护绿地、生产绿地、附属绿地、其他绿地的绿化种植覆盖面积、屋顶绿化覆盖面积以及零散树木的覆盖面积。乔木树冠下重迭的灌木和草本植物不能重复计算。

绿地面积

指报告期末用作园林和绿化的各种绿地面积。包括公园绿地、生产绿地、防护绿地、附属绿地和其他绿地的面积。

公园绿地

城市中向公众开放的、以游憩为主要功能，有一定的游憩设施和服务设施，同时兼有健全生态、美化景观、防灾减灾等综合作用的绿化用地。它是城市建设用地、城市绿地系统和城市市政公用设施的重要组成部分。

公园

指常年开放的供公众游览、观赏、休憩、开展科学、文化及休闲等活动，有较完善的设施和良好的绿化环境、景观优美的公园绿地。包括综合性公园、儿童公园、文物古迹公园、纪念性公园、风景名胜公园、动物园、植物园、带状公园等。不包括居住小区及小区以下的游园。统计时只统计市级和区级的综合公园、专类公园和带状公园。

国家级风景名胜区

风景名胜区指风景名胜资源集中、自然环境优美、具有一定规模和游览条件，供人游览、观赏、休息和进行科学文化活动的地域。国家级风景名胜区指经国务院审定公布的风景名胜区。

风景名胜区面积

指经政府审定批准所确定的风景名胜区规划面积。

供游览面积

指报告期末风景名胜区内实际可供游人游览的面积。

道路清扫保洁面积

指报告期末对城市道路和公共场所（主要包括城市行车道、人行道、车行隧道、人行过街地下通道、道路附属绿地、地铁站、高架路、人行过街天桥、立交桥、广场、停车场及其他设施等）进行清扫保洁的面积。一天清扫保洁多次的，按清扫保洁面积最大的一次计算。

生活垃圾、粪便清运量

指报告期收集和运送到各生活垃圾、粪便处理场（厂）和生活垃圾、粪便最终消纳点的生活垃圾、粪便的数量。统计时仅计算从生活垃圾、粪便源头和从生活垃圾转运站直接送到处理场和最终消纳点的清运量，对于二次中转的清运量不要重复计算。

公共厕所

指供城市居民和流动人口使用，在道路两旁或公共场所等处设置的厕所。分为独立式、附属式和活动式三种类型。统计时只统计独立式和活动式，不统计附属式公厕。

独立式公共厕所按建筑类别应分为三类，活动式公共厕所按其结构特点和服务对象应分为组装厕所、单体厕所、汽车厕所、拖动厕所和无障碍厕所五种类别。

市容环卫专用车辆设备

指用于环境卫生作业、监察的专用车辆和设备，包括用于道路清扫、冲洗、洒水、除雪、垃圾粪便清运、市容监察以及与其配套使用的车辆和设备。如：垃圾车、扫路机（车）、洗路车、洒水车、真空吸粪车、除雪机、装载机、推土机、压实机、垃圾破碎机、垃圾筛选机、盐粉撒布机、吸泥渣车和专用船舶等。对于长期租赁的车辆及设备也统计在内。

村镇部分

人口密度
指建成区范围内的人口疏密程度。计算公式：
$$人口密度 = （建成区户籍人口 + 建成区暂住人口）/建成区面积$$

用水普及率
指报告期末建成区（村庄）用水人口与建成区（村庄）人口的比率。按建成区、村庄分别统计。计算公式：
$$建成区用水普及率 = 建成区用水人口/（建成区户籍人口 + 建成区暂住人口）×100\%$$
$$村庄用水普及率 = 村庄用水人口/（村庄户籍人口 + 村庄暂住人口）×100\%$$

燃气普及率
指报告期末建成区使用燃气的人口与建成区人口的比率。计算公式：
$$燃气普及率 = 用气人口/（建成区户籍人口 + 建成区暂住人口）×100\%$$

人均道路面积
指报告期末建成区范围内平均每人拥有的道路面积。计算公式：
$$人均道路面积 = 道路面积/（建成区户籍人口 + 建成区暂住人口）$$

排水管道密度
指报告期末建成区范围内排水管道分布的疏密程度。计算公式：
$$排水管道密度 = 排水管道长度/建成区面积$$

人均公园绿地
指报告期末建成区范围内平均每人拥有的公园绿地面积。计算公式：
$$人均公园绿地面积 = 公园绿地面积/（建成区户籍人口 + 建成区暂住人口）$$

绿化覆盖率
指报告期末建成区范围内绿化覆盖面积与建成区面积的比率。计算公式：
$$绿化覆盖率 = 绿化覆盖面积/建成区面积×100\%$$

绿地率
指报告期末镇（乡）建成区范围内绿地面积与建成区面积的比率。计算公式：
$$绿地率 = 绿地面积/建成区面积×100\%$$

人均日生活用水量

指用水人口平均每天的生活用水量。计算公式：

人均日生活用水量＝报告期生活用水量/用水人口/报告期日历天数×1000 升

建成区

指行政区域内实际已成片开发建设、市政公用设施和公共设施基本具备的区域．建成区面积以镇人民政府建设部门（或规划部门）提供的范围为准。

村庄

指农村居民生活和生产的聚居点。

建成区（村庄）户籍人口

指在其经常居住地的公安户籍管理机关登记了户籍的人口。

暂住人口

指在本地居住半年及以上的非本乡（镇）户籍的人。均以公安部门数据为准。

总体规划

指在镇（乡）行政区域范围内进行的布点规划及相应各项建设的整体部署，并经市（县）人民政府批准同意实施，报告期末仍处于有效期。

村庄建设规划

指在总体规划指导下，根据本地区经济发展水平，主要对住宅和供水、供电、道路、绿化、环境卫生以及生产配套设施建设的具体安排。村庄建设规划须经村民会议讨论同意，由乡级人民政府报县级人民政府批准。统计时要注意规划的有效期，如至本年年底，规划已过期，则按无规划统计。

本年规划编制投入

指本年各种规划编制工作的总投入。

本年市政公用设施建设财政性资金收入

指本年内收到的可用于市政公用设施建造和购置的各种财政性资金，包括中央财政拨款、省财政拨款、市（县）财政拨款、镇（乡）本级财政。

公共供水

指公共供水企业以公共供水管道及其附属设施向单位和居民的生活、生产和其他各项建设提供用水。公共供水设施包括正规的水厂和虽达不到水厂标准，但不是临时供水设施，水质符合标准的其他设施。

自建设施供水

指企事业单位、机关团体、部队等社会单位自办的独立供水设施，以其自行建设的供水管道及其附属设施主要向本单位的生活、生产和其他各项建设提供用水。

综合生产能力

指按供水设施取水、净化、送水、输水干管等环节设计能力计算的综合生产能力。计算时，以四个环节中最薄弱的环节为主确定能力。没有设计能力的按实际测定的能力计算。对于经过更新改造后，实际生产能力与设计能力相差很大的，按实际能力填报。

供水管道长度

指从送水泵至用户水表之间直径 75mm 以上所有供水管道的长度。不包括从水源地到水厂的管道、水源井之间的连络管、水厂内部的管道、用户建筑物内的管道和新安装尚未使用的管道。按单管计算，即：如在同一条街道埋设两条或两条以上管道时，应按每条管道的长度计算。

年生活用水量

指居民家庭与公共服务年用水量。包括饮食店、医院、商店、学校、机关、部队等单位生活用水量，以及生产单位装有专用水表计量的生活用量（不能分开者，可不计）。

年生产用水量

指生产运营单位在生产、运营过程中的年用水量。

用水人口

指由供水设施供给生活用水的人口数，包括学校、机关、部队的用水人口。

用气人口

指报告期末使用燃气（人工煤气、天然气、液化石油气）的家庭用户总人口数。可以本地居民平均每户人口数乘以燃气家庭用户数计算。

在统计液化气家庭用户数时，年平均用量低于90公斤的户数，忽略不计。

集中供热面积

指通过热网向建成区内各类房屋供热的房屋建筑面积。只统计供热面积达到1万平方米及以上的集中供热设施。

道路

指镇（乡）建成区范围内和村庄内有交通功能的各种道路和土路。在统计时只统计路面宽度在3.5米（含3.5米）以上的道路。

道路长度、面积的计算

道路长度包括道路长度和与道路相通的桥梁、隧道的长度。道路面积只包括路面面积和与道路相通的广场、桥梁、停车场的面积，不含隔离带和绿化带面积。

污水处理厂

指污水通过排水管道集中于一个或几个处所，并利用由各种处理单元组成的污水处理系统进行净化处理，最终使处理后的污水和污泥达到规定要求后排放水体或再利用的生产场所。

氧化塘是污水处理的一种工艺，严格按《氧化塘设计规范》运行管理的氧化塘应作为污水处理厂。

污水处理装置

指在厂矿区设置的处理工业废水和周边地区生活污水的小型集中处理设备，以及居住区、度假村中设置的小型污水处理装置。

污水处理能力

指污水处理设施每昼夜处理污水量的设计能力，没有设计能力的按实际能力计算。

年污水处理总量

指一年内各种污水处理设施处理的污水量，包括将本地的污水收集到外地的污水处理设施处理的量，其中污水处理厂处理的量计为集中处理量。

绿化覆盖面积

指建成区内的乔木、灌木、草坪等所有植被的垂直投影面积。包括各种绿地的绿化种植覆盖面积、屋顶绿化覆盖面积以及零散树木的覆盖面积，不包括植物未覆盖的水域面积。

绿地面积

指报告期末建成区内用作园林和绿化的各种绿地面积。包括公园绿地、生产绿地、防护绿地、附属绿地的面积。其中：公园绿地指向公众开放的、以游憩为主要功能，有一定游憩设施的绿地。

年生活垃圾处理量

指一年将建成区内的生活垃圾运到生活垃圾处理场（厂）进行处理的量，包括无害化处理量和简易处理量。

公共厕所数量

指在建成区范围内供居民和流动人口使用的厕所座数。统计时只统计独立的公厕，不包括公共建筑内附设的厕所。

住宅

指坐落在村镇范围内，上有顶、周围有墙，能防风避雨，供人居住的房屋。按照各地生活习惯，可供居住的帐篷、毡房、船屋等也包括在内，兼作生产用房的房屋可以算为住宅。包括厂矿、企业、医院、机关、学校的集体宿舍和家属宿舍，但不包括托儿所、病房、疗养院、旅馆等具有专门用途的房屋。

公共建筑

指坐落在村镇范围内的各类机关办公、文化、教育、医疗卫生、商业等公共服务用房。

生产性建筑

指坐落在村镇范围内的包括乡镇企业厂房、养殖厂、畜牧场等用房及各类仓库用房的建筑面积。

本年竣工建筑面积

指本年内完工的住宅（公共建筑、生产性建筑）建筑面积。包括新建、改建和扩建的建筑面积，未完工的在建房屋不要统计在内。统计时按镇（乡）建成区和村庄分开统计。

年末实有建筑面积

指本年年末，坐落在村镇范围内的全部住宅（公共建筑、生产性建筑）建筑面积。统计时按镇（乡）建成区和村庄分开统计。计算方法为：

$$年末实有房屋建筑面积＝上年末实有＋本年竣工＋本年区划调整增加－$$

$$本年区划调整减少－本年拆除（倒塌、烧毁等）$$

混合结构以上

指结构形式为混合结构及其以上（如钢筋混凝土结构、砖混结构）的房屋建筑面积。

Explanatory Notes on Main Indicators

Indicators in the statistics for Cities and County Seats

Population Density

It refers to the quality of being dense for population in a given zone. The calculation equation is:

$$\text{Population Density} = \frac{\text{Population in Urban Areas} + \text{Urban Temporary Population}}{\text{Urban Area}}$$

Daily Domestic Water Use Per Capita

It refers to average amount of daily water consumed by each person. The calculation equation is:

Daily Domestic Water Use Per Capita = (Water Consumption by Households + Water Use for Public Service) ÷ Population with Access to Water Supply ÷ Calendar Days in Reported Period × 1000 liters

Water Coverage Rate

It refers to proportion of urban population supplied with water to urban population. The calculation equation is:

$$\text{Water Coverage} = \frac{\text{Urban Population with Access to Water Supply}}{\text{Urban Permanent Population} + \text{Urban Temporary Population}} \times 100\%$$

Gas Coverage Rate

It refers to the proportion of urban population supplied with gas to urban population. The calculation equation is:

$$\text{Gas Coverage} = \frac{\text{Urban Population with Access to Gas}}{\text{Urban Permanent Population} + \text{Urban Temporary Population}} \times 100\%$$

Surface Area of Roads Per Capita

It refers to the average surface area of roads owned by each urban resident at the end of reported period. The calculation equation is:

$$\text{Surface Area of Roads Per Capita} = \frac{\text{Surface Area of Roads in Given Urban Areas}}{\text{Urban Permanent Population} + \text{Urban Temporary Population}}$$

Density of Road Network

It refers to the extent which roads cover given urban areas (built-up districts) at the end of reported period. The calculation equation is:

$$\text{Density of Road Network} = \frac{\text{Length of Roads in Given Urban Areas}}{\text{Floor Area of Given Urban Areas (Built-up Districts)}}$$

Density of Drainage Pipelines

It refers to the extent which drainage pipelines cover given urban areas (built-up districts) at the end of reported period. The calculation equation is:

$$\text{Density of Drainage Pipelines} = \frac{\text{Length of Drainage Pipelines in Given Urban Areas}}{\text{Floor Area of Given Urban Areas (Built-up Districts)}}$$

Wastewater Treatment Rate

It refers to the proportion of the quantity of wastewater treated to the total quantity of wastewater discharged at the end of reported period. The calculation equation is:

$$\text{Wastewater Treatment Rate} = \frac{\text{Quantity of Wastewater Treated}}{\text{Quantity of Wastewater Discharged}} \times 100\%$$

Centralized Treatment Rate of Wastewater Treatment Plants

It refers to the proportion of the quantity of wastewater treated in wastewater treatment plants to the total quantity of wastewater discharged at the end of reported period. The calculation equation is:

$$\text{Centralized Treatment Rate of Wastewater Treatment Plants} =$$

$$\frac{\text{Quantity of wastewater treated in wastewater treatment facility}}{\text{Quantity of wastewater discharged}} \times 100\%$$

Public Recreational Green Space Per Capita

It refers to the average public recreational green space owned by each urban dweller in given areas. The calculation equation is:

$$\text{Public Recreational Green Space Per Capita} = \frac{\text{Public green space in given urban areas}}{\text{Urban Permanent Population + Urban Temporary Population}} \times 100\%$$

Green Coverage Rate of Built Districts

It refers to the ratio of green coverage area of built districts to surface area of built districts at the end of reported period. The calculation equation is:

$$\text{Green Coverage Rate of Built Districts} = \frac{\text{Green Coverage Area of Built Districts}}{\text{Area of Built Districts}} \times 100\%$$

Green Space Rate of Built Districts

It refers to the ratio of area of parks and green land of built districts to the area of built up districts at the end of reported period. The calculation equation is:

$$\text{Green Space Rate of Built Districts} = \frac{\text{Area of parks and green land of built districts}}{\text{Area of Built Districts}} \times 100\%$$

Domestic Garbage Treatment Rate

It refers to the ratio of quantity of domestic garbage treated to quantity of domestic garbage produced at the end of reported period. The calculation equation is:

$$\text{Domestic Garbage Treatment Rate} = \frac{\text{Quantity of Domestic Garbage Treated}}{\text{Quantity of Domestic Garbage Produced}} \times 100\%$$

Domestic Garbage Harmless Treatment Rate

It refers to the ratio of quantity of domestic garbage treated harmlessly to quantity of domestic garbage produced at the end of reported period. The calculation equation is:

$$\text{Domestic Garbage Harmless Treatment Rate} = \frac{\text{Quantity of Domestic Garbage Treated Harmlessly}}{\text{Quantity of Domestic Garbage Produced}} \times 100\%$$

Urban District Area

It refers to the total land area (including water area) under jurisdiction of cities.

Urban Area

Urban area of a city includes: (1) areas administered by neighborhood office; (2) other towns (villages) connected to city public facilities, residential facilities and municipal utilities; (3) Independent Industrial and Mining District, Development Zones, special areas like research institutes, universities and colleges with permanent residents of 3000 above.

Towns (villages) connected to city public facilities, residential facilities and municipal utilities means that towns and urban centers are connected with public facilities, residential facilities and municipal utilities that are constructed or under construction, and not cut off by non-construction land like water area, agricultural land, parks, woodland or pasture.

As to conurbation or cities organized in scattered form, urban area should include the separated or decentralized area.

Urban Permanent Population

It refers to permanent residents in urban areas, which are in compliance with the number of permanent residents registered in public security authorities.

Temporary Population

Temporary population includes people who leave permanent address, and live for over one year in a place, which are in compliance with the number of temporary residents registered in public security authorities.

Area of Built District

It refers to large scale developed quarters within city jurisdiction with basic public facilities and utilities. For a nucleus city, the built-up district consists of large-scale developed quarters with basic public facilities and utilities, which are either centralized or decentralized. For a city with several towns, the built- up district consists of several developed quarters attached in succession with basic public facilities and utilities. Range of built-up district is the area encircled by the limits of the built-up district, i. e. the range within which the actual developed land of this city exists.

Area of Urban Land for Construction Purpose

It refers to area of land except water area and land for other purposes, including land for residential development, public facilities, industrial use, storage use, transportation use, roads and squares, utilities facilities, green land and for special purpose.

Urban Maintenance and Construction Fund

It refers to fund used for urban construction and maintenance, including urban maintenance and construction tax, extra-charges for public utilities, financial allocation from the central government and local governments, domestic loan, securities revenue, foreign investment, revenue from land transfer and assets replacement, self-raised fund by municipal utilities, charges by administrative and institutional units for urban maintenance and construction, pooled revenue and other revenues.

Urban Maintenance and Construction Tax

It is one of local taxes imposed according to *Temporary Regulations of People's Republic of China on Urban Maintenance and Construction Tax*. It is levied based on actual value-added tax, consumption tax and business tax paid by a taxpayer. It is also paid with value-added tax, consumption tax and business tax at the same time. Different rates apply different places. The rate comes to 7% in urban areas, 5% in counties and towns and 1% beyond these places.

Extra Charge from Urban Utilities

It is additional revenue obtained from additional fees imposed on provision of products and service of such urban utilities as power generation, water supply for the industry, operation of public bus and trolley bus, taped water supply, electricity for lightening, telephone operation, gas and ferry etc. for the purpose of urban construction and maintenance.

Investment in Fixed Assets

It is the economic activities featuring construction and purchase of fixed assets, i. e. it is an essential means for social reproduction of fixed assets. The process of reproducing fixed assets includes fixed assets renovation (part and full renovation), reconstruction, extension and new construction etc. According to the new industrial financial accounting system, cost of major repairs for part renovation of fixed assets is covered by direct cost. According to the current investment management and administrative regulations, any repair and maintenance works are not included in statistics as investment in fixed assets. Innovation projects on current municipal service facilities should be included in statistics.

Newly Added Fixed Assets

They refer to the newly increased value of fixed assets, including investment in projects completed and put into operation in the reported period, and investment in equipment, tools, vessels considered as fixed assets as well as relevant expenses should be included in.

Newly Added Production Capacity (or Benefits)

It refers to newly added design capacity through investment in fixed assets. Newly added production capacity or benefits is calculated based on projects which can independently produce or bring benefits once projects are put into operation.

Integrated Water Production Design Capacity

It refers to a comprehensive capacity based on the design capacity of components of the process, including water collection, purification, delivery and transmission through mains. The integrated capacity also includes added capacity through reform and renovation of water system based on the original design capacity. In calculation, the capacity of weakest component is the principal determining capacity.

Length of Water Pipelines

It refers to the total length of all pipes from the pumping station to individual water meters. If two or more pipes line in parallel in a same street, the length of water pipelines is the length sum of each line.

Total Quantity of Water Supplied

It refers to the total quantity of water delivered by water suppliers during the reported period, including accounted water and unaccounted water

Accounted water refers to the actual quantity of water delivered to and used by end users, including water sold and free. Water sold refers to the quantity of water billed. Free water refers to water supplied without charge.

Unaccounted water refers to sum of water leakage, theft water due to degeneration of water pipes and accessories as well as non-billed water due to malfunction of water meters.

Water supplied are classified into four types due to different purposes: water for production and operation, water for public service, water for domestic use, water for fire control and other special purposes.

Water for production and operation refers to the quantity of water used by units in sectors of agriculture, forestry, animal husbandry, industry, construction, and transportation for production and operation within cities.

Water for public service refers to water used for public services by units in administration, military, utilities, retails, hotel and food services etc.

Water for domestic use refers to daily water quantity consumed by all urban households, such as urban dwellers, farmers. It also includes water used by public water supply stations.

Water for fire control and other special purposes refers to water used for fire control within cities and other specific purposes, including deep-well recharge, other than for domestic, public service, production and operation purposes,

Quantity of Fresh Water Used

It refers to the quantity of water obtained from any water source for the fist time. As for a city, it includes the quantity of fresh water used by urban water suppliers and customers in different industries and sectors.

Quantity of Recycled Water

It refers to the sum of water recycled, reclaimed and reused by customers.

Quantity of Water Saved

It refers to the water saved in the reported period through efficient water saving measures, e. g. improvement of production methods, technologies, equipment, water use behavior or replacement of defective and inefficient devices, or strengthening of management etc.

Integrated Gas Production Capacity

It refers to the combined capacity of components of the process such as gas production, purification and delivery with an exception of the capacity of backup facilities at the end of reported period. It is usually calculated based on the design capacity. Where the actual capacity surpluses the design capacity, integrated capacity should be calculated based on the actual capacity, mainly depending on the capacity of the weakest component.

Length of Gas Supply Pipelines

It refers to the length of pipes operated in the distance from a compressor's outlet or a gas station exit to pipes connected to individual households at the end of reported period, excluding pipes through coal gas production plant, delivery station, LPG storage station, bottled station, storage and distribution station, air mixture station and supply station.

Quantity of Gas Supplied

It refers to amount of gas supplied to end users by gas suppliers at the end of reported period. It includes sales amount and loss amount.

Gas Stations for Gas- Fueled Motor Vehicles

They are designated stations that provide such fuels as compressed natural gas, LPG to gas-fueled motor vehicles.

Heating Capacity

It refers to the design capacity of heat delivery by heat suppliers to urban customers.

Total Quantity of Heat Supplied

It refers to the total quantity of heat obtained from steam and hot water, which is delivered to urban users by heat suppliers during the reported period.

Length of Heating Pipelines

It refers to the total length of pipes for delivery of steam and hot water from heat sources to entries of buildings, excluding lines within heat sources.

Urban roads

They refer to roads, bridges, tunnels and auxiliary facilities that are provided to vehicles and passengers for transportation. Urban roads consist of drive lanes and sidewalks. Only paved roads with width with and above 3.5 m, including roads within on-limits industrial parks and residential communities are included in statistics.

Length of Roads

It refers to the length of roads and bridges and tunnels connected to roads. It is calculated based on the length of centerlines of traffic lanes.

Surface Area of Roads

It refers to surface area of roads and squares, bridges and tunnels connected to roads (surface area of sidewalks is calculated separately). Surface area of sidewalks is the area sum of each side of sidewalks including pedestrian streets and squares, excluding car-and-pedestrian mixed roads.

Bridges

They refer to constructed works that span natural or man-made barriers. They include bridges spanning over rivers, flyovers, overpasses and underpasses.

Number of Road Lamps

It refers to the sum of road lamps only for illumination, excluding road lamps for landscape lightening.

Length of Flood Control Dikes

It refers to actual length of constructed dikes, which sums up the length of dike on each bank of river. Where each bank has more than one dike, only the longest dike is calculated.

Quantity of Wastewater Discharged

It refers to the total quantity of domestic sewage and industrial wastewater discharged, including effluents of sewers, ditches, and canals.

(1) It is calculated by multiplying the daily average of measured discharges from sewers, ditches and canals with calendar days during the reported period.

(2) If there is a device to read actual quantity of discharge, it is calculated based on reading.

(3) If without such ad device, it is calculated by multiplying total quantity of water supply with wastewater drainage coefficient.

Category of urban wastewater	Wastewater drainage coefficient
Urban wastewater	0. 7 ~ 0. 8
Urban domestic wastewater	0. 8 ~ 0. 9
Urban industrial wastewater	0. 7 ~ 0. 9

Length of Drainage Pipelines

The total length of drainage pipelines is the length of mains, trunks, branches plus distance between inlet and outlet in manholes and junction wells.

Quantity of Wastewater Treated

It refers to the actual quantity of wastewater treated by wastewater treatment plants and other treatment facilities in a physical, or chemical or biological way.

Quantity of Dry Sludge Produced in Wastewater Treatment Plants

It refers to the final quantity of dry sludge produced in the process of wastewater treatment plants. Dry sludge is the solid mass with moisture below 85% , which is separated from the wastewater treatment process.

Quantity of Dry Sludge Treated in Wastewater Treatment Plants

It refers to total quantity of dry sludge that has been treated through land fill or incinerated after being digested, conditioned, densified and dewatered at reported period.

Green Coverage Area

It refers to the vertical shadow area of vegetation such as trees (arbors), shrubs and grasslands. It is the area sum of public recreational green space, shelter belt green land for production, attached green space and other green space, roof greening and scattered trees coverage. The coverage area of bushes and herbs under the shadow of trees should not be counted for repetitively.

Area of Green Space

It refers to the area of all spaces for parks and greening at the end of reported period, which includes area of public recreational green space, green land for production, shelter belt, attached green spaces, and other green space.

Public Recreational Green Space

It refers to green space with recreation and service facilities. It also serves some comprehensive functions such as improving ecology and landscape and preventing and mitigating disasters. It is an important part of urban construction land, urban green space system and urban service facilities.

Parks

They refer to places open to the public for the purposes of tourism, appreciation, relaxation, and undertaking scientific, cultural and recreational activities. They are fully equipped and beautifully landscaped green spaces. There are different kinds of parks, including general park, Children Park, park featuring historic sites and culture relic, memorial park, scenic park, zoo, botanic garden, and belt park.

Recreational space within communities is not included in statistics, while only general parks, theme parks and belt parks at city or district level are included in statistics.

State-level Scenic Spots and Historic Sites

Scenic spots and historic sites are areas boasting concentrated natural beauty and resources of historic interests, where people could tour, sightsee, rest or conduct scientific and cultural activities. State-level scenic spots and historic sites are scenic spots and historic sites approved and publicized by the State Council.

Area of Scenic Spots and Historic Sites

It is the planned area of scenic spots and historic sites that has been examined and approved by the state council.

Tourism Area

It is the actual area for tourists in scenic spots and historic sites at the end of the reported period.

Area of Roads Cleaned and Maintained

It refers to the area of urban roads and public places cleaned and maintained at the end of reported period, including drive lanes, sidewalks, drive tunnels, underpasses, green space attached to roads, metro stations, elevated roads, flyovers, overpasses, squares, parking areas and other facilities. Where a place is cleaned and maintained several times a day, only the time with maximum area cleaned is considered.

Quantity of Domestic Garbage and Soil Transferred

It refers to the total quantity of domestic garbage and soil collected and transferred to treatment grounds. Only quantity collected and transferred from domestic garbage and soil sources or from domestic garbage transfer stations to treatment grounds is calculated with exception of quantity of domestic garbage and soil transferred second time.

Latrines

They are used by urban residents and flowing population, including latrines placed at both sides of a road and public place. They usually consist of detached latrine movable latrine and attached latrine. Only detached latrines rather than latrines attached to public buildings are included in the statistics.

Detached latrine is classified into three types. Moveable latrine is classified into fabricated latrine, separated latrine, motor latrine, trail latrine and barrier-free latrine.

Specific Vehicles and Equipment for Urban Environment Sanitation

They refer to vehicles and equipment specifically for environment sanitation operation and supervision, including vehicles and equipment used to clean, flush and water the roads, remove snow, clean and transfer garbage and soil, environment sanitation monitoring, as well as other vehicles and equipment supplemented, such as garbage truck, road clearing truck, road washing truck, sprinkling car, vacuum soil absorbing car, snow remover, loading machine, bulldozer, compactor, garbage crusher, garbage screening machine, salt powder sprinkling machine, sludge absorbing car and special shipping. Vehicles and equipment for long-term lease are also included in the statistics.

Indicators in the Statistics for Villages and Small Towns

Population density

Population density is the measure of thepopulation per unit area in built-up district.

Calculation equation is:

Population Density = (Registered Permanent Population in Built District + Temporary Population in Built District) / Area of Built District

Water Coverage Rate

It refers to proportion of population supplied with water in built district (villages) to population in built district (villages) at the end of reported period. Statistics is made by built district and village respectively. The calculation equation is:

Water Coverage Rate in Built District = Population with Access to Water Supply in Built District/ (Registered Permanent Population in Built District + Temporary Population in Built District) × 100%

Water Coverage Rate in Villages = Population with Access to Water Supply in Villages/ (Registered Permanent Population in Village + Temporary Population in Village) × 100%

Gas Coverage Rate

It refers to the proportion of population supplied with gas in built district to urban population in built district at the end of reported period. The calculation equation is:

Gas Coverage Rate = Population Supplied with Gas in Built District/ (Registered Permanent Population in Built

District ＋Temporary Population in Built District） ×100%

Surface Area of Roads Per Capita

It refers to the average surface area of roads owned by each urban resident in builtdistrict at the end of reported period. The calculation equation is:

Surface Area of Roads Per Capita = Surface Area of Roads/ (Registered Permanent Population in Built District ＋ Temporary Population in Built District)

Density of Drainage Pipelines

It refers to the extent which drainpipes cover built district at the end of reported period. The calculation equation is:

Density of Drainage Pipelines = Length of Drainage Pipelines/Floor Area of Built District

Public Recreational Green Space Per Capita

It refers to the average public recreational green space owned by each dwell in built district at the end of reported period. The calculation equation is:

Public Recreational Green Space Per Capita = Area of Public Recreational Green Space/ (Registered Permanent Population in Built District ＋Temporary Population in Built District)

Green Coverage Rate

It refers to the ratio of green coverage area of built district to surface area of built district at the end of reported period. The calculation equation is:

Green Coverage Rate =
Built District Green Coverage Area/ Area of Built District ×100%

Green Space Rate

It refers to the ratio of area of parks and green land of built district to the area of built district at the end of reported period. The calculation equation is:

Green Space Rate = Built district Area of Parks and Green Space/Area of built district ×100%

Daily Domestic Water Use Per Capita

It refers to average amount of daily water consumed by each person. The calculation equation is:

Domestic Water Use Per Capita = Domestic Water Consumption/Population with Access to Water Supply/Calendar Days in Reported Period × 1000 liters

Built District

It refers to large scale developed quarters within city jurisdiction with basic public facilities and utilities, which is subject to area verified by local construction authorities or planning authorities.

Village

It refers to a collection of houses and other buildings in a country area where rural residents live and produce.

Population of Built Districts (villages)

It refers to the population who register with the public security authorities responsible for the district of their permanent residence.

Temporary Population

Temporary population includes people who leave permanent address, and live for half one year in a place, which are subject to the number of temporary residents registeredwith the public security authorities.

Master Planning

It addresses location, size, form, character and environment, and arrangement of facilities within local jurisdiction at town (village) level, which is approved by city (county) government and still validates at the end of reported period.

Villages Development Planning

It addresses, under guidance of master planning, detailed arrangement for residential buildings, water supply, power supply, roads, greening, environmental sanitation and supplementary facilities for production according to local economic development level. Development Planning in Villages must be discussed by village farmers, and approved by county government. Special attention should be given to planning validation in statistics.

Input in Planning Development this Year

It refers to total input in development of various kinds of planning this year

Fiscal Appropriation for Municipal Service Facilities Development

It refers to various kinds of fiscal funds for purchase or construction of municipal service facilities received within this year, including appropriation from central government, provincial government, municipal/county and Town/village government

Public Water Supply

It refers to water supply for production, domestic use as well as public service by public water suppliers through water supply pipes and accessories. Public water supply facilities include regular plants , and other facilities which are not temporary facilities and produce water in compliance with standards.

Water Supply by Self-Built Facilities

They refer to independent facilities operated by government agencies, organizations, enterprises and institutions, which supply water for own production, domestic use and services through water supply pipes and accessories.

Integrated Water Production Capacity

It refers to a comprehensive capacity based on the design capacity of components of the process, including water collection, purification, delivery and transmission through mains. In calculation, the capacity of weakest component is the principal determining capacity. Without design capacity, it is calculated based on capacity measured. If real production capacity differs widely from design capacity through renovation, real production capacity will be the basis for calculation.

Length of Water Pipelines

It refers to the total length of all pipes from the pumping station to individual water meters, excluding pipes from water resources to water plants, connection pipes between water resources wells, pipes within water plants and end-use buildings as well as pipes newly installed but not uses yet. If two or more pipes line in parallel in a same street, the length of water pipelines is the length sum of each line.

Yearly Domestic Water Use

It refers to amount of water consumed by households and public facilities, including domestic water use by restaurant, hospital, department store, school, government agency and army as well as water metered by special meters installed in industrial users for domestic use.

Yearly Water Consumption for Production

It refers to water consumed each year by industrial users for production and operation.

Population with Access to Water

It refers to quantity of people supplied with water supply facilities, including people in school, government agency and army.

Population with Access to Gas

It refers to total quantity of customers in households supplied with gas (including man-made gas, natural gas and LPG) at the end of reported period. It can be calculated by multiplying average members in each household by number of households supplied with gas.

When comes to number of households supplied with LPG, the households with yearly average use of LPG being below 90 kilograms are not included in statistics.

Area of Centrally Heated District

It refers to floor area of building stock in built-up districts supplied with centralized heating system. Only areas with centrally heated floor space of 10, 000 square meters and above are included in statistics.

Road

They refer to smooth prepared track or way along which wheeled vehicles can travel in built district at town level and villages. Roads whose width is 3.5 meters or over are included in statistics.

Length and Surface Area of Road

It refers to the length of roads and bridges and tunnels connected to roads. It is calculated based on the length of centerlines of traffic lanes. Surface area of roads only includes surface area of roads and squares, bridges and tunnels connected to roads, excluding separation belt and green belt.

Wastewater Treatment Plant

It refers to places where wastewater is collected in one or a few places through drainage pipes, then purified and treated by wastewater treatment system with treated water and sludge being discharged or recycled in accordance with related standards and requirements.

Oxidation pond is one of techniques applied in wastewater treatment. Oxidation pond which is strictly operated in accordance with Oxidation Pond Design Standard should be employed as wastewater treatment plant

Wastewater Treatment Facilities

They refer to small-size and centralized equipment and devices installed in plant or mining area to treat industrial wastewater and domestic wastewater in surrounding areas , as well as wastewater equipment and devices placed in residential areas.

Wastewater Treatment Capacity

It refers to design capacity for amount of wastewater treated every day and night by wastewater treatment facilities. If there is lack of design capacity, real capacity will be the determining factor for calculation.

Yearly Amount of Wastewater Treated

It refers to amount of wastewater treated by different wastewater treatment facilities within a year, including the amount of local wastewater collected and delivered to wastewater treatment facilities in other areas. The amount of wastewater treated in wastewater treatment plants are regarded as centralized treated amount.

Green Coverage Area

It refers to the vertical shadow area of vegetation such as trees (arbors), shrubs and grasslands. It is the area sum of green space, roof greening and scattered trees coverage. The surface area of water bodies which are not covered by green is not included.

Area of Green Space

It refers to the area of all spaces for parks and greening at the end of reported period, which includes area of public recreational green space, green land for production, shelter belt, and attached green spaces. Among which, Public Recreational Green Space refers green space equipped with recreational facilities and open to the public for recreational purposes.

Yearly Amount of Domestic Garbage Treated

It refers to amount of domestic garbage in built district which are delivered to domestic garbage treatment plants for harmless treatment or simplified treatment each year.

Number of Latrines

It refers to number of latrines for residents and floating population. Statistics only includes detached latrines, and latrines located within buildings are not included.

House

It refers to residential building with roof and wall that shelters people from external environment. In light of the local customs, houses also include tent, yurt and ship where people could live, building used for production in addition to habitation, and living quarters for workers and staff supplied by factories and mines, enterprises, hospitals, government agencies and schools. Nursery, ward, sanatorium, and hotel which are special purpose buildings are not included.

Public Building

It refers to buildings for government agencies, culture activities, healthcare, and business and commerce, which are located in towns and villages

Building for Production

It refers to buildings for township enterprises, farms, stock farms, and warehouses located in towns and villages.

Floor Area of Buildings Completed this Year

It refers to floor area of buildings (public buildings and buildings for production) completed in this year, including floor area of new construction, renovation, and extension. On going construction is not included in statistics. Data are separately collected for the built-up districts of small towns and villages.

Real Floor Area of Buildings at the End of Year

It refers to floor area of total buildings (public buildings and buildings for production) located in towns and villages at the end of year. Calculation equation:

Real Floor Area of Buildings at the End of Year = Real Floor Area of Buildings at The End of Last Year + Added Floor Area of Buildings Due to District Readjustment This Year- Reduced Floor Area of Buildings Due to District Readjustment This Year-floor Area of Buildings Dismantled (collapsed or burned down) This Year.

Building with Mixed Structure

It refers to floor area of buildings with mixed structure, such as reinforced concrete structure, brick-and-concrete structure etc.